全国科学技术名词审定委员会

公　布

科学技术名词·工程技术卷（全藏版）

4

大 气 科 学 名 词

（第三版）

CHINESE TERMS IN ATMOSPHERIC SCIENCE

（Third Edition）

大气科学名词审定委员会

国家自然科学基金资助项目

科 学 出 版 社

北 京

内 容 简 介

　　本书是全国科学技术名词审定委员会审定公布的第三版大气科学名词，内容包括大气、大气探测、大气物理学、大气化学、动力气象学、天气学、气候学、应用气象学等 8 大类，共 2 401 条。本书对 1996 年公布的《大气科学名词》作了少量修正，增加了一些新词，每条词均给出定义或注释。这些名词是科研、教学、生产、经营以及新闻出版等部门应遵照使用的大气科学规范名词。

图书在版编目(CIP)数据

科学技术名词. 工程技术卷：全藏版 / 全国科学技术名词审定委员会审定.
—北京：科学出版社，2016.01
ISBN 978-7-03-046873-4

I. ①科⋯　 II. ①全⋯　 III. ①科学技术–名词术语　②工程技术–名词术语
IV. ①N-61 ②TB-61

中国版本图书馆 CIP 数据核字(2015)第 307218 号

责任编辑：李玉英 / 责任校对：陈玉凤
责任印制：张　伟 / 封面设计：铭轩堂

科 学 出 版 社 出版
北京东黄城根北街 16 号
邮政编码：100717
http://www.sciencep.com
北京厚诚则铭印刷科技有限公司印刷
科学出版社发行　各地新华书店经销
*
2016 年 1 月第 一 版　开本：787×1092 1/16
2016 年 1 月第一次印刷　印张：15 3/4
字数：380 000

定价：7800.00 元(全 44 册)
(如有印装质量问题，我社负责调换)

全国科学技术名词审定委员会
第五届委员会委员名单

特邀顾问：吴阶平　　钱伟长　　朱光亚　　许嘉璐

主　　任：路甬祥

副 主 任（按姓氏笔画为序）：

王　杰	刘　青	刘成军	孙寿山	杜祥琬	武　寅
赵沁平	程津培				

常　　委（按姓氏笔画为序）：

王永炎	李宇明	李济生	江继祥	沈爱民	张礼和
张先恩	张晓林	张焕乔	陆汝钤	陈运泰	金德龙
宣　湘	贺　化				

委　　员（按姓氏笔画为序）：

马大猷	王　夔	王大珩	王玉平	王兴智	王如松
王延中	王虹峥	王振中	王铁琨	卞毓麟	方开泰
尹伟伦	叶笃正	冯志伟	师昌绪	朱照宣	仲增墉
刘　民	刘　斌	刘大响	刘瑞玉	祁国荣	孙家栋
孙敬三	孙儒泳	苏国辉	李文林	李志坚	李典谟
李星学	李保国	李焯芬	李德仁	杨　凯	肖序常
吴　奇	吴凤鸣	吴兆麟	吴志良	宋大祥	宋凤书
张　耀	张光斗	张忠培	张爱民	陆建勋	陆道培
陆燕荪	阿里木·哈沙尼	阿迪亚	陈有明	陈传友	
林良真	周　廉	周应祺	周明煜	周明鑑	周定国
郑　度	胡省三	费　麟	姚　泰	姚伟彬	徐　僖
徐永华	郭志明	席泽宗	黄玉山	黄昭厚	崔　俊
阎守胜	蒍锡锐	董　琨	蒋树屏	韩布新	程光胜
蓝　天	雷震洲	照日格图	鲍　强	鲍云樵	窦以松
蔡　洋	樊　静	潘书祥	戴金星		

大气科学名词审定委员会委员名单

第一届委员(1985～1987)

主　任:章基嘉

副主任:顾钧禧　　周秀骥　　洪世年　　杨长新(常务副主任)

委　员(按姓氏笔画为序):

王绍武　　王鹏飞　　邓根云　　朱福康　　伍荣生

阮忠家　　李宪之　　邱宝剑　　余志豪　　张杏珍

张菊生　　陆同文　　陈受钧　　林　晔　　金汉良

周明煜　　赵开化　　赵柏林　　赵燕曾　　殷宗昭

郭用麹　　龚绍先　　谭　丁

秘　书:王存忠

第二届委员(1987～1990)

主　任:章基嘉

副主任:顾钧禧　　洪世年　　殷宗昭　　杨长新(常务副主任)

委　员(按姓氏笔画为序):

王绍武　　王鹏飞　　邓根云　　朱瑞兆　　朱福康

伍荣生　　刘金达　　阮忠家　　纪乃晋　　邱宝剑

余志豪　　汪勤模　　张杏珍　　张菊生　　陆同文

陈受钧　　林　晔　　金汉良　　周明煜　　周诗健

赵开化　　赵柏林　　郭用麹　　龚绍先　　程麟生

谭　丁

秘　书:王存忠

第三届委员(1990～1995)

顾　问:陶诗言　　谢义炳　　黄士松

主　任:章基嘉

副主任:周诗健　　王绍武　　吕达仁　　杨长新(常务副主任)

委　员(按姓氏笔画为序):

马生春	王 超	方宗义	邓根云	邢福源
朱福康	伍荣生	阮忠家	纪乃晋	李崇银
李湘阁	吴祥定	张驯良	陆同文	陈受钧
罗哲贤	周明煜	赵 鸣	赵柏林	赵树海
高国栋	龚绍先	葛正模	葛润生	程麟生
谭冠日				

秘　书:王存忠

第四届委员(1995~1998)

主　任:周诗健

副主任:王明星　　周明煜　　罗 勇　　李晓东

委　员(按姓氏笔画为序):

丁一汇	马生春	王存忠	王绍武	王馥棠
毛节泰	方宗义	方勤生	史国宁	朱福康
刘长盛	阮忠家	纪乃晋	李崇银	李湘阁
吴祥定	言穆弘	赵 鸣	赵树海	秦曾灏
夏建国	梁必骐	程麟生		

秘　书:王存忠

第五届委员(1998~2002)

主　任:周诗健

副主任:王明星　　周明煜

委　员(按姓氏笔画为序):

王存忠	王绍武	丑纪范	史国宁	伍荣生
庄丽丽	刘金达	许健民	孙照渤	李崇银
俞卫平	谢 安			

秘　书:王存忠　　俞卫平

第六届委员（2002～2006）

主　任：王存忠

副主任：周晓平　　周明煜

委　员（按姓氏笔画为序）：

王绍武　　卢乃锰　　许健民　　纪立人　　李玉英

李崇银　　李维京　　周诗健　　俞卫平　　郭亚田

程明虎

秘　书：俞卫平

第七届委员（2006～）

主　任：王存忠

副主任：李维京　　周晓平　　周明煜

委　员（按姓氏笔画为序）：

王石立　　王绍武　　王馥棠　　方宗义　　卢乃锰

毕宝贵　　刘宗秀　　许健民　　纪立人　　李玉英

李崇银　　周诗健　　俞卫平　　贾鹏群　　郭亚田

谭本馗

秘　书：俞卫平

路甬祥序

我国是一个人口众多、历史悠久的文明古国,自古以来就十分重视语言文字的统一,主张"书同文、车同轨",把语言文字的统一作为民族团结、国家统一和强盛的重要基础和象征。我国古代科学技术十分发达,以四大发明为代表的古代文明,曾使我国居于世界之巅,成为世界科技发展史上的光辉篇章。而伴随科学技术产生、传播的科技名词,从古代起就已成为中华文化的重要组成部分,在促进国家科技进步、社会发展和维护国家统一方面发挥着重要作用。

我国的科技名词规范统一活动有着十分悠久的历史。古代科学著作记载的大量科技名词术语,标志着我国古代科技之发达及科技名词之活跃与丰富。然而,建立正式的名词审定组织机构则是在清朝末年。1909 年,我国成立了科学名词编订馆,专门从事科学名词的审定、规范工作。到了新中国成立之后,由于国家的高度重视,这项工作得以更加系统地、大规模地开展。1950 年政务院设立的学术名词统一工作委员会,以及 1985 年国务院批准成立的全国自然科学名词审定委员会(现更名为全国科学技术名词审定委员会,简称全国科技名词委),都是政府授权代表国家审定和公布规范科技名词的权威性机构和专业队伍。他们肩负着国家和民族赋予的光荣使命,秉承着振兴中华的神圣职责,为科技名词规范统一事业默默耕耘,为我国科学技术的发展作出了基础性的贡献。

规范和统一科技名词,不仅在消除社会上的名词混乱现象,保障民族语言的纯洁与健康发展等方面极为重要,而且在保障和促进科技进步,支撑学科发展方面也具有重要意义。一个学科的名词术语的准确定名及推广,对这个学科的建立与发展极为重要。任何一门科学(或学科),都必须有自己的一套系统完善的名词来支撑,否则这门学科就立不起来,就不能成为独立的学科。郭沫若先生曾将科技名词的规范与统一称为"乃是一个独立自主国家在学术工作上所必须具备的条件,也是实现学术中国化的最起码的条件",精辟地指出了这项基础性、支撑性工作的本质。

在长期的社会实践中,人们认识到科技名词的规范和统一工作对于一个国家的科技发展和文化传承非常重要,是实现科技现代化的一项支撑性的系统工程。没有这样一个系统的规范化的支撑条件,不仅现代科技的协调发展将遇到极大困难,而且在科技日益渗透人们生活各方面、各环节的今天,还将给教育、传播、交流、经贸等多方面带来困难和损害。

全国科技名词委自成立以来,已走过近20年的历程,前两任主任钱三强院士和卢嘉锡院士为我国的科技名词统一事业倾注了大量的心血和精力,在他们的正确领导和广大专家的共同努力下,取得了卓著的成就。2002年,我接任此工作,时逢国家科技、经济飞速发展之际,因而倍感责任的重大;及至今日,全国科技名词委已组建了60个学科名词审定分委员会,公布了50多个学科的63种科技名词,在自然科学、工程技术与社会科学方面均取得了协调发展,科技名词蔚成体系。而且,海峡两岸科技名词对照统一工作也取得了可喜的成绩。对此,我实感欣慰。这些成就无不凝聚着专家学者们的心血与汗水,无不闪烁着专家学者们的集体智慧。历史将会永远铭刻着广大专家学者孜孜以求、精益求精的艰辛劳作和为祖国科技发展作出的奠基性贡献。宋健院士曾在1990年全国科技名词委的大会上说过:"历史将表明,这个委员会的工作将对中华民族的进步起到奠基性的推动作用。"这个预见性的评价是毫不为过的。

科技名词的规范和统一工作不仅仅是科技发展的基础,也是现代社会信息交流、教育和科学普及的基础,因此,它是一项具有广泛社会意义的建设工作。当今,我国的科学技术已取得突飞猛进的发展,许多学科领域已接近或达到国际前沿水平。与此同时,自然科学、工程技术与社会科学之间交叉融合的趋势越来越显著,科学技术迅速普及到了社会各个层面,科学技术同社会进步、经济发展已紧密地融为一体,并带动着各项事业的发展。所以,不仅科学技术发展本身产生的许多新概念、新名词需要规范和统一,而且由于科学技术的社会化,社会各领域也需要科技名词有一个更好的规范。另一方面,随着香港、澳门的回归,海峡两岸科技、文化、经贸交流不断扩大,祖国实现完全统一更加迫近,两岸科技名词对照统一任务也十分迫切。因而,我们的名词工作不仅对科技发展具有重要的价值和意义,而且在经济发展、社会进步、政治稳定、民族团结、国家统一和繁荣等方面都具有不可替代的特殊价值和意义。

最近,中央提出树立和落实科学发展观,这对科技名词工作提出了更高的要求。我们要按照科学发展观的要求,求真务实,开拓创新。科学发展观的本质与核心是以人为本,我们要建设一支优秀的名词工作队伍,既要保持和发扬老一辈科技名词工作者的优良传统,坚持真理、实事求是、甘于寂寞、淡泊名利,又要根据新形势的要求,面向未来、协调发展、与时俱进、锐意创新。此外,我们要充分利用网络等现代科技手段,使规范科技名词得到更好的传播和应用,为迅速提高全民文化素质作出更大贡献。科学发展观的基本要求是坚持以人为本,全面、协调、可持续发展,因此,科技名词工作既要紧密围绕当前国民经济建设形势,着重开展好科技领域的学科名词审定工作,同时又要在强调经济社会以及人与自然协调发展的思想指导下,开展好社会科学、文化教育和资源、生态、环境领域的科学名词审定工作,促进各个学科领域的相互融合和共同繁荣。科学发展观非常注重可持续发展的理念,因此,我们在不断丰富和发展已建立的科技名词体系的同时,还要进一步研究具有中国特色的术语学理论,以创建中国的术语学派。研究和建立中国特色的术语学理论,也是一种知识创新,是实现科技名词工作可持续发展的必由之路,我们应当为此付出更大的努力。

当前国际社会已处于以知识经济为走向的全球经济时代,科学技术发展的步伐将会越来越快。我国已加入世贸组织,我国的经济也正在迅速融入世界经济主流,因而国内外科技、文化、经贸的交流将越来越广泛和深入。可以预言,21世纪中国的经济和中国的语言文字都将对国际社会产生空前的影响。因此,在今后10到20年之间,科技名词工作就变得更具现实意义,也更加迫切。"路漫漫其修远兮,吾今上下而求索",我们应当在今后的工作中,进一步解放思想,务实创新、不断前进。不仅要及时地总结这些年来取得的工作经验,更要从本质上认识这项工作的内在规律,不断地开创科技名词统一工作新局面,作出我们这代人应当作出的历史性贡献。

2004 年深秋

卢嘉锡序

科技名词伴随科学技术而生,犹如人之诞生其名也随之产生一样。科技名词反映着科学研究的成果,带有时代的信息,铭刻着文化观念,是人类科学知识在语言中的结晶。作为科技交流和知识传播的载体,科技名词在科技发展和社会进步中起着重要作用。

在长期的社会实践中,人们认识到科技名词的统一和规范化是一个国家和民族发展科学技术的重要的基础性工作,是实现科技现代化的一项支撑性的系统工程。没有这样一个系统的规范化的支撑条件,科学技术的协调发展将遇到极大的困难。试想,假如在天文学领域没有关于各类天体的统一命名,那么,人们在浩瀚的宇宙当中,看到的只能是无序的混乱,很难找到科学的规律。如是,天文学就很难发展。其他学科也是这样。

古往今来,名词工作一直受到人们的重视。严济慈先生60多年前说过,"凡百工作,首重定名;每举其名,即知其事"。这句话反映了我国学术界长期以来对名词统一工作的认识和做法。古代的孔子曾说"名不正则言不顺",指出了名实相副的必要性。荀子也曾说"名有固善,径易而不拂,谓之善名",意为名有完善之名,平易好懂而不被人误解之名,可以说是好名。他的"正名篇"即是专门论述名词术语命名问题的。近代的严复则有"一名之立,旬月踟蹰"之说。可见在这些有学问的人眼里,"定名"不是一件随便的事情。任何一门科学都包含很多事实、思想和专业名词,科学思想是由科学事实和专业名词构成的。如果表达科学思想的专业名词不正确,那么科学事实也就难以令人相信了。

科技名词的统一和规范化标志着一个国家科技发展的水平。我国历来重视名词的统一与规范工作。从清朝末年的科学名词编订馆,到1932年成立的国立编译馆,以及新中国成立之初的学术名词统一工作委员会,直至1985年成立的全国自然科学名词审定委员会(现已改名为全国科学技术名词审定委员会,简称全国名词委),其使命和职责都是相同的,都是审定和公布规范名词的权威性机构。现在,参与全国名词委领导工作的单位有中国科学院、科学技术部、教育部、中国科学技术协会、国家自然科学基金委员会、新闻出版署、国家质量技术监督局、国家广播电影电视总局、国家知识产权局和国家语言文字工作委员会,这些部委各自选派了有关领导干部担任全国名词委的领导,有力地推动科技名词的统一和推广应用工作。

全国名词委成立以后,我国的科技名词统一工作进入了一个新的阶段。在第一任主任委员钱三强同志的组织带领下,经过广大专家的艰苦努力,名词规范和统一工作取得了显著的成绩。1992年三强同志不幸谢世。我接任后,继续推动和开展这项工作。在国家和有关部门的支持及广大专家学者的努力下,全国名词委15年来按学科共组建了50多个学科的名词审定分委员会,有1800多位专家、学者参加名词审定工作,还有更多的专家、学者参加书面审查和座谈讨论等,形成的科技名词工作队伍规模之大、水平层次之高前所未有。15年间共审定公布了包括理、工、农、医及交叉学科等各学科领域的名词共计50多种。而且,对名词加注定义的工作经试点后业已逐渐展开。另外,遵照术语学理论,根据汉语汉字特点,结合科技名词审定工作实践,全国名词委制定并逐步完善了一套名词审定工作的原则与方法。可以说,在20世纪的最后15年中,我国基本上建立起了比较完整的科技名词体系,为我国科技名词的规范和统一奠定了良好的基础,对我国科研、教学和学术交流起到了很好的作用。

在科技名词审定工作中,全国名词委密切结合科技发展和国民经济建设的需要,及时调整工作方针和任务,拓展新的学科领域开展名词审定工作,以更好地为社会服务、为国民经济建设服务。近些年来,又对科技新词的定名和海峡两岸科技名词对照统一工作给予了特别的重视。科技新词的审定和发布试用工作已取得了初步成效,显示了名词统一工作的活力,跟上了科技发展的步伐,起到了引导社会的作用。两岸科技名词对照统一工作是一项有利于祖国统一大业的基础性工作。全国名词委作为我国专门从事科技名词统一的机构,始终把此项工作视为自己责无旁贷的历史性任务。通过这些年的积极努力,我们已经取得了可喜的成绩。做好这项工作,必将对弘扬民族文化,促进两岸科教、文化、经贸的交流与发展作出历史性的贡献。

科技名词浩如烟海,门类繁多,规范和统一科技名词是一项相当繁重而复杂的长期工作。在科技名词审定工作中既要注意同国际上的名词命名原则与方法相衔接,又要依据和发挥博大精深的汉语文化,按照科技的概念和内涵,创造和规范出符合科技规律和汉语文字结构特点的科技名词。因而,这又是一项艰苦细致的工作。广大专家学者字斟句酌,精益求精,以高度的社会责任感和敬业精神投身于这项事业。可以说,全国名词委公布的名词是广大专家学者心血的结晶。这里,我代表全国名词委,向所有参与这项工作的专家学者们致以崇高的敬意和衷心的感谢!

审定和统一科技名词是为了推广应用。要使全国名词委众多专家多年的劳动成果——规范名词,成为社会各界及每位公民自觉遵守的规范,需要全社会的理解和支持。国务院和 4 个有关部委[国家科委(今科学技术部)、中国科学院、国家教委(今教育部)和新闻出版署]已分别于 1987 年和 1990 年行文全国,要求全国各科研、教学、生产、经营以及新闻出版等单位遵照使用全国名词委审定公布的名词。希望社会各界自觉认真地执行,共同做好这项对于科技发展、社会进步和国家统一极为重要的基础工作,为振兴中华而努力。

值此全国名词委成立 15 周年、科技名词书改装之际,写了以上这些话。是为序。

卢嘉锡

2000 年夏

钱三强序

科技名词术语是科学概念的语言符号。人类在推动科学技术向前发展的历史长河中,同时产生和发展了各种科技名词术语,作为思想和认识交流的工具,进而推动科学技术的发展。

我国是一个历史悠久的文明古国,在科技史上谱写过光辉篇章。中国科技名词术语,以汉语为主导,经过了几千年的演化和发展,在语言形式和结构上体现了我国语言文字的特点和规律,简明扼要,蓄意深切。我国古代的科学著作,如已被译为英、德、法、俄、日等文字的《本草纲目》、《天工开物》等,包含大量科技名词术语。从元、明以后,开始翻译西方科技著作,创译了大批科技名词术语,为传播科学知识,发展我国的科学技术起到了积极作用。

统一科技名词术语是一个国家发展科学技术所必须具备的基础条件之一。世界经济发达国家都十分关心和重视科技名词术语的统一。我国早在1909年就成立了科学名词编订馆,后又于1919年中国科学社成立了科学名词审定委员会,1928年大学院成立了译名统一委员会。1932年成立了国立编译馆,在当时教育部主持下先后拟订和审查了各学科的名词草案。

新中国成立后,国家决定在政务院文化教育委员会下,设立学术名词统一工作委员会,郭沫若任主任委员。委员会分设自然科学、社会科学、医药卫生、艺术科学和时事名词五大组,聘任了各专业著名科学家、专家,审定和出版了一批科学名词,为新中国成立后的科学技术的交流和发展起到了重要作用。后来,由于历史的原因,这一重要工作陷于停顿。

当今,世界科学技术迅速发展,新学科、新概念、新理论、新方法不断涌现,相应地出现了大批新的科技名词术语。统一科技名词术语,对科学知识的传播,新学科的开拓,新理论的建立,国内外科技交流,学科和行业之间的沟通,科技成果的推广、应用和生产技术的发展,科技图书文献的编纂、出版和检索,科技情报的传递等方面,都是不可缺少的。特别是计算机技术的推广使用,对统一科技名词术语提出了更紧迫的要求。

为适应这种新形势的需要,经国务院批准,1985年4月正式成立了全国自然科学名词审定委员会。委员会的任务是确定工作方针,拟定科技名词术语审定工作计划、实施方案和步骤,组织审定自然科学各学科名词术语,并予以公布。根据国务院授权,委员会审定公布的名词术语,科研、教学、生产、经营以及新闻出版等各部门,均应遵照使用。

全国自然科学名词审定委员会由中国科学院、国家科学技术委员会、国家教育委员会、中国科学技术协会、国家技术监督局、国家新闻出版署、国家自然科学基金委员会分别委派了正、副主任担任领导工作。在中国科协各专业学会密切配合下,逐步建立各专业审定分委员会,并已建立起一支由各学科著名专家、学者组成的近千人的审定队伍,负责审定本学科的名词术语。我国的名词审定工作进入了一个新的阶段。

这次名词术语审定工作是对科学概念进行汉语订名,同时附以相应的英文名称,既有我国语言特色,又方便国内外科技交流。通过实践,初步摸索了具有我国特色的科技名词术语审定的原则与方法,以及名词术语的学科分类、相关概念等问题,并开始探讨当代术语学的理论和方法,以期逐步建立起符合我国语言规律的自然科学名词术语体系。

统一我国的科技名词术语,是一项繁重的任务,它既是一项专业性很强的学术性工作,又涉及到亿万人使用习惯的问题。审定工作中我们要认真处理好科学性、系统性和通俗性之间的关系;主科与副科间的关系;学科间交叉名词术语的协调一致;专家集中审定与广泛听取意见等问题。

汉语是世界五分之一人口使用的语言,也是联合国的工作语言之一。除我国外,世界上还有一些国家和地区使用汉语,或使用与汉语关系密切的语言。做好我国的科技名词术语统一工作,为今后对外科技交流创造了更好的条件,使我炎黄子孙,在世界科技进步中发挥更大的作用,作出重要的贡献。

统一我国科技名词术语需要较长的时间和过程,随着科学技术的不断发展,科技名词术语的审定工作,需要不断地发展、补充和完善。我们将本着实事求是的原则,严谨的科学态度做好审定工作,成熟一批公布一批,提供各界使用。我们特别希望得到科技界、教育界、经济界、文化界、新闻出版界等各方面同志的关心、支持和帮助,共同为早日实现我国科技名词术语的统一和规范化而努力。

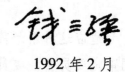

1992 年 2 月

第三版前言

《大气科学名词》(1996)由全国自然科学名词审定委员会(现更名为全国科学技术名词审定委员会)公布,并由科学出版社出版。书中的名词在审定过程中遵循了名词审定的原则及方法,其中每个名词的中文名、英文名和释义都是一一对应的关系。在释义中,将原来存在的同义词和异形词通过"曾用名"和"又称"的注释形式,有效地解决以往许多名词的一词多义和一义多词的问题。出版十余年来,该书受到的好评多于质疑,普遍被气象行业所接受,这为大气科学名词术语的规范化奠定了基础,也为促进国内外的学术交流发挥了积极的作用。

尽管如此,一方面是,作为规范公布的名词释义当时处于试点阶段,可借鉴的经验不多,《大气科学名词》(1996)难免存在不完善之处。例如,因过于强调"本学科固有"的原则,而删除了一些与其他学科交叉的常用的大气科学名词。另一方面是,近十多年来科学技术的发展有力地促进了大气科学的发展,随着大气科学研究的深入和研究领域的拓宽,学科中新的名词不断出现,原来比较生僻的名词也成为热点词。例如,计算机的发展提高了数值天气预报的能力,以雷达和卫星为主的大气探测技术的发展,使人们能够更全面和精确地监测大气的活动。与此同时,全球极端天气、气候事件频发,由人类活动造成温室气体排放的增加而导致的全球变暖,将一系列气候变化与经济、社会可持续发展问题摆在人们面前。由此而来,新的、常用的大气科学名词层出不穷。第三个方面是,基础学科的名词也在不断修正、规范,《大气科学名词》(1996)中涉及的相关名词也需要随之修订。例如,气象情报、微波图象等,应该修订为气象信息、微波图像。综合以上三个方面,《大气科学名词》(1996)应该予以增补、修订。

2004年,全国科学技术名词审定委员会提出修订《大气科学名词》(1996)的任务,大气科学名词审定委员会将其列为重点工作。2005年6月,制定了《大气科学名词》(1996)修订原则和工作计划。修订工作分两部分:一部分工作是对《大气科学名词》(1996)原版本中的少量中文名、英文名和释义的修订。另一部分工作是增补一些新名词,将大气科学基本的、常用的、稳定的科学名词作为增补工作的重点,兼顾近年来在不同的场合使用比较频繁的热点词汇。根据以上原则,委员会委托周诗健(字母 A~E)、俞卫平(字母 F~Q)、王存忠(字母 R~Z)提出增补名词的条目并撰写名词释义,形成讨论稿。讨论稿经过委员会三次会议审定,四易其稿,于2007年6月形成定稿。定稿又经过委员会全体委员的书面审查,在充分吸纳大家提出的修改意见后,于2007年8月,上报全国科学技术名词审定委员会。全国科学技术名词审定委员会委托秦大河、周明煜、张人禾、贾鹏群、谭本馗等专家对上报稿进行了终审。

考虑到这是《大气科学名词》(1996)的修订版,所以保持了原来版本的框架结构及编排方式。与原版本相比,修订版共增补名词1032条,修订78处,全书共计收词2401条。在修订工作过程中,得到了全国科学技术名词审定委员会和中国气象学会的大力支持。

由于我们的水平与能力所限,存在的问题在所难免,恳请广大读者在使用过程中提出宝贵意见。

大气科学名词审定委员会

2008 年 6 月

第 二 版 前 言

1988 年全国自然科学名词审定委员会公布的《大气科学名词》，对科学概念进行了订名，并附以对应的英文名，从而使我国长期存在的名词混乱、概念不清、订名不准的状况有所改善。但由于对汉文名没有给出定义性说明，因此，在进行科技交流时，往往因对名词的概念内涵的理解不同而发生误解。统一名词的目的在于准确地交流科技学术概念，因此就需要在原有订名的基础上，通过定义明确概念，使科学概念和订名协调一致。

鉴于上述认识，1989 年全国自然科学名词审定委员会指定大气科学为名词释义的试点学科。经过前后两届大气科学名词审定委员会委员、顾问和气象界许多专家的共同努力，于 1994 年 8 月完成了大气科学名词释义稿的审定，并报全国自然科学名词审定委员会。谢义炳、陶诗言、程纯枢、黄士松诸位先生受全国自然科学名词审定委员会之委托，对上报的名词释义稿进行复审后，由全国自然科学名词审定委员会批准公布。

在审定过程中，由于前期工作充分，绝大多数名词定义易于通过，但有些名词的定义则反复讨论了多次，最后才达到基本一致的意见。如"大气科学"和"气象学"；"大气探测"和"气象观测"，在内涵和主从层次上意见不一；有的认为"大气科学"应包含"气象学"，有的则认为两者是一回事；有的认为"大气探测"中较基本和原始的一部分是"气象观测"，有的则认为"气象观测"中包括了"大气探测"的内容。经过反复讨论，最后从学科发展的角度上取得了一致，给出"大气科学"的全面定义，而在"气象学"的定义中加上"20 世纪 60 年代气象学已发展成大气科学"的说明，对"气象观测"的定义，则加上"随着观测技术的发展和观测对象项目的扩充，近些年来气象观测已逐步发展为大气探测"。再就是，对某些常见而意义相近的条目作了严格界定。例如，近年来，气候变化引起公众广泛注意，而有关这方面的近义名词术语很多，学术界也经常混淆不清，如气候变化（climatic change），气候变迁（climatic variation），气候振荡（climatic oscillation），气候振动（climatic fluctuation），气候演变（climatic revolution）等，我们参阅了世界气象组织近年出版的《国际气象词典》，对这些术语经讨论后给出明确的定义，并配以合适的英文名，这些对今后这方面的科研工作与学术交流无疑是十分有益的。

这次公布的大气科学名词，包括序号、汉文名、定义和对应的英文名四部分。汉文名和定义是一一对应的关系，即从科学概念出发，一词一义，为名词术语的标准化和规范化奠定了基础。为使大气科学名词具备应有的准确性和权威性，以及考虑与已有地区性或国际性规定的衔接，在编收、审定过程中，吸收了《国际气象词典》和台湾地区《气象学名词》的精华。尽管如此，由于这一工作是初步尝试，不足之处在所难免，希望广大科技工作者和海内外同行们指正，使之臻于完善。

大气科学名词审定委员会
1994 年 8 月

第一版前言

近三十年来,大气科学的发展突飞猛进,学科范围越来越广,专业划分越来越细,与其他学科的交叉和渗透也日趋加深,因而大气科学各分支学科的新专业名词不断涌现,其数量每年都在递增。这对大气科学的专业名词标准化、规范化提出了迫切的要求。1985年中国气象学会受全国自然科学名词审定委员会的委托,成立了大气科学名词审定委员会,承担大气科学名词的审定工作。在1985年8月的第一次大气科学名词审定工作会议上,我们拟定了选词范围、审定条例,并着手收集第一批名词。1986年4月拟出第一批大气科学名词草案。遵照全国自然科学名词审定委员会的要求,我们在广泛征求有关专家意见的基础上,对草案进行了多次分组讨论并进行三次全面审议,五易其稿,于1987年3月完成了第一批大气科学名词的审定,报全国自然科学名词审定委员会。陶诗言、黄士松、陈秋士等先生受全国自然科学名词审定委员会的委托,对上报的名词进行复审后,由全国自然科学名词审定委员会批准公布。

本批公布的大气科学名词是大气科学中常见的基本词,并对每个词配以相应的英文名。汉文名词按学科分支共分8大类54小类,收词1150条。类别的划分主要是为了便于查索,而非严谨的分类研究。最后附有汉语拼音索引和英文索引。这次审定中对长期未统一的名词已尽可能予以统一,例如"下击暴流"、"下泻气流"、"下冲爆风"、"颓爆风"等同一个概念的几个名词,经过反复审议,最后统一定为"下击暴流";又如"临近预报"、"现时预报"、"现场预报"、"即时预报"、"短时预报"等,按照最能代表其内涵概念的原则定名为"临近预报"。但对目前科学含义不明或争议较大的名词,例如"全辐射"、"秋老虎"、"白灾"、"黑灾"等暂不收;对"副热带高压"、"有效位能"、"均质大气"等名词,虽然与有的学科定名不一致,但因习用已久,不作改动。

在两年多的审定过程中,得到了大气科学界及有关学科专家们的热情支持,他们提出了许多有益的意见和建议,气象出版社给予大力支持,本委员会在此一并表示衷心地感谢。我们热忱欢迎各界人士在使用过程中提出宝贵意见。

大气科学名词审定委员会

1988年2月

编 排 说 明

一、本书公布的是大气科学基本名词。在 1996 年公布《大气科学名词》的基础上进行修订、补充,并给出了定义。

二、全书按学科分支分为大气、大气探测、大气物理学、大气化学、动力气象学、天气学、气候学和应用气象学 8 大类。

三、正文按汉文名词所属学科的相关概念体系排列,定义一般只给出基本内涵。汉文名后给出了与该词概念对应的英文名。

四、每个汉文名都附有相应的定义或注释。当一个汉文名有两个不同的概念时,则用(1)、(2)分开。

五、一个汉文名词如对应多个英文同义词时,英文词之间用","分开。

六、凡英文词的首字母大、小写均可时,一律小写。

七、[ ]中的字为可省略的部分,( )中的字为简单说明。

八、主要异名和释文中的条目用楷体表示。"又称"一般为不推荐用名;"曾称"为被淘汰的旧名。

九、书末所附的英汉索引,按英文词字母顺序排列;汉英索引,按汉语拼音顺序排列。所示号码为该词在正文中的编码。索引中带"＊"者为在释文中的条目。

目　录

路甬祥序

卢嘉锡序

钱三强序

第三版前言

第二版前言

第一版前言

编排说明

正文

01. 大气 ·· 1

02. 大气探测 ·· 20

03. 大气物理学 ·· 38

04. 大气化学 ·· 61

05. 动力气象学 ·· 65

06. 天气学 ·· 93

07. 气候学 ·· 111

08. 应用气象学 ·· 125

附录

英汉索引 ·· 142

汉英索引 ·· 182

01. 大　气

01.001　大气科学　atmospheric science
研究大气特性、结构、组成、物理现象、化学反应、运动规律及有关问题的学科。是大气探测、大气物理学、大气化学、大气动力学、天气学、气候学、应用气象学等学科的统称。

01.002　全球大气研究计划　Global Atmospheric Research Program, GARP
20 世纪 70 年代和 80 年代世界气象组织与国际科协理事会共同组织和领导的一项全球性大气试验研究计划。

01.003　气象学　meteorology
研究大气及其物理现象的科学。随着研究领域的扩大,20 世纪 60 年代气象学已发展为大气科学。

01.004　理论气象学　theoretical meteorology
用数学和物理学方法从理论上研究大气现象和过程的学科。

01.005　中尺度气象学　mesometeorology
研究水平尺度几千米至几百千米的大气现象和过程的学科。

01.006　微气象学　micrometeorology
研究水平尺度在一二千米以下近地面的大气现象和过程的学科。有时专指大气边界层内的气象学。

01.007　物理气象学　physical meteorology
研究大气中的声、光、电、辐射、蒸发、凝结、云、雾等物理现象及其产生原因、演变过程和规律的学科。

01.008　大气　atmosphere
又称"大气圈","大气层"。包围地球的空气层。

01.009　大气演化　evolution of atmosphere
地球大气的成分和结构从地球原始大气起,经历一系列长期复杂变化而演变的过程。

01.010　大气杂质　atmospheric impurity
不属于空气的正常组成成分,而数量变动较大的粒子或气体。

01.011　大气悬浮物　atmospheric suspended matter
悬浮在大气中的固态粒子和液态小滴等物质。

01.012　大气扩散　atmospheric diffusion
空气属性(质量、水汽等)或空气中所含某种物质主要由于湍流运动而引起的扩散。

01.013　大气成分　atmospheric composition
组成大气的各种气体和微粒。

01.014　大气离子　atmospheric ion
指大气中荷电的分子和气溶胶粒子。

01.015　大气质量　atmospheric mass
地球大气的总质量,其值约为 5.14×10^{15} t。

01.016　大气品位　air quality
又称"空气质量"。表示大气环境质量的优劣,或环境状态惯性的大小(从一种状态变化到另一种状态的难易程度)。

01.017　大气密度　atmospheric density
单位容积的大气质量。

01.018　大气分层　atmospheric subdivision
按地球大气属性将整个大气分为若干层次。

01.019 均质层 homosphere

地面到 85 km 之间大气成分保持定常的大气层。

01.020 非均质层 heterosphere

均质层顶 110 km 以上,空气成分随高度而变化的大气层。

01.021 均质层顶 homopause

均质层与非均质层之间的过渡层,距地面高度 85～110 km。

01.022 特性层 significant level

探空曲线上反映高空大气层结构特征有显著变化的层次。

01.023 标准层 standard [pressure] level

由国际协议确定的标准等压面。如 1 000 hPa、850 hPa、700 hPa 等。

01.024 等温层 isothermal layer

温度不随高度而变化的大气层。

01.025 过渡层 transition layer

分隔两个不同特征厚层之间的大气薄层。

01.026 低层大气 lower atmosphere

距地面高度 10～15 km 以下的大气层。

01.027 中层大气 middle atmosphere

包括平流层和中间层在内的大气层,距地面高度 15～85 km。

01.028 高层大气 upper atmosphere

距地面 85 km 以上的大气层。

01.029 对流层 troposphere

大气最下层,厚度(8～17 km)随季节和纬度而变化,随高度的增加平均温度递减率为 6.5℃/ km,有对流和湍流。天气现象和天气过程主要发生在这一层。

01.030 对流层顶 tropopause

对流层与平流层之间的过渡层。

01.031 平流层 stratosphere

曾称"同温层"。从对流层顶到约 50 km 高度的大气层。层内温度通常随高度的增加而递增。底部温度随高度变化不大。

01.032 平流层顶 stratopause

平流层与中间层之间的过渡层,高度约 50 km。

01.033 中间层 mesosphere

平流层顶到 85 km 之间的大气层。层内温度随高度的增加而递减。

01.034 中间层顶 mesopause

中间层与热层之间的过渡层,高度约 85 km。

01.035 热层 thermosphere

中间层顶至 250 km(在太阳宁静期)或 500 km 左右(太阳活动期)之间的大气层。层内温度随高度的增加而递增,层顶温度可达 1 500 K。

01.036 热层顶 thermopause

热层的顶部,约在 400～500 km 高度的位置。

01.037 外[逸]层 exosphere

距地面 500 km 以上的大气层,层内空气十分稀薄,有些速度较大的中性粒子,能克服地球引力而逸入星际空间。

01.038 电离层 ionosphere

有大量离子和自由电子,足以反射电磁波的部分大气层。距地面高度 70～500 km。

01.039 电集流 electrojet

在约 100 km 高度的电离层下层,位于北(或南)地磁纬度 67°附近(极光电集流)或地磁赤道附近(赤道电集流)的强电流带,其宽度为几个纬度。

01.040 磁层 magnetosphere

地球上 1 000 km 到大气顶界之间的稀薄电离气体层。层内电子和离子的运动受地球磁场支配。

01.041　磁层顶　magnetopause
磁层的边界,也是地球大气的上边界。

01.042　等离子体层　plasmasphere
近似于环状的电子浓度相当高的区域,位于磁层的内部并向外延伸到离地球约 4 倍地球半径的距离处。

01.043　等离子体层顶　plasmapause
等离子体层的外边界,在离地球大约 4 倍于地球半径的距离处,此处的电子浓度随距离增大而迅速减少,并且随着距离的增大而温度升高。

01.044　光化层　chemosphere
大气分子受太阳紫外辐射影响而产生光化反应的大气层,其高度为 20～110 km。

01.045　光化层顶　chemopause
光化层的上边界。

01.046　尘埃层顶　dust horizon
被低空逆温所限制的尘埃层的顶部,对着天空背景由上方观测时,它具有地平线的外貌。

01.047　臭氧层　ozonosphere
地球上空 10～50 km 臭氧比较集中的大气层,其最高浓度在 20～25 km 处。

01.048　自由大气　free atmosphere
摩擦层以上的大气,其运动受地面摩擦的影响可忽略不计。

01.049　行星大气　planetary atmosphere
太阳系中各个行星的大气圈。

01.050　标准大气　standard atmosphere
又称"参考大气(reference atmosphere)"。能够反映某地区(如中纬度)垂直方向上气温、气压、湿度等近似平均分布的一种模式大气。

01.051　均质大气　homogeneous atmosphere
假设密度不随高度变化的一种模式大气。

01.052　绝热大气　adiabatic atmosphere
以绝热模式建立的理想大气,整个大气垂直范围内气温符合干绝热直减率的规律。

01.053　等温大气　isothermal atmosphere
假设温度(或虚温)不随高度变化的一种模式大气。

01.054　等温过程　isothermal process
系统的温度维持不变的过程。

01.055　多元大气　polytropic atmosphere
温度(或虚温)随高度呈线性变化的一种模式大气。

01.056　多元过程　polytropic process
大气中可能出现的多种过程的总称。

01.057　[大气]标高　[atmospheric] scale height
随高度增加,气压减小到起始高度气压的 $1/e$ 时的高度增量($e = 2.718$)。

01.058　气象要素　meteorological element
表征一定地点和特定时刻天气状况的大气变量或现象。如温、压、湿、风、降水等。

01.059　气温　air temperature
表征空气冷热程度的物理量。

01.060　湿球温度　wet-bulb temperature
暴露于空气中而又不受太阳直接照射的湿球温度表上所读取的数值。

01.061　干球温度　dry-bulb temperature
暴露于空气中而又不受太阳直接照射的干球温度表上所读取的数值。

01.062　最高温度　maximum temperature
对某地在一定时段内测得的温度极大值。

01.063　垂直廓线　vertical profile

显示气象要素随高度变化轮廓的曲线。

01.064 干湿球温差 wet-bulb depression
干湿表的干球和湿球温度表测量的温度差值。

01.065 温度廓线 temperature profile
大气中温度随高度分布的曲线。

01.066 温湿图 hythergraph
以温度和湿度(或降水量)的某种函数为坐标系的一种气候图。

01.067 温度自记曲线 thermogram
由温度计自动记录下来的温度随时间变化的连续曲线。

01.068 绝热凝结温度 adiabatic condensation temperature
未饱和湿空气绝热抬升达到饱和凝结高度时的温度。

01.069 温度订正 temperature correction
考虑热胀冷缩效应而对水银气压表读数施加的订正。

01.070 温湿自记曲线 thermohygrogram
由温湿计自动记录下来的温度、湿度随时间变化的连续曲线。

01.071 气压 atmospheric pressure
大气的压强。通常用单位横截面积上所承受的铅直气柱的重量表示。

01.072 绝热凝结气压 adiabatic condensation pressure
未饱和湿空气绝热抬升达到饱和凝结高度时的气压。

01.073 大气潮 atmospheric tide
由日球和月球的引力作用而引起的大气的周期性振荡。

01.074 标准大气压 standard atmosphere pressure
压强的一种计量单位。其值等于 101 325 Pa。

01.075 本站气压 station pressure
又称"地面气压(surface pressure)"。测站气压表所在高度上的气压值。

01.076 海平面气压 sea-level pressure, SLP
由本站气压推算到平均海平面高度上的气压值。

01.077 气压梯度 pressure gradient
表示气压分布不均匀程度的空间矢量。其方向多垂直于等压线或等压面,由高压指向低压;其大小等于气压随距离的变化率。

01.078 压高公式 barometric height formula
描述气压随高度变化规律的公式。其基本形式为:$P_z = P_0 \exp\left(-\frac{1}{R}\int_0^z \frac{g}{T}\mathrm{d}z\right)$,式中 P_0 为地面气压,R 为空气比气体常数,g 为重力加速度,T 为温度。

01.079 气压梯度力 pressure gradient force
由于气压分布不均匀而作用于单位质量空气上的力,其方向由高压指向低压。

01.080 科里奥利力 Coriolis force
又称"地转偏向力"。由于地球自转运动而作用于地球上运动质点的偏向力。

01.081 视示力 apparent force
为了在随地球一起旋转的非惯性坐标系上应用牛顿定律而设想的视同真力的假设力(如惯性离心力和地转偏向力)。

01.082 β效应 β-effect, beta effect
表示地球流体受科氏参数空间变化影响的程度。

01.083 科里奥利参数 Coriolis parameter
简称"科氏参数"。它等于地球自转角速度在天顶方向上投影的两倍,即 $f = 2\Omega\sin\varphi$,式中 Ω 为地球自转角速度,φ 为纬度。

01.084 向心加速度 centripetal acceleration
质点作曲线运动时,指向瞬时曲率中心的加速度。其计算式为 V^2/R,V 为质点运动的切向速度,R 为运动路径的曲率半径。

01.085 离心力 centrifugal force
在旋转参照系中的一种视示力,它使物体离开旋转轴沿半径方向向外偏离,数值等于向心加速度但方向相反。

01.086 科里奥利加速度 Coriolis acceleration
简称"科氏加速度"。由科里奥利力产生的加速度,数值上等于 $2\Omega \times V$,Ω 是地转角速度,V 是气流速度。

01.087 内摩擦[力] internal friction [force]
流体内部不同流速层之间的黏性力。

01.088 水蒸气 water vapor
又称"水汽"。呈气态的水。

01.089 水汽输送 transfer of water vapor
大气中水汽从一地向另一地转移的过程。

01.090 水汽廓线 water vapor profile
大气中水汽含量随高度分布的曲线。

01.091 水汽含量 moisture content
单位体积湿空气块中所含的水汽质量。

01.092 水汽压 water vapor pressure
空气中水汽的分压强。

01.093 湿度 humidity
表征空气中水汽含量的物理量。

01.094 相对湿度 relative humidity
空气中水汽压与饱和水汽压的百分比。

01.095 绝对湿度 absolute humidity
单位体积湿空气中含有的水汽质量。即水汽的密度。

01.096 比湿 specific humidity
一团湿空气中的水汽质量与湿空气的总质量之比。

01.097 混合比 mixing ratio
一团湿空气中的水汽质量与干空气质量之比。

01.098 冰面饱和混合比 saturation mixing ratio with respect to ice
饱和空气在同样温度和气压下在平的冰面上的混合比。

01.099 水面饱和混合比 saturation mixing ratio with respect to water
饱和空气在同样温度和气压下在平的水面上的混合比。

01.100 露点[温度] dew point [temperature]
空气湿度达到饱和时的温度。

01.101 [温度]露点差 depression of the dew point
给定时刻的气温和露点温度之差。

01.102 湿空气 moist air
(1)热力学中指含有水汽的空气。(2)气象学上指相对湿度很高的空气。

01.103 饱和空气 saturated air
在同样温度和压力下,平的纯水面或冰面处于平衡状态的湿空气,其相对湿度为100%。

01.104 过饱和空气 super-saturated air
水汽压大于同温度同压力下的饱和水汽压的湿空气。

01.105 饱和比湿 saturation specific humidity
一定的温度和气压下,湿空气达到饱和时的比湿。

01.106 饱和水汽压 saturation vapor pressure
一定的温度和气压下,湿空气达到饱和时的

水汽压。

01.107 纯冰面饱和水汽压 saturation vapor pressure in the pure phase with respect to ice

在同样温度和气压下,与平的冰面处于平衡状态的纯水汽压。

01.108 纯水面饱和水汽压 saturation vapor pressure in the pure phase with respect to water

在同样温度和气压下,与平的水面处于平衡状态的纯水汽压。

01.109 湿空气冰面饱和水汽压 saturation vapor pressure of moist air with respect to ice

在一定的气压和温度下,湿空气冰面饱和水汽压的摩尔与湿空气的气压乘积。

01.110 湿空气水面饱和水汽压 saturation vapor pressure of moist air with respect to water

(1)在一定的气压和温度下,湿空气水面饱和水汽压的摩尔与湿空气的气压乘积。(2)在一定的气压和温度下,空气中最大可能的水汽分压。

01.111 测湿公式 psychrometric formula

用干球和湿球温度表测量水汽压时所依据的半经验公式。即 $e = E(t') - Ap(t - t')$。式中 A 为干湿表常数,t 和 t' 分别是干球和湿球温度,$E(t')$ 是 t' 的饱和水汽压,p 是气压。

01.112 饱和差 saturation deficit

某一温度和气压下的饱和水汽压与实际水汽压之差。

01.113 国际云图 international cloud atlas

世界气象组织（WMO）下属的云与降水研究委员会编辑的云和有关天气现象图集。

01.114 云 cloud

悬浮在空中,不接触地面,肉眼可见的水滴、冰晶或二者的混合体。

01.115 云厚度 vertical extent of a cloud

云底和云顶之间的垂直距离。

01.116 云高 cloud height

云底距地面的高度。

01.117 云分类 cloud classification

根据云的特性和形成过程将云区分归类的体系,通常考虑的几个因子是:云的外观、高度、形成过程和云粒子组成。我国按云底高度将云分为低、中、高 3 族,然后再区分为 10 属(卷云、卷层云、卷积云、高层云、高积云、层云、层积云、雨层云、积云和积雨云),并进一步细分为 29 类(如淡积云、碎积云、透光层积云、堡状高积云、毛卷云等)。

01.118 低云 low cloud

云底距地面 2 km 以下的云层。

01.119 中云 middle cloud

云底距地面高度分别是 2~4 km(极地),2~7 km(温带),2~8 km(热带)的云。

01.120 高云 high cloud

云底距地面高度分别是 3~8 km(极地),5~13 km(温带),6~18 km(热带)的云。

01.121 云底 cloud base

云的下边界。

01.122 云顶 cloud top

云的上边界。

01.123 云幂 cloud ceiling

曾称"云幕"。在阴天和多云(云量超过 7 成)条件下,对视程产生阻挡作用的云底高度最低时的云层。

01.124 云量 cloud amount

云遮蔽天穹的成数。

01.125 总云量 total cloud cover

天穹被全部云遮蔽的成数。

01.126 直展云 cloud with vertical development

垂直发展旺盛的对流云体,其云底处于低云高度,而云顶则达到高云的高度。

01.127 云属 cloud genera

根据云高、外形和形成过程,对云层进行的分类。其名称和代号为: 卷云(Ci)、卷积云(Cc)、卷层云(Cs)、高积云(Ac)、高层云(As)、雨层云(Ns)、层积云(Sc)、层云(St)、积云(Cu)、积雨云(Cb)。

01.128 云族 cloud etage

根据云层经常出现的高度对云进行的分类。

01.129 云种 cloud species

根据云的外形、尺度、内部结构和形成过程等特征,对云属进行的分类。分类如下:毛(fil)、钩(unc)、密(dens)、堡状(cast)、絮状(flo)、成层状(stra)、薄幕[状](nebu)、荚状(lent)、碎[状](fra)、淡[状](hum)、中展(med)、浓(cong)、秃[状](calv)、鬃[状](cap)。

01.130 云类 cloud variety

根据云的排列方式及其透光程度,对云种或云属进行补充性描述。有以下几类:乱(int)、脊[状](vert)、波状(und)、辐辏[状](rad)、网状(lac)、复(dup)、透光(tra)、漏隙(per)、蔽光(op)。

01.131 附属云 accessory cloud

伴随其他云出现的云,其范围一般比后者要小,它与主体分离或有时部分与主体合并。一种特定的云可同时伴有一种或几种附属云。幞状、缟状都是附属云。

01.132 云状 cloud form

云的外形特征。包括云的尺度,在空间的分布情况、形状、结构,以及它的灰度和透光程度。

01.133 卷云 cirrus, Ci

带有丝缕状结构和光泽的,白色孤立的薄片状或狭条状的高云。

01.134 毛卷云 cirrus fibratus, Ci fil

白色明亮的云片,带有卷曲或平直的丝缕结构。

01.135 密卷云 cirrus spissatus, Ci dens

较密实的卷云片,有些部位略带灰色,丝缕状结构显得比较混乱。

01.136 伪卷云 cirrus nothus, Ci not

由鬃积雨层顶部脱离母体而成,云体较大而厚密,有时呈砧状。

01.137 钩卷云 cirrus uncinus, Ci unc

丝缕状结构由云中倾斜下垂,整个云体呈逗点形状。

01.138 卷层云 cirrostratus, Cs

白色透明的云幔,有丝缕状结构或呈均匀薄幕状,可以部分或全部遮蔽天穹,常伴有晕。

01.139 毛卷层云 cirrostratus fibratus, Cs fil

丝缕状结构明显的卷层云。

01.140 薄幕卷层云 cirrostratus nebulosus, Cs nebu

分辨不出细微结构的均匀卷层云,通常伴有晕的现象。

01.141 卷积云 cirrocumulus, Cc

由形似涟漪或豆粒的小云体组成的白色透明的云片、云条或云层,云的单体视角宽度不超过1°的高云。

01.142 高积云 altocumulus, Ac

由众多白色或灰色带有阴影的云块组成的中云,云块单体呈不同形状,云块的视角宽度为1°~5°。

01.143 珠母云 nacreous clouds
这种云类似卷云或荚状高积云,显现出像珍珠母一样十分明亮的彩虹。当太阳低于地平线几度时其色彩最亮。

01.144 透光高积云 altocumulus translucidus, Ac tra
云层中大部分云体比较透明,可分辨出日、月位置的高积云。

01.145 蔽光高积云 altocumulus opacus, Ac op
云个体之间没有云缝,大部分云体阴暗到可以遮蔽日、月位置的高积云。

01.146 荚状高积云 altocumulus lenticularis, Ac lent
云体形如透镜或豆荚,边界明显的高积云,常由许多个体连成云片。

01.147 积云性高积云 altocumulus cumulogenitus, Ac cug
积云或积雨云消退,在中云高度平衍而成的高积云。

01.148 絮状高积云 altocumulus floccus, Ac flo
带有积状云外形的高积云云团,云团下部比较破碎,经常出现雪幡。

01.149 堡状高积云 altocumulus castellanus, Ac cast
顶部显示出积状云突起的高积云,在水平云底上呈现如城墙的垛状。

01.150 高层云 altostratus, As
可部分或全部遮蔽天穹的均匀云层,常为灰白色或灰色。

01.151 透光高层云 altostratus translucidus, As tra
云层大部分足够透明,因而能显示出日、月位置的高层云。

01.152 蔽光高层云 altostratus opacus, As op
云层大部分不透明,无法显示出日、月位置的高层云。

01.153 积云 cumulus, Cu
轮廓分明,顶部凸起,云底平坦的直展云。

01.154 淡积云 cumulus humilis, Cu hum
处在发展初期,垂直厚度仍小于水平尺度的积云。

01.155 中展积云 cumulus mediocris, Cu med
由淡积云继续发展到云顶开始显示出小型的隆起和对流泡体的积云。

01.156 碎积云 cumulus fractus, fractocumulus Fc
边缘破碎,外形变化也较迅速的积云碎块。

01.157 浓积云 cumulus congestus, Cu cong
垂直发展厚度超过水平宽度,顶部显示花椰菜形对流泡体的积云。

01.158 积雨云 cumulonimbus, Cb
浓厚庞大的云体,垂直发展旺盛,云顶随云的发展逐渐展平成砧状,并出现丝缕状的结构的直展云。常伴有雷阵雨。

01.159 秃积雨云 cumulonimbus calvus, Cb calv
由浓积云继续发展到云顶接近对流层顶,使云顶变平而边界模糊,形成白色丝缕般的冰晶结构。

01.160 鬃积雨云 cumulonimbus capillatus, Cb cap
充分发展的积雨云。云顶向外平展并出现明显的丝缕状结构,多呈马鬃状或砧状。

01.161 层积云 stratocumulus, Sc
由众多白色或灰色云块组成的低云,常带有阴暗部分,云块单体具有不同形状,但视角宽度大于5°。

01.162 透光层积云 stratocumulus transluci-dus, Sc tra
云层中大部分云体比较透明的层积云，可分辨出日、月位置。

01.163 蔽光层积云 stratocumulus opacus, Sc op
大部分云体阴暗到可以遮蔽日、月的层积云。

01.164 积云性层积云 stratocumulus cumulogenitus, Sc cug
在积云消退过程中平衍而成的层积云。

01.165 堡状层积云 stratocumulus castellanus, Sc cast
形状与堡状高积云相似的层积云，云体视角宽度大于5°。

01.166 荚状层积云 stratocumulus lenticularis, Sc lent
形状与荚状高积云相似的层积云，云体视角宽度在5°~30°。

01.167 层云 stratus, St
云底很低，呈灰色或灰黑色的均匀云层。

01.168 碎层云 stratus fractus, Fs
由层云分裂或由雾抬升而成的不规则碎片，形状多变，呈灰色或灰白色。

01.169 雨层云 nimbostratus, Ns
灰暗深厚的云层，或多或少有降雨或降雪的低云。

01.170 层状云 stratiform cloud
布满全天或部分天穹的均匀（指厚度、灰度和透光程度均匀）云层。

01.171 弧状云 arc cloud
又称"弧状云线（arc cloud line）"。位于雷暴云系前沿，呈圆弧状分布，或与雷暴云系主体脱离呈圆弧状分布的积云线。

01.172 积状云 cumuliform cloud
孤立、分散、垂直发展的云块。

01.173 碎雨云 fracto-nimbus, Fn
雨层云底部，云体小而破碎的低云。

01.174 混乱天空 chaotic sky
同时在几个高度上出现形状不定的各种对流云（特别是高积云）的天气状况。

01.175 山帽云 cap cloud
湿空气经地形强迫上升冷却和凝结而在孤立山峰上空形成的几乎不动的静止云。它是幞状云的一个特例。

01.176 云带 cloud band
具有明显长轴的接近连续的云，云的长宽比至少为4:1，云宽度大于1个纬度。

01.177 云堤 cloud bank
通常是远处看到的轮廓较为清晰的云团，它遮盖了相当一部分地平线处的天空，但并不向当顶延伸。

01.178 冷云 cold cloud
由过冷却水滴组成的云。

01.179 过冷云 supercooled cloud
由温度低于冰点的液态小水滴组成的云。

01.180 湍流云 turbulence cloud
在湍流大气层上部形成的云。

01.181 暖云 warm cloud
由温度高于0℃的水滴组成的云。

01.182 冰云 ice cloud
由冰晶组成的云。

01.183 水云 water cloud
由水滴组成的云。

01.184 夜光云 noctilucent clouds

一种类似于薄卷云的云,但常呈淡青色或银白色,有时或为橙红色,在黑色的空中非常显眼。云高为75~90 km。一些迹象表明这种云是由很细的宇宙尘形成的。

01.185　[冰]雹云　hail cloud
构成降雹的强对流云。

01.186　旗云　banner cloud
山脊或山峰附近形成的静止地形云,从山峰向下风方向呈三角旗形随风飘移。

01.187　鱼鳞天　mackerel sky
布有大量卷积云或细小高积云的天空,状似鱼鳞或轻风吹过水面引起的波纹。

01.188　滚轴云　rotor clouds
在大的山脉顶的下风方向形成的湍动的高积云型的云,云中的气流绕着平行于山脉的轴旋转。

01.189　驻云　standing cloud
维持在山峰或山脊处不移动的云。

01.190　锋下云　subfrontal cloud
因锋面降雨造成空气湿化后由湍流作用在锋面下所形成的云。

01.191　上滑云　upglide cloud
在不连续的锋面上作上升运动的湿气团内,因水汽凝结而形成的云。

01.192　波状云　wave cloud
在跨越丘陵或山脉的气流中形成的位于驻波波锋处的地形云。

01.193　风　wind
空气相对于地面的水平运动。用风向、风速(或风级)表示。

01.194　风向　wind direction
风的来向。

01.195　风速　wind speed, wind velocity
空气水平运动的速度。

01.196　最大风速　maximum wind speed
给定时段内的10分钟平均风速的最大值。

01.197　最大风速层　maximum wind level
在给定的时间段或某个期间里面,平均风速中的最大值的风速层。

01.198　极大风速　extreme wind speed
给定时段内的瞬时风速的最大值。

01.199　风速廓线　wind speed profile
风速随高度的分布曲线。

01.200　零风速层顶　velopause
风速趋近于零的高度,主要出现在夏季平流层中由西风向越来越大的东风气流反转的高度上。

01.201　水平风矢量　horizontal wind vector
风矢量在水平面上的分量。

01.202　水平风切变　horizontal wind shear
风沿水平方向的变化。

01.203　真风　true wind
相对于地面的风矢量。

01.204　不定风　variable wind
风向经常变化的风。

01.205　风的垂直切变　vertical wind shear
风沿垂直方向上的变化。

01.206　垂直风速　vertical wind velocity
沿垂直方向向下或向上的风速分量。

01.207　风力　wind force
用风级表示的风的强度。风力越强风级越大。

01.208　风级　wind force scale
表示风力的一种方法,通常采用蒲福风级。

01.209　蒲福风级　Beaufort［wind］scale
英国人 F. 蒲福（Francis Beaufort, 1774—

1857)于 1805 年根据风对地面物体或海面的影响程度而定出的风力等级。

01.210　0 级风　calm

曾称"静风"。蒲福风级的零级风,风速为 0 ~ 0.2m/s。

01.211　1 级风　light air

曾称"软风"。蒲福风级的一级风,风速 0.3 ~ 1.5m/s。

01.212　2 级风　light breeze

曾称"轻风"。蒲福风级的二级风,风速为 1.6 ~ 3.3m/s。

01.213　3 级风　gentle breeze

曾称"微风"。蒲福风级的三级风,风速为 3.4 ~ 5.4m/s。

01.214　4 级风　moderate breeze

曾称"和风"。蒲福风级的四级风,风速为 5.5 ~ 7.9m/s。

01.215　5 级风　fresh breeze

曾称"清劲风"。蒲福风级的五级风,风速为 8.0 ~ 10.7m/s。

01.216　6 级风　strong breeze

曾称"强风"。蒲福风级的六级风,风速为 10.8 ~ 13.8m/s。

01.217　7 级风　near gale

曾称"疾风"。蒲福风级的七级风,风速为 13.9 ~ 17.1m/s。

01.218　8 级风　gale

曾称"大风"。蒲福风级的八级风,风速为 17.2 ~ 20.7m/s。

01.219　9 级风　strong gale

曾称"烈风"。蒲福风级的九级风,风速为 20.8 ~ 24.4m/s。

01.220　10 级风　storm

曾称"狂风"。蒲福风级的十级风,风速为 24.5 ~ 28.4m/s。

01.221　11 级风　violent storm

曾称"暴风"。蒲福风级的十一级风,风速为 28.5 ~ 32.6m/s。

01.222　12 级风　hurricane

曾称"飓风"。蒲福风级的十二级风,风速为 32.7 ~ 36.9m/s。

01.223　阵风　gust

风速在短暂时间内,有突然出现忽大忽小变化的风。

01.224　阵风振幅　gust amplitude

阵风时,其风速分布的最大值。

01.225　阵风持续时间　gust duration

阵风从开始到结束的时间间隔。

01.226　地方性风　local wind

在有限区域内,因地方性条件(如特殊地理位置、地形或地表性质等)而形成的风。

01.227　地面风　surface wind

近地面的风。以距地面高度 10m 处测得的风为准。

01.228　高空风　wind aloft, upper-level wind

近地面层以上大气层中的风。

01.229　焚风　foehn

过山气流在背风坡下沉而变得干热的一种地方性风。

01.230　焚风墙　foehn wall

在焚风出现时,沿山脉脊线上空形成的云,处于山脊下风方的观测者可看到它的直立壁状外观。

01.231　焚风波　foehn wave

焚风发展区域上空所出现的空气波动。

01.232　山谷风　mountain-valley breeze

由于山谷与其附近空气之间的热力差异而

引起,白天由山谷吹向山顶的风,称"谷风(valley breeze)",夜间由山顶吹向山谷的风,称"山风(mountain breeze)"。

01.233 切向风 tangential wind
某一点与风系中心的半径矢量成直角方向上的风分量。

01.234 暖雾 warm fog
(1)温度在0℃以上,仅含液态小水滴的雾。
(2)当湿润空气通过较冷的陆面或海面时所形成的平流雾。

01.235 海陆风 sea-land breeze
由于海面和陆地之间的昼夜热力差异而引起,白天由海面吹向陆地的风,称"海风(sea breeze)",夜间由陆地吹向海面的风,称"陆风(land breeze)"。

01.236 湖风 lake breeze
在湖边地区,由于陆地表面的昼夜加热,而在白天从广大水面吹向陆地的风。

01.237 湖锋 lake front
当吹湖风时,在陆地上受热的空气层与其下的从附近广大水面吹来的相对冷而薄的气层之间形成的锋面。

01.238 向岸风 on-shore wind
沿岸地区,由水域吹向陆地的风。

01.239 离岸风 off-shore wind
沿岸地区,由陆地吹向水域的风。

01.240 峡谷风 gorge wind
由于狭管效应而产生的强风。

01.241 坡风 slope wind
由于坡面与其附近空气之间的昼夜热力差异而形成的一种地方性风。白天为"上坡风(anabatic wind)",夜间为"下坡风(downslope wind)"。

01.242 冰川风 glacier breeze

沿冰川表面向下坡方向吹的风。这种风没有日变化。

01.243 冰川减退 deglaciation
由气候变暖引起的冰川物质减少和体积缩小的过程。

01.244 流泄风 drainage wind
晴空夜晚,贴近地面的空气辐射冷却,沿山坡下滑加速而形成的风。

01.245 差动弹道风 differential ballistic wind
在炸弹弹道中,从轰炸高度向下到轰炸目标整个路径上所有差动风的加权平均,弹道风的计算是为了使弹着点更准确。

01.246 差动风 differential wind
在炸弹弹道中,轰炸高度上的风与该高度以下的某一气层中的风的矢量差。

01.247 能见度 visibility
视力正常者能将一定大小的黑色目标物从地平线附近的天空背景中区别出来的最大距离。

01.248 视觉感阈 contrast threshold, threshold contrast
又称"对比阈值"。观测者能够由背景中识别目标物的最小亮度对比,它与目标物的角宽度、背景亮度以及期望发现的概率等因子有关。

01.249 亮度对比 contrast of luminance
目标物的亮度(B_t)和背景亮度(B_b)的差值与背景亮度之比,即$(B_t - B_b)/B_b$。

01.250 能见度目标物 visibility marker
离测站的距离已知,可用于估计能见度的固定的地面目标物。

01.251 有效能见度 effective visibility
水平视野二分之一以上范围内都能达到的能见距离。

01.252 灯光能见距离 visual range of light
夜间观测者渐离灯光,直到不能看清楚灯光发光点时的距离。根据灯光强度,它可以换算为白昼条件下的能见度。

01.253 地面能见度 surface visibility
近地面观测到的能见度。

01.254 水平能见度 horizontal visibility
视力正常者能对他所在的水平面上的黑色目标物加以识别的最大距离。

01.255 垂直能见度 vertical visibility
视力正常者垂直向上(或向下)能识别黑色目标物的最大距离。

01.256 倾斜能见度 slant visibility
曾称"斜能见度"。视力正常者能识别位于倾斜方向上的目标物的最大距离。

01.257 大气现象 meteor
可以观察到的各种大气物理现象。

01.258 天气现象 weather phenomenon
在空中和地面上产生的降水、水汽凝结物(云除外)、冻结物和声、光、电等大气现象,也包括一些与风有关的特征。

01.259 晴天 clear sky
总云量不到1/10的天空状况。

01.260 少云 partly cloudy
中、低云总云量为1/10~3/10,或高云云量为4/10~5/10的天空状况。

01.261 多云 cloudy
中、低云总云量为4/10~7/10,或高云云量为6/10~10/10的天空状况。

01.262 阴天 overcast
中、低云总云量在8/10及以上,阳光很少或不能透过云层,天色阴暗的天空状况。

01.263 天空蓝度 blue of the sky
由于空气分子对阳光选择性散射而使晴朗天空呈蔚蓝色的程度。

01.264 天穹形状 apparent form of the sky
从开阔场所观测天空外貌所得到扁平而非半球的圆顶的印象。

01.265 地面状态 state of ground
在观测时间,测站附近的地面特征,特别是诸如雨、雪、低温等天气对地面所造成的后果。

01.266 裸冰 bare ice
无雪盖的冰面。

01.267 裸地 bare soil
无植被、无遮蔽,直接暴露的土地。

01.268 天空状况 sky condition
天空中云情(如云属、云量、云高等)的特征。

01.269 降水 precipitation
自云中降落到地面上的水汽凝结物。有液态或固态两种降水形式。

01.270 降水量 amount of precipitation
一定时段内液态或固态(经融化后)降水,未经蒸发、渗透、流失而在水平面上累积的深度。以毫米为单位。

01.271 最大降水量 maximum precipitation
在一定时段,一定地区(或地点)实测或调查到的降水量极大值。

01.272 降水日 precipitation day
观测到降水的日子。构成降水日所必须的降水量各国不尽相同,通常为0.1mm。

01.273 降水持续时间 precipitation duration
在一定地点或一定地区观测到或出现连续降水的一段时期。

01.274 降水强度 precipitation intensity
单位时间内的降水量。

01.275 阵性降水 showery precipitation

降水时间短促，开始及终止都很突然，且降水强度变化很大的降水。

01.276　对流性降水　convective precipitation
来自对流云中的降水。常呈阵性。

01.277　非对流性降水　non-convective precipitation
来自非对流云中的降水。常呈连续性。

01.278　雷雨云降水　thundery precipitation
在诸如砧状积雨云的云中产生的阵雨形式的降水。

01.279　地形降水　orographic precipitation
湿空气流沿地形抬升而形成的降水。

01.280　雨　rain
液态降水。

01.281　二分[点]雨　equinoctial rains
在二分点（春分或秋分）时或二分点后不久，在大多数赤道地区有规律地出现的降雨。

01.282　暖雨　warm rain
从温度高于 0℃ 的暖云中降落的雨。

01.283　雨幡　rain virga
雨滴在下落过程中不断蒸发、消失而在云底形成的丝缕条纹状悬垂物。

01.284　雨滴　rain drop
自云中向地面降落的水滴，其直径大于 0.5 mm。

01.285　雨影　rain shadow
在山区或山脉的背风面，雨量比向风面显著偏小的区域。

01.286　雨凇　glaze
过冷却雨滴碰到冰点附近的地面或地物上，立即冻结而成的坚硬冰层。

01.287　雨日　rain day
日降水量大于等于 0.1 mm 的日子。

01.288　雨量　rainfall [amount]
液态降水的量。气象观测上用雨量筒测定，以 mm 为单位。

01.289　连续性降水　continuous precipitation
持续时间较长、强度变化较小的降水。

01.290　间歇性降水　intermittent precipitation
降水时有时无、强度时大时小的非阵性降水。

01.291　阵雨　showery rain
液态阵性降水。

01.292　冻雨　freezing rain
过冷却水滴与物体碰撞后立即冻结的液态降水。

01.293　晴空雨　serein
当观测点上空的云已经消散或移走时，从晴空降落雨滴的现象。

01.294　过冷却雨　supercooled rain
由温度低于冰点的液态小水滴组成的雨。

01.295　毛毛雨　drizzle
由直径小于 0.5 mm 的水滴组成的稠密、细小而十分均匀的液态降水。

01.296　小雨　light rain
1 小时内雨量小于等于 2.5 mm，或 24 小时内雨量小于 10 mm 的雨。

01.297　中雨　moderate rain
1 小时内雨量为 2.6～8.0 mm，或 24 小时内雨量为 10.0～24.9 mm 的雨。

01.298　大雨　heavy rain
1 小时内雨量为 8.1～15.9 mm，或 24 小时内雨量为 25.0～49.9 mm 的雨。

01.299　暴雨　torrential rain
1 小时内雨量大于等于 16 mm，或 24 小时内雨量大于等于 50 mm 的雨。

01.300 季风雨 monsoon rain
与季风相联系的降水,通常很强。在东南亚大部分地区这种雨季大约开始于5月末,而在印度开始于6月中旬或下旬。

01.301 地方性降水 local precipitation
在有限的地区内,受该地区的地理位置、地形特点、地表状况影响而产生的带有地方性特征的降水。

01.302 地形雨 orographic rain
由于地形抬升作用而形成的液态降水。

01.303 地形雨量 orographic rainfall
空气上升越过地形的障碍物造成的降水量。

01.304 风暴 storm
泛指强烈天气系统过境时出现的天气过程。特指伴有强风或强降水的天气系统。例如,雷暴、飑线、龙卷、热带气旋等。

01.305 沙尘天气 sand and dust weather
风将地面尘土、沙粒卷入空中,使空气混浊的一种天气现象的统称。包括浮尘、扬沙、沙尘暴、强沙尘暴和特强沙尘暴。

01.306 沙尘暴 sand and dust storm, sandstorm, duststorm
强风扬起地面的尘沙,使空气浑浊,水平能见度小于1 km的风沙现象。

01.307 浮尘 suspended dust
当天气条件为无风或平均风速≤3.0m/s时,尘土、细沙浮游在空气中,使水平能见度小于10km的天气现象。

01.308 扬沙 blowing sand
风将地面沙尘吹起,使水平能见度在1~10km的天气现象。

01.309 沙尘暴天气 sand and dust storm weather
风将地面尘土、沙粒卷入空中,使空气非常混浊,使水平能见度小于1km的天气现象。

包括沙尘暴、强沙尘暴和特强沙尘暴。

01.310 强沙尘暴 severe sand and dust storm
大风将地面尘沙吹起,使空气非常混浊,水平能见度小于500m的天气现象。

01.311 特强沙尘暴 extreme severe sand and dust storm
狂风将地面大量尘沙吹起,使空气特别混浊,水平能见度小于50m的天气现象。

01.312 沙壁 sand wall
呈高墙状的沙暴或尘暴的前锋。

01.313 雹暴 hail storm
强冰雹降水天气,具有很大的破坏性。

01.314 霾 haze
悬浮在空中肉眼无法分辨的大量微粒,使水平能见度小于10 km的天气现象。

01.315 干霾 dry haze
低相对湿度条件下出现的霾。

01.316 沙霾 sand haze
因沙或尘暴而从地面吹起的微小沙粒或尘粒悬浮大气中而形成的霾。

01.317 高空霾 haze aloft
出现在地面以上5 km左右的霾。

01.318 北极霾 arctic haze
在北极地区的霾,它使水平和斜程能见度减小,其高度可伸展到10 km。

01.319 高吹沙 blowing sand
风将沙粒吹扬到水平视线以上的高度,使水平能见度明显减弱的天气现象。

01.320 低吹沙 drifting sand
风将沙粒吹扬到水平视线以下的高度,对水平能见度无明显影响的天气现象。

01.321 露 dew
空气中水汽凝结在地物上的液态水。

01.322 冻露 white dew

在温度下降到 0℃ 以下时露水被冻结成的白色凝聚物。

01.323 霜 frost

夜间地面冷却到 0℃ 以下时，空气中的水汽凝华在地面或地物上的冰晶。

01.324 白霜 hoar frost

冰的沉淀物，一般呈鳞状、羽状或扇状。它形成于表面足够冷（通常由于夜间辐射造成）的物体上。这类物体表面冷的程度足以使周围空气中所含的水汽直接凝华于其上。

01.325 霜点 frost point

空气等压冷却到 0℃ 以下，使空气中的水汽（对冰面）达到饱和时的温度。

01.326 初霜 first frost

每年秋末冬初第一次出现的霜。

01.327 终霜 latest frost

每年冬末春初最后一次出现的霜。

01.328 辐射霜 radiation frost

由下垫面夜间辐射冷却到 0℃ 或 0℃ 以下引起的霜。

01.329 龙卷 tornado

小直径的剧烈旋转风暴，产生于十分强烈的雷暴中，以积雨云底部下垂的漏斗云形式出现。

01.330 漏斗云 funnel cloud

在水龙卷或陆龙卷的涡旋中心形成的云。它具有迅速旋转的漏斗形结构，有时由于涡旋中心气压的降低，云可直接向下伸展至地面。

01.331 抽吸性涡旋 suction vortices

常常伴随龙卷而出现的旋风，其内压很低，具有很强的吮吸能力。

01.332 水龙卷 water spout

在水上出现的龙卷，其特征是一旦抵岸就趋于消散。

01.333 尘卷风 dust devil

由地面强烈增温而生成的小旋风，以卷起地面尘沙和轻小物体形成旋转的尘柱为特征。

01.334 尘旋 dust whirl

在干燥、多尘或阴暗地面上的一个快速旋转的气柱，它可以由地面带起尘埃、树叶或其他轻物，它是阳光充沛、炎热夏季午后强对流的产物，底部直径几米，高约 30～100 m。

01.335 飑 squall

在强冷锋前或积雨云前沿所出现的狭窄的强风带。在其过境时，风速突增，风向突变，气象要素急骤变化，常伴有阵性降水。

01.336 雷飑 thunder squall

由对流旺盛的积雨云引起的伴有闪电雷鸣和强降水的局地风暴。

01.337 雪 snow

由冰晶聚合而形成的固态降水。

01.338 雪幡 snow virga

雪晶在下降过程中不断升华、消失而在云底形成的白色丝缕状悬垂物。

01.339 雨夹雪 sleet

雨滴和雪同时降落的天气现象。

01.340 阵雪 showery snow

降落时间短促，开始和终止都较突然的雪。

01.341 雪晶 snow crystal

大气中由水汽凝结而成的固态六角形结晶。

01.342 雪花 snowflake

雪晶的聚合体。

01.343 米雪 snow grains

由直径小于 1 mm 的白色不透明冰粒组成的固态降水。

01.344　湿雪　wet snow

包含大量液态水的雪。如果水完全充满了雪中的空隙,则归类于极湿雪。

01.345　干雪　dry snow

雪中的空隙被空气充满,液态水含量很少的雪。

01.346　雪暴　snowstorm

伴有强降雪的风暴。在其过境时,有强吹雪,水平能见度小于 1 km。

01.347　雪崩　avalanche

大量的冰和雪沿陡峭山坡崩滑,并常常夹带泥土,巨岩和碎石。

01.348　干雪崩　dust avalanche

疏松的干雪形成的雪崩。

01.349　吹雪　driven snow

阵风将雪片(雪花、雪粒)吹扬到离地面一定高度上的天气现象。

01.350　低吹雪　drifting snow

低于水平视线以下的吹雪。

01.351　高吹雪　blowing snow

高于水平视线以上的吹雪。

01.352　积雪　snow cover

在视野范围内有一半以上的面积被雪层覆盖。

01.353　积雪日数　days with snow cover

有积雪的日子称为积雪日,一般按年度(北半球是从前一年 7 月 1 日至当年 6 月 30 日)统计全年的积雪日数。

01.354　雪量　snowfall [amount]

一定时段内,单位面积上降雪的质量(g/cm^2)。

01.355　雪水当量　water equivalent of snow

雪融化后所应该得到的水量。

01.356　雪深　snow depth

从积雪表面到地面的深度。

01.357　雪面波纹　sastrugi

当风连续从一个方向吹来时,在风吹过的极地平原上形成特有的一系列长而时常陡峭的波状的大雪脊。

01.358　雪密度　snow density

由样本雪融化得到的雪水体积与样本雪原来的体积比值。

01.359　雪日　snow day

降水量大于等于 0.1 mm 的降雪日子。

01.360　积雪总量　snow pack

年积雪的多少,常用等效水量表示。

01.361　积冰　icing

各种降水或雾滴与地面或空中冷却物体碰撞后冻结在其表面上的现象。

01.362　锚冰　anchor ice

没于水下,固着或冻结在河床,水底或其建筑物上的冰。

01.363　解冻　thaw

温度上升到 0℃ 以上时,地表雪或冰开始融化的自然现象。

01.364　电线积冰　wire icing

发生在野外架空电线上的积冰现象。

01.365　[冰]雹　hail

从对流云中降落的由透明和不透明冰粒相间组成的固态降水。

01.366　一年冰　first year ice

曾称"一冬冰"。由初期冰发展而成的,时间不超过一个冬季的冰,比多年冰光滑。

01.367　雹块　hailstone

雹的单块,其直径约从 5mm 至大于 8cm。

01.368　冰丸　ice pellet

透明的球状或不规则形状的固态降水。

01.369 冰暴 ice storm
以冻雨或冻结的液态降水为特征的扰动天气现象。

01.370 雷 thunder
闪电通道急剧膨胀产生的冲击波退化而成的声波,表现为伴随闪电现象发生的隆隆响声。

01.371 雷暴 thunderstorm
由于强积雨云引起的伴有雷电活动和阵性降水的局地风暴。在地面观测中仅指伴有雷鸣和电闪的天气现象。

01.372 对流性雷暴 convective thunderstorm
由对流云产生的雷暴。

01.373 阵风锋 gust front
又称"飑锋"。雷暴云体冷性外流气流的前缘。常以风速增强和明显降温作为主要特征。

01.374 热雷暴 heat thunderstorm
因热力抬升作用而产生的伴有雷击和闪电的局地对流性天气。

01.375 雷阵雨 thunder shower
雷雨云(如鬃积雨云)中降落的阵性雨。

01.376 地形雷暴 orographic thunderstorm
由于地形作用而引发的雷暴。

01.377 雷暴单体 thunderstorm cell
构成雷暴云的强对流单体。

01.378 天电 atmospherics
大气中放电过程所造成的脉冲型的电磁波。

01.379 闪电 lightning
大气中的强放电现象。按其发生的部位,可分为云中、云间或云地之间三种放电。

01.380 热闪 heat lightning
在远处的闪电,看上去像是天空或云的短促发光。

01.381 闪电通道 lightning channel
闪电时放电所经过的路径。

01.382 先导闪击 leader stroke
爆发性大气放电的第一阶段,在此阶段建立了一条一般从云向大地传播的电离通道。

01.383 回击 return stroke
紧接先导闪击之后,与其具有相同的闪电通道但方向相反,强而非常明亮的放电现象。

01.384 带状闪电 band lightning
条状闪电通道受到很强的风吹动时,在与风向垂直的观测方向上观测到的在水平方向呈亮带展开的闪电。

01.385 片状闪电 sheet lightning
呈一片亮光无明显闪电通道的闪电。

01.386 球状闪电 ball lightning
通常在强雷暴时出现的外观呈球状的一种奇异闪电。直径一般为 10~20cm。

01.387 叉状闪电 forked lightning
以相当明显的弯曲和分叉的枝状形式出现的闪电。

01.388 条状闪电 streak lightning
闪电通道呈条状而不分叉的闪电。

01.389 串珠状闪电 pearl-necklace lightning, pearl lightning, beaded lightning
又称"珠状闪电"。闪电通道断裂成许多小段,呈形似一串珠状的闪电。

01.390 火箭状闪电 rocket lightning
具有肉眼可见的沿主干和分叉光亮快速行进的闪电。

01.391 雾 fog
近地面的空气层中悬浮着大量微小水滴(或冰晶),使水平能见度降到 1 km 以下的天气现象。

01.392 干雾 dry fog
没有使暴露面潮湿的雾。

01.393 雾堤 fog bank
通常由局地条件引起,可在远方看到的,在一个宽约数百米的小区域上空扩展的雾。

01.394 冻雾 freezing fog
由过冷水滴形成的雾。当这种雾与物体接触时会发生冻结,从而在物体表面产生一层雾凇。

01.395 轻雾 mist
曾称"霭"。空气层中悬浮着微小水滴或吸湿性潮湿粒子,使地面水平能见度在 $1 \sim 10$ km 的天气现象。

01.396 湿雾 wet fog
含有较大水滴,能使暴露在其中的物体湿润并有液态水沉积的雾。

01.397 海雾 sea fog
海面上空形成的平流雾。

01.398 冰雾 ice fog
由悬浮在空气中的大量微小冰晶组成的雾。

01.399 锋面雾 frontal fog
与锋面活动相联系的雾。

01.400 平流雾 advection fog
暖湿空气平流到较冷的下垫面上空时形成的雾。

01.401 辐射雾 radiation fog
由于下垫面夜间辐射冷却,使空气中水汽凝结而形成的雾。

01.402 平流辐射雾 advection-radiation fog
由平流和辐射冷却而形成的雾。

01.403 混合雾 mixing fog
两种温度不同的未饱和气团混合而形成的雾。

01.404 蒸发雾 evaporation fog
冷空气流到暖水面上时,由于暖水面蒸发而形成的雾。

01.405 海面蒸汽雾 sea smoke
当空气稳定且相对较冷时,在宽阔的水面上形成的蒸发雾。

01.406 过冷却雾 supercooled fog
由过冷却水滴组成的雾。

01.407 地面雾 ground fog
厚度小于 2m 的辐射雾。

01.408 山雾 mountain fog
围绕高地的云。

01.409 上坡雾 upslope fog
迎风坡上气流被迫抬升,绝热冷却而形成的雾。

01.410 气团雾 air-mass fog
气团内部形成的雾。

01.411 热带气团雾 tropical air fog
热带海洋气团中形成的平流雾。

01.412 雾凇 rime
在空气层中水汽直接凝华,或过冷却雾滴直接冻结在地物迎风面上的乳白色冰晶。

01.413 霰 graupel
又称"软雹","雪丸"。由白色不透明的球形或锥形(直径约 $2 \sim 5mm$)的颗粒组成的固态降水。

01.414 日照百分率 percentage of sunshine
任一地点的日照时数与可照时数的百分比。

01.415 日照时数 sunshine duration
简称"日照(sunshine)"。一天内太阳直射光线照射地面的时间。以小时为单位。

01.416 日照时间 insolation duration
(1)光亮日照时间:太阳辐射能产生明显阴影的时段。(2)地理的或地形的可能日照时间:太阳辐射能够达到一个给定平面的最长时段。(3)最大可能日照时间:太阳边缘升起与降落中间的时段。

01.417 可照时数 duration of possible sunshine
日出至日没的总时数。以小时为单位。

01.418 大陆漂移 continental drift
认为大陆彼此相对移动(以每年数厘米的速率),它是板块地质构造学的结果。

01.419 大陆架 continental shelf
曾称"大陆棚","陆棚"。自海岸线向外延伸,海底坡度显著增大处的浅水地带。外缘平均水深130m,宽度10～1 000 km。

01.420 中国气象学会 Chinese Meteorological Society
中国气象学家和气象工作者的学术团体。成立于1924年,是中国科学技术协会领导的学会之一。

01.421 国际气象学和大气科学协会 International Association of Meteorology and Atmospheric Sciences, IAMAS
1919年,在比利时成立,其基本任务是促进世界各国在气象学和大气科学方面的研究、交流和合作。是国际大地测量和地球物理学联盟(简称IUGG)的七个分会之一。

01.422 政府间气候变化专门委员会 Intergovernmental Panel on Climate Change, IPCC
由世界气象组织(WMO)和联合国环境规划署(UNEP)于1988年组织设立,其作用是对与人类引起的气候变化相关的科学、技术和社会经济信息进行评估和商定对策。

02. 大 气 探 测

02.001 大气探测 atmospheric sounding and observing
借助各种仪器与装备对大气物理和化学特性进行的直接或间接的探测。

02.002 气象观测 meteorological observation
借助仪器和目力对气象要素和气象现象进行的测量和判定。随着观测技术的发展和观测对象项目的扩充,近些年来气象观测已逐步发展为大气探测。

02.003 气象观测员 observer
在各级气象台站或哨所中从事地面、日(辐)射或高空等各种气象观测工作的人员的总称。

02.004 天气观测 synoptic observation
为提供天气分析与预报所需的气象信息,在天气观测时间进行的气象观测。

02.005 天气观测时间 synoptic hour
为使全球气象观测站能同时进行气象观测,由国际协定所决定的观测时间。用协调世界时 UTC 表示。

02.006 基本天气观测 principal synoptic observation
由指定测站所组成的观测网在协调世界时00时、06时、12时、18时所进行的天气观测。

02.007 基本天气观测时间 main standard time
气象站进行地面天气观测的全球统一的观测时间,所观测的结果向一个地区或全世界广播。基本天气观测时间是协调世界时00时、06时、12时和18时。

02.008 辅助天气观测 intermediate synoptic

observation

除了基本天气观测时间以外,由指定测站在协调世界时 03 时、09 时、15 时、21 时所进行的天气观测。

02.009　地面观测　surface observation
在地面上(除高空观测外)进行的气象观测。

02.010　目测　visual observation
凭借目力对云、能见度、天气现象等项目进行的气象观测。

02.011　本底污染观测　background pollution observation
对未受局地污染影响的那类地区的污染状况进行的观测。

02.012　外场观测　field observation
为达到某种研究目的而在实验室之外进行的某种观测。

02.013　常规观测　conventional observation
列入测站日常业务的气象观测[项目]。

02.014　非常规观测　non-conventional observation
未列入测站日常业务的有特定目的和要求的气象观测[项目]。

02.015　船舶观测　ship observation
在船上进行的气象观测。

02.016　定点观测　fixed point observation
在固定地点进行的气象观测。

02.017　天基观测　space-based observation
传感器位于地球大气层以外的观测平台(如航天飞机、气象卫星等)上进行的气象观测。

02.018　空基观测　air-borne observation
传感器位于地球表面以上大气层的观测平台(如飞机、气球等)上进行的气象观测。

02.019　地基观测　ground-based observation
在地表观测平台上进行的气象观测。

02.020　山地观测　mountain observation
为研究山地气象,在山地进行的专门的气象观测。

02.021　探空　sounding
用气球、风筝、滑翔机、飞机、火箭或其他手段携带仪器对大气中的各种要素和现象的测定。

02.022　高空观测　upper air observation
对自由大气各气象要素的直接或间接观测。

02.023　辅助船舶观测　auxiliary ship observation, ASO
只在某些地区配置的,在某种情况下得到请求时才发送气象报告的辅助船舶站所进行的气象观测。

02.024　飞机探测　aircraft sounding
用飞机携带仪器对自由大气各要素进行的观测。

02.025　火箭探测　rocket sounding
用火箭携带仪器对高层大气进行的观测。

02.026　无线电探空　radio sounding
用无线电探空仪对自由大气的温度、压力、湿度等要素进行的观测。

02.027　气压开关　baroswith
用于无线电探空仪上,由气压控制的开关器件。

02.028　拍频振荡器　beat frequency oscillator
两不同频率的振荡叠加后,以它们的差频而工作的振荡器。

02.029　系留气球探测　captive balloon sounding
用系留气球携带仪器对低层大气进行的探测。

02.030　测风气球观测　pilot balloon observation

用光学经纬仪跟踪随风飘升的气球测定高空风。

02.031　气球测风　pibal
通过对测风气球的光学跟踪来测量高空风。

02.032　无线电测风观测　radiowind observation
用无线电定位设备跟踪随风飘升的气球测定高空风。

02.033　标准观测时间　standard time of observation
气象观测规范规定的进行气象观测的时刻。

02.034　实际观测时间　actual time of observation
(1)在地面天气观测中,气压表读数的时刻。(2)在高空观测中,气球、降落伞或火箭释放的时刻。

02.035　观测次数　observational frequency
一定时段内进行观测的次数。

02.036　观测误差　observational error
又称"测量误差"。观测值与真值之间的差。

02.037　滞后系数　lag coefficient
在被测的量发生阶跃变化的范围内,测量仪器的示值由约定的起始状态达到约定的终了状态所需的时间。

02.038　e 折减时间　e-folding time
一个变量衰减到它初值的 1/e 所需要的时间。

02.039　准确度　accuracy
计算量或测量量与真值相接近的程度。

02.040　精〔密〕度　precision
在规定的条件下,采用特定的测量程序对一个量进行若干次的独立测量时所得到的测量结果相一致的程度。

02.041　校准　calibration

又称"检定"。将仪器的响应示值与其启动信号或与通过其他方法测得的真实值相联系的过程。

02.042　校准曲线　calibration curve
表示被测"量"的实际值与计量器具的示值之间的关系(或特性)曲线。

02.043　均方根误差　root-mean-square error, RMS error
简称"均方差"。随机变量 x 的所有可能取值 $x_1, x_2, \cdots, x_n$ 与其平均值 $\bar{x}$ 之差的平方和的平均值叫方差,记为 $D(x)$,方差的正平方根叫均方差,$RMSE = \sqrt{D(x)}$,它可作为衡量测量精度的一种数值指标。

02.044　标准差　standard deviation
真误差平方和的平均数的平方根,作为在一定条件下衡量测量精度的一种数值指标,也是一系列观测值离散情况的度量。

02.045　补充观测　supplementary observation
在规定时刻以外,为满足某种专门需要而增加的气象观测。

02.046　自记记录　autographic records
由自记气象仪器(如气压计、温度计、湿度计、雨量计等)获得的记录。

02.047　地面资料　surface data
地面气象观测获取的并经过整理的数据。

02.048　高空资料　upper air data
高空气象观测获取的并经过整理的数据。

02.049　气压表高度　barometer level
通常指水银气压表槽部(福丁式指象牙针尖端)的海拔高度。

02.050　〔海平面〕气压换算　pressure reduction
曾称"海平面气压订正"。根据压高公式,用本站气压推算出本站相应的海平面气压的计算过程。

02.051　气压订正　barometric correction
将测站水银气压表读数订正到水银气压表处于标准温度及标准重力条件下的气压读数的计算过程。订正后的气压值即为本站气压。

02.052　国际[天气]电码　international synoptic code
把观测到的气象数据或代码编为若干五位数字组，为进行国际天气预报交换所使用的气象电码。

02.053　波特　baud
发报速率单位,每秒钟发 1 个信号数为 1 波特。

02.054　电码格式　code form
又称"电码型式"。表示气象电报的组成内容及其所含各项目排列位置的电码符号型式。

02.055　电码种类　code kind
又称"电码种类名称"。国际上对各种电码型式的通用代称,同时也作为按该电码型式编成电报的代称。如 CLIMAT 表示地面气候月电码等。

02.056　电码组　code group
构成电码型式基本单元的数字或字母组。通常气象电报每组有 5 位数。

02.057　气象台站网　network of meteorological station
按一定原则和业务需要而建立的气象台站的总体。

02.058　气象台　meteorological observatory
专门从事特别精确而详细的气象观测并使用其他气象站所不具备的专门科学设备研究大气现象的一种科学机构。

02.059　观测场　observation site
安装气象仪器进行气象观测的场地。

02.060　气象观测平台　meteorological platform
作为气象观测基点的地面或高空的场所、设施或设备。如观测场、船舶、气球、飞机、卫星等。通常可分为固定平台和移动平台两大类。

02.061　海洋气象站　ocean weather station
在海上有固定位置和适当装备、人员的船舶站。

02.062　固定船舶站　fixed ship station
海洋气象站或设在灯船上的测站。

02.063　移动船舶站　mobile ship station
设在航行中船只上的气象测站。

02.064　高山[观测]站　mountain [observation] station
设在高山上的气象观测站。

02.065　自动气象站　automatic meteorological station
一种无人操作,能自动定时观测、发报或记录的地面气象观测站。

02.066　气象仪器　meteorological instrument
用来定量、定性测量一个或几个气象要素的仪器。

02.067　太阳光度计　heliograph
用于记录太阳辐射达到足够强度而能产生明显阴影的时段的仪器。

02.068　百叶箱　screen, instrument shelter
安置温度、湿度仪器并使其免受太阳直接辐射,而又保持适当通风的白色百叶式木箱。

02.069　温度表　thermometer
能测量温度而不具有自动记录功能的仪器或传感器。

02.070　摄氏温标　Celsius temperature scale
在标准大气压下,以水的冰点为 0 度,水的沸点为 100 度,中间分为 100 等分的温标。

02.071 变形[类]温度表 deformation thermometer
使用随温度升降而发生形变的传感器制成的温度表。如双金属片温度表、巴塘温度表等。

02.072 气体温度表 gas thermometer
根据气体的气压或体积的变化是温度函数的原理制成的温度表。

02.073 遥测温度表 telethermometer
能测量并显示远处温度的装置。

02.074 温度计 thermograph
能连续自动记录温度随时间变化的仪器。

02.075 绝对温标 absolute temperature scale
又称"热力学温标","开尔文温标"。建立在卡诺循环基础上的理想而科学的温标,将水的冰点(0℃)取为 273.16 K(K 称开尔文,绝对温标的单位),绝对温标的分度与摄氏温标相同。

02.076 声学温度表 acoustic thermometer
根据温度变化引起局部声速变化原理而制成的温度表。

02.077 巴塘温度表 Bourdon thermometer
由充满液体的巴塘管作为感应元件的测量温度的仪器。

02.078 地温表 geothermometer
又称"土壤温度表(soil thermometer)"。测量不同深度(包括地表)土壤温度的温度表。

02.079 地面温度表 surface geothermometer
曾称"零厘米温度表"。测量地表温度的温度表。

02.080 曲管地温表 angle geothermometer
测量深度为 5cm、10cm、15cm、20cm 的浅层土壤温度用的温度表,表杆与球部连接处呈 135°弯曲。

02.081 直管地温表 tube-typed geothermometer
装在带有铜底帽的保护套管内,用以测量深度为 40cm、80cm、160cm、320cm 深层土壤温度的温度表。

02.082 草温表 grass thermometer
测量浅草坪草面附近气温的温度表。

02.083 最高温度表 maximum thermometer
测量给定时段(通常为 24 小时)内气温达到最高值的温度表。

02.084 最低温度表 minimum thermometer
测量给定时段(通常为 24 小时)内气温降到最低值的温度表。

02.085 水银温度表 mercury thermometer
采用水银作为测温质的玻璃管温度表。

02.086 莱曼 - α 湿度表 Lyman-α hygrometer
利用水汽吸收莱曼 - α 线(波长为 0.1216μm)的原理测量空气中水汽密度的仪器。

02.087 双金属片温度计 bimetallic thermograph
由两种膨胀系数不同的金属片焊在一起,利用其随温度变化而产生不同形变的特性感应温度,并能自动记录温度随时间变化的仪器。

02.088 气压计 barograph
能自动连续记录气压随时间变化的仪器。

02.089 空盒气压计 aneroid barograph
以一组金属膜盒作为感应元件的气压计。

02.090 布尔东管 Bourdon tube
曾称"波顿管","巴塘管"。一种横截面为扁椭圆形且两端密封的圆弧状管子,可作为测温仪器或测压仪器的感应元件。

02.091 高山气压计 mountain barograph
测量气压数值范围较大,适用于高山的气压计。

02.092 气压表 barometer
测量气压而不具有自动记录功能的仪器。

02.093 称重式气压表 weighing barometer
通过称量水银柱或槽中水银而实现记录大气压力的一种水银气压表。

02.094 空盒气压表 aneroid barometer
用金属膜盒(盒内近于真空)作为感应元件的气压表。

02.095 船用气压表 ship-barometer
一种将玻璃管下部内径做细,以稳定气压读数,供船上使用的水银气压表。

02.096 高山气压表 mountain barometer
把标尺刻度范围加大,适用于高山上的水银气压表。

02.097 气压测高表 pressure altimeter
用来测定两地高度差的一种空盒气压表。

02.098 标准气压表 normal barometer
经过精密校准,作为检定国内或国际其他气压表用的标准的,具有较高准确度的水银气压表。

02.099 国家标准气压表 national standard barometer
世界气象组织成员为其领域内应用而指定作为基准的水银气压表。

02.100 区域标准气压表 regional standard barometer
根据世界气象组织区域协会的决议而指定作为该区域基准的水银气压表。

02.101 绝对标准气压表 absolute standard barometer
不需校准而能测得气压准确值的一种气压表。

02.102 微压计 microbarograph
用增加仪器灵敏度的方法以记录气压随时间的微小变化的气压计。

02.103 水银气压表 mercury barometer
利用托里拆利原理,以玻璃管中水银柱高度表示气压数值的仪器。

02.104 气阱 air trap
在水银气压表的水银管内,为防止空气逸入真空室而增加的一种结构。

02.105 福丁气压表 Fortin barometer
曾称"动槽式气压表"。在读数前需将水银槽中水银面调整到与标尺零点(即象牙针尖)相符的气压表。

02.106 寇乌气压表 Kew pattern barometer
曾称"定槽式气压表"。考虑到水银槽中水银面高度随气压变化而将刻度标尺作一定补偿的水银气压表。

02.107 虹吸气压表 siphon barometer
一种管子为"U"形并在两个自由水银面处具有相同直径的水银气压表。

02.108 湿度计 hygrograph
自动连续记录空气相对湿度随时间变化的仪器。

02.109 吸收湿度计 absorption hygrometer
通过吸湿性的化合物吸收水汽以测定大气中水汽含量的仪器。

02.110 微分吸收湿度计 differential absorption hygrometer
根据微分吸收法用两固定波长的激光器或可调谐激光器测定湿度的装置。

02.111 湿度表 hygrometer
测量空气相对湿度而不具有自动记录功能

的仪器。

02.112 化学湿度表 chemical hygrometer
基于与湿度有关的化学效应来测量湿度的一类仪器。例如,利用吸湿性化学物质吸收水汽而测量湿度的吸收湿度表(如碳膜湿度元件,薄膜电容器)。

02.113 干湿表 psychrometer
由一支干球温度表和一支湿球温度表组成,用来测量空气湿度的仪器。

02.114 温湿计 thermohygrograph
将温度计和湿度计结合起来在同一张图上同时连续记录大气温度和湿度的仪器。

02.115 温湿表 thermohygrometer
测量大气温度和湿度的一种仪器。

02.116 通风干湿表 aspirated psychrometer
用人工通风方法测量空气湿度的干湿表。

02.117 通风气象计 aspiration meteorograph
由风扇提供通风用以连续测量和记录 2 个或多个气象要素的仪器。

02.118 [气]压温[度]湿[度]计 barothermohygrograph
能够在一张图表上自动记录温度、气压和湿度变化的仪器。

02.119 温深仪 bathythermograph, BT
又称"深水温度仪"。在运行船上,为了获得海洋海平面以下 300m 内温度对深度(严格地说是压力)分布情况的仪器,现已大多数为投弃式温深仪所取代。

02.120 投弃式温深仪 expendable bathythermograph, XBT
又称"消耗性温深仪"。为了由船速高达 15m/s 的船上获得温度随水深(直到 1800m)分布状态而投弃的测量仪器。

02.121 标准通风干湿表 standard aspirated psychrometer
世界气象组织推荐的一种采用矩形风洞式结构横向强迫通风的干湿表。

02.122 手摇干湿表 whirling psychrometer, sling psychrometer
一种利用旋转摇柄以确保通风良好的干湿表。

02.123 阿斯曼干湿表 Assmann psychrometer
由阿斯曼(R. Assmann)发明的有机械通风装置的一种干湿表。

02.124 露点湿度表 dew-point hygrometer
用于观测人工冷却面上出现露时的瞬间温度,以确定露点的一种湿度表。此表也可用于测定霜点。

02.125 露量表 drosometer
用来测量在给定表面上产生的露水量的一类仪器。有各种形式,包括露量的收集、称量、记录等功能。

02.126 毛发湿度表 hair hygrometer
利用脱脂毛发长度随空气相对湿度变化的性能而制成的能显示相对湿度的一种湿度表。

02.127 毛发湿度计 hair hygrograph
以一束毛发作为感应元件而能自动连续记录相对湿度随时间变化的仪器。

02.128 黑白球温度表 black and white bulb thermometer
由感温球部分别为黑色和白色两支玻璃液体温度表组成的用以测量日射的仪器。

02.129 温湿仪 hygrothermoscope
把双金属温度表和毛发湿度表结合在一起同时工作来显示露点温度的近似值的仪器。

02.130 气压温度计 barothermograph
能自动连续记录气压和气温随时间变化的

仪器。它由气压计和温度计合并组成。

02.131　干球温度表　dry-bulb thermometer
干湿表的两支温度表中，球部裸露用以测量气温的那一支。

02.132　湿球温度表　wet-bulb thermometer
干湿表的两支温度表中，球部包有浸透纯水的纱布并保持湿润（或结冰状态）的那一支。

02.133　辐射温度表　radiation thermometer
用来测量一个源在某特定带宽内的发射辐射,并以等效的黑体温度来显示这种辐射量的仪器。

02.134　日照计　sunshine recorder
记录一天中太阳直接辐射达到一定辐照度的时间的仪器。

02.135　日射测定学　actinometry
物理学的一个分支,旨在研究和测量辐射,特别是气象学中的太阳和地球辐射。

02.136　日射测定表　actinometer
又称"日射表"。用于测定辐射能强度,特别是测定太阳辐射能强度的任何仪器的统称。

02.137　日射测定计　actinography
能自记的日射测定表

02.138　日射自记曲线　actinogram
日射测定计的自记记录

02.139　黑球温度表　black bulb thermometer
又称"赫舍尔日射计（Herschel's actinometer）"。世界上最早（1825 年）出现的日射测量仪器,温度表的球部外壁涂黑,使其成为近似黑体。

02.140　乔唐日照计　Jordan sunshine recorder
曾称"暗筒式日照计"。测定实际日照时数的一种圆筒状仪器。

02.141　坎贝尔－司托克斯日照计　Camp-bell-Stokes sunshine recorder
曾称"聚焦式日照计","康培尔－司托克日照计"。利用玻璃球聚焦原理而设计的测定实际日照时数的仪器。

02.142　直接辐射表　pyrheliometer
测量给定平面上法向直射辐照度的辐射表。

02.143　热辐射仪自记曲线　bologram
热辐射仪获得的测量记录。

02.144　热辐射仪　bolometer
一类日射计,它是使用热敏电阻作传感器的一类辐射能强度测量仪器。

02.145　总辐射表　pyranometer
测量从 2π 立体角落在水平面上的总辐射（太阳直接辐射与散射辐射之和）的仪器。

02.146　天空辐射表　sky radiometer diffusometer
测量天空散射辐射的仪器。一般在总辐射表上使用遮日盘或遮日环遮住太阳的直接辐射,即可测得散射辐射。

02.147　空腔辐射计　cavity radiometer
用于测量直接太阳辐射的现代的具有自我校准设置的直接辐射表。接收器一般为圆锥形,具有精密的温度传感器和加热器。

02.148　反照率表　albedometer
测量反射辐射或反照率的仪器。将总辐射表感应面转向地面时,即可测得地表的反射辐射。

02.149　净辐射表　net pyranometer
曾称"辐射平衡表"。测量一个水平面的上下两面源于 2π 立体角的辐射总量差额的仪器。

02.150　全天光度计　all sky photometer
具有足够宽的视场可以测量来自仪器上空整个（或几乎整个）半球范围内发射的光能量的光度计。

02.151 昂斯特伦补偿直接辐射表 Angström compensation pyrheliometer

曾称"埃斯特朗补偿式直接辐射表"。由瑞典科学家昂斯特伦(K. Angström)在 1893 年研制成功的具有自校准功能的测量直接太阳辐射的仪器。后来世界气象组织决定采用它作为日射测量的基础。

02.152 测风绘图板 pilot-balloon plotting board

用来点绘测风气球运动轨迹的水平投影，量取高空水平风向风速的气象专用图板。

02.153 雹雨分离器 hail-rain separator

把雹块和雨分开并分别测量的仪器。

02.154 蒸发计 evaporograph

可随时自动连续记录蒸发水量的一种仪器。

02.155 小型蒸发器 evaporation pan

又称"蒸发皿"。用以测量每天因蒸发而减少的水量而设计的一种口径为 20cm 的器皿。

02.156 漂浮式蒸发皿 floating pan

漂浮在大面积水域中，用来测量该水面蒸发率的设备。

02.157 大型蒸发器 evaporation tank

具有水槽或水池的能测定因水分蒸发而降低水面的一整套装置。

02.158 标准蒸发器 standard pan

用作统一蒸发测量的参照蒸发器。

02.159 云幂灯 ceiling projector

曾称"云幕灯"。夜间测量云底高度的一种探照灯。

02.160 云滴凝结器 nepheloscope

一种在实验室里通过湿空气凝结或膨胀产生云的仪器。

02.161 能见度表 visibility meter, visiometer

测量大气能见距离的仪器。

02.162 天空蓝度测定仪 cyanometer

测量或估计天空蓝度的仪器。最常用的是林克天空蓝度标(Linke blue sky scale)，用从白到深蓝的 9 个通过标准色度与比较而估计天空蓝度。

02.163 能见度测定表 nephelometer

从多个角度测量浑浊介质中悬浮颗粒散射函数的仪器。所获得的资料可用于确定悬浮粒子的大小和小样本空气及其悬胶体的视见性质。

02.164 雨量器 raingauge

测量降水量的仪器。

02.165 测雹板 hailpad

用于估计雹块撞击强度的装置。它由一个固体易变形材料(如泡沫塑料)制成的接受板构成，板上覆以铝薄片，水平地放置在高于地面 1 m 的地方。

02.166 雨量计 pluviograph, recording raingauge

能自动连续记录降雨量的仪器。

02.167 标准雨量计 standard raingauge

被批准作为国家级标准的一类雨量计。

02.168 累计雨量器 accumulative raingauge

测量较长时间内降水总量的仪器。其盛水器内注有油以防蒸发。

02.169 翻斗[式]雨量计 tilting bucket raingauge

利用雨量达一定量而翻斗计量的一种雨量计。感应件有盛水器、上翻斗、计量翻斗、下翻斗等部分。

02.170 水导[式]雨量计 electric conductivity raingauge

利用雨水导电性连续记录降雨量的自记仪器。感应件由水阀、盛水筒、触针转换器等部分组成。

02.171 虹吸[式]雨量计 siphon rainfall recorder

利用液体虹吸原理连续记录降雨量的自记仪器。感应件由接水器、浮子室、浮子、虹吸管等组成的一种雨量计。

02.172 称重式雨量器 weighing raingauge

通过称量容器中捕获的雨水而实现记录降雨量的一种装置。

02.173 雨强计 rainfall intensity recorder

记录雨强(单位时间降雨量)随时间变化的仪器。

02.174 遥测雨量计 telemetering pluviograph

自动记录远处降雨量的仪器。

02.175 声学雨量计 acoustic raingauge

利用水听器原理(根据雨滴撞击水面的声信号,由水下声场反演出雨强等参量)测量湖泊或海洋上降雨的仪器。

02.176 风向标 wind vane

用指标指示风向的装置。

02.177 风速测定法 anemometry

研究测量和记录风速和风向的方法。

02.178 风速表 anemometer

测量风速或风速与风向的仪器。

02.179 丹斯测风表 Dines anemometer

曾称"达因测风表"。按发明者丹斯(W. H. Dines)命名的一类早期压力管风速表。压力头安装在风向标的向风端,所以它总是指向风的来向。

02.180 手持风速表 hand anemometer

观测员举至臂长位置的风速表。

02.181 电接[式]风速表 contact anemometer

以电接方式记录风速的遥测仪器。

02.182 转杯风速表 cup anemometer

利用装在水平臂上的三四个半球状或圆锥状风杯在风的作用下转动的快慢来测量风速的仪器。

02.183 螺旋桨[式]风速表 propeller anemometer

利用一种始终迎风转动的螺旋桨旋转的快慢以测量风速的仪器。

02.184 风向风速表 anemorumbometer

能同时测定风向和风速的仪器。

02.185 热敏电阻风速表 thermistor anemometer

以热敏电阻为感应元件测量风速(或风力)的一种仪器。

02.186 热线风速表 hot-wire anemometer

应用金属电阻丝电流加热与风吹散热不断建立平衡的原理测定较小风速的仪器。

02.187 强风仪 strong wind anemograph

测量强风的耐用螺旋桨式风速表。

02.188 导航测风 navaid wind-finding

利用奥米伽(Omega)、罗兰-C(Loran-C)等无线电导航信号(利用相位差原理)测定气球等目标物的飞行轨迹,从而测定高空风的一种无线电测风方法。

02.189 双经纬仪观测 double-theodolite observation

高空风观测的一种方法。设在地面基线两端的两台经纬仪同步测量气球上升的高度角和方位角,从而计算出风速和风向。

02.190 激光云幂仪 laser ceilometer

一种能测定云底高度的激光测距仪。

02.191 云幂仪 ceilometer

探测当空是否有云存在及云底高度的主动遥感探测仪器。常用的有激光云幂仪。

02.192　测云仪　nephoscope
测定云运动方向和相对运动速度的仪器。有直视测云仪和镜反射测云仪两类。

02.193　风速计　anemograph
能自动连续记录风速的仪器。

02.194　风杯风速计　vane anemometer
主要由三个互成120°的抛物面或半圆形的空杯构成一个平面的测风仪器,根据风杯对风响应的转动速度曲线就可以测量风速的大小。

02.195　无线电经纬仪　radio theodolite
测定随气球升空的无线电发射机仰角和方位角来计算出高空风的电子遥测设备。

02.196　自记测风器　wind recorder
能够连续记录风速和风向的测风仪器。

02.197　测风经纬仪　aerological theodolite
测定升空气球仰角和方位角的光学仪器,用来测定高空风。

02.198　无线电探空仪　radiosonde
由传感器、转换器和无线电发射机组成的测定自由大气温、压、湿等气象要素的仪器。

02.199　无线电探空测风仪　rawinsonde
通过雷达或无线电经纬仪的追踪来测定高空风的无线电探空仪。

02.200　下投式探空仪　dropsonde
从飞机、火箭或运载气球上投下的无线电探空仪。

02.201　探空气球　sounding balloon, radiosonde balloon
把探空仪带到高空进行温、压、湿、风等气象要素测量的气球。

02.202　定高气球　constant level balloon
一种保持在近似固定高度上随风飘流、用于大气探测的气球。

02.203　超声测风仪　ultrasonic anemometer
利用超声波在大气中的传播速度随风速而变化的原理制成的测风仪器。

02.204　云幂气球　ceiling balloon
测定云底高度的小型气球。

02.205　等容气球　tetroon
体积恒定呈四面体形状的气球。

02.206　气象飞机　meteorological aircraft
探测气象要素、天气现象、大气过程或进行人工影响天气作业的专用飞机。

02.207　量雪尺　snow scale, snow depth scale
测定地面积雪深度的一种特制直尺。

02.208　称雪器　weighting snow-gauge
以称量法测量降雪量或雪压的一种仪器。

02.209　测露表　drosometer, dewgauge
测定单位面积上露水量的仪器。

02.210　冻土器　frozen soil apparatus
测量土壤冻结深度的仪器。

02.211　探空仪　sonde
通过自身携带感应器或无线电遥测方法测量自由大气各种要素的仪器的总称。

02.212　廓线仪　profiler
用主动或被动遥感原理测定自由大气各要素垂直分布的各种电子设备系统的总称。

02.213　边界层廓线仪　boundary layer profiler
用于边界层探测的廓线仪。常用的有声雷达、风廓线雷达。

02.214　雷电仪　ceraunometer, ceraunograph
用于测量和记录在一给定半径范围内闪电放电数目的仪器。

02.215　离子计数器　ion counter
测量单位体积空气中正负离子数目的仪器。

02.216 避雷针 lightning rod, lightning conductor
垂直安装在被保护体顶部的防止雷击的接地金属棒系统。

02.217 臭氧计 ozonometer
通过光学或化学方法对臭氧及其在大气中的总含量（大气臭氧总量）和在某一点上的浓度进行测量的仪器。

02.218 气象火箭 meteorological rocket
一种携载测量高空气象要素仪器的火箭。

02.219 探空火箭 sounding rocket
一种携载测量高空各种地球物理参数仪器的火箭。

02.220 气象雷达 meteorological radar
探测气象要素、现象等的雷达的总称。主要包括天气雷达、测风雷达、风廓线雷达等。

02.221 天气雷达 weather radar
用于对云、雨、降水等现象进行观测的雷达。

02.222 机载天气雷达 airborne weather radar
为了飞行时躲避危险天气或进行天气观测的目的而装载在飞机上的雷达设备。

02.223 边界层雷达 boundary layer radar
专门用于来研究对流层下部的一类风廓线仪。

02.224 测云雷达 cloud-detection radar
用于探测云粒子的雷达。由于云粒子尺度小,为增大反射能力,雷达采用较短的工作波长(厘米波或毫米波波段)。

02.225 相干性 coherence
使两个或多个波动具有能够产生干涉效应的相位关联的属性。包括时间相干性和空间相干性,前者指空间同一点在不同时刻的波之间存在稳定的相位关联,后者指同一时刻空间不同点的波之间存在着稳定的相位关联。

02.226 相干雷达 coherent radar
发射信号的载频随时间保持严格的相位关系,并利用此特性以测量或鉴别运动目标物的雷达。气象上探测风暴云粒子的多普勒雷达,探测高空风廓线的甚高频雷达都是相干雷达。

02.227 角反射器 corner reflector
一种常用的后向反射器,即能将入射波以严格平行它的来向反射回去的装置。

02.228 连续波雷达 continuous-wave radar, CW radar
用发射连续波代替发射脉冲的一类雷达。这类雷达通过观测接收信号的多普勒频移而识别运动目标。

02.229 微分吸收法 differential absorption technique
利用吸收线上和线外的吸收差异而进行探测的方法。用此方法时两接收探测信号的差异主要由吸收物质的特性所决定。

02.230 分布目标 distributed target
又称"体积目标(volume target)"。一个大得足可与雷达脉冲体积(雷达射束的截面积乘以1/2雷达脉冲长度)相比拟的雷达目标。云和降水都是分布目标。

02.231 双波长雷达 dual wavelength radar
能同时在两个不同波长上发射和接收电磁波的雷达。

02.232 双偏振雷达 dual polarization radar
既能发射和接收水平偏振波又能发射和接收垂直偏振波的雷达。

02.233 双通道雷达 dual channel radar
能够同时接收两种偏振信号的雷达。这两种偏振信号与发射信号的偏振相同或垂直。

02.234 双多普勒分析 dual Doppler analysis

利用两台（或多台）多普勒雷达（或激光雷达）的径向速度测量结果来确定降水区内（或其他有足够回波强度雷达探测目标的空间内）风场的分析方法。

02.235 合成孔径雷达 synthetic aperture radar, SAR

一种机载雷达系统，其所接收到的来自移动的飞机或卫星上的雷达回波经计算机合成处理后，能得到相当于从大孔径天线所获取的信号。

02.236 激光雷达 lidar

发射出激光束，并接收大气分子或其中悬浮物质散射回波信号的一种大气探测设备。

02.237 微分吸收激光雷达 differential absorption lidar, DIAL

利用微分吸收法进行探测的激光雷达，是一种能发射多波长激光的主动探测系统。

02.238 声[雷]达 sodar, acoustic radar

发射一定频率的定向声脉冲，并接收大气散射回波信号的一种大气探测设备。

02.239 多普勒天气雷达 Doppler radar

采用多普勒技术对云、雨、降水等天气现象进行探测的雷达。它在获取降水强度分布的同时，还能获取降水区中风场分布的信息。

02.240 非相干雷达 incoherent radar

又称"常规雷达"。没有采用相干技术（多普勒技术）的雷达的泛称。

02.241 雷达组网 radar network composite

将设置在不同地点的天气雷达组成网状总体，以同时观测、拼合观测资料，从而对较大区域内降水天气现象进行监测。

02.242 双基地激光雷达 bistatic lidar

激光雷达发射源与接收器不在同一位置的几何探测构形。

02.243 雷达探空 radar sounding

通过雷达追踪探空气球的方法，获取高空风资料并接收探空仪返回的高空温、压、湿资料的技术。

02.244 测风雷达 windfinding radar

运用雷达追踪探空气球携带的目标物，获取高空的风资料的电子设备。

02.245 脉冲雷达 pulse radar

发射脉冲波的雷达。

02.246 多普勒声[雷]达 Doppler sodar

利用多普勒技术进行大气探测的声雷达。

02.247 多普勒激光雷达 Doppler lidar

利用多普勒技术进行大气探测的激光雷达。

02.248 MST雷达 MST radar

探测中间层、平流层、对流层大气的雷达。

02.249 垂直射束雷达 vertical-beam radar

只进行垂直探测并给出雷达回波强度随高度分布的一种雷达。

02.250 超高频雷达 UHF Doppler radar

频率选择在UHF频段，用于大气探测的雷达。常用的频段为400MHz和900MHz，具有多普勒雷达探测能力。

02.251 甚高频雷达 VHF radar

频率选择在VHF频段，用于探测中间层、平流层和对流层大气的雷达。

02.252 相干存储滤波器 coherent memory filter, CMF

多普勒天气雷达信号处理器的一种。用来存储降水目标返回的相干信号并作滤波处理以获取多普勒信息。

02.253 雷达雨量积分器 radar rainfall integrator

对雷达探测区域内降水回波强度进行累积并转换为一定时段的雨量的装置。

02.254 [雷达]天线罩 radome

由能够透过电磁波的材料构成,盖在雷达天线上保护天线不受损害的防护罩。

02.255 距离速度显示 range velocity display, RVD

多普勒天气雷达关于降水目标的多普勒速度随距离变化的一种显示[方式]。

02.256 距离高度显示器 range-height indicator, RHI

把在给定方位的垂直平面内探测到的气象目标物的距离和高度,以直角坐标的形式显示出来的雷达装备。

02.257 速度方位显示 velocity azimuth display, VAD

多普勒天气雷达关于在某一距离上降水目标物的多普勒速度随方位变化的一种显示方式。后发展为一种探测方式,能获取降水区中风的垂直廓线。

02.258 等高平面位置显示器 constant altitude plan position indicator, CAPPI

采用电子学方法或计算机处理,将雷达各个仰角和某一高度面上探测到的回波资料在荧光屏上显示的装置。

02.259 平面位置显示器 plan position indicator, PPI

以某一固定参考点为原点的极坐标方式显示雷达在低仰角探测到的降水回波分布的装置。

02.260 A 型显示器 A scope

以测站为原点的,以直角坐标方式显示雷达探测距离和目标回波强度关系的装置。

02.261 平面切变显示器 plan shear indicator, PSI

多普勒天气雷达早期使用的一种显示风场特征的平面位置分布的显示器。能直接显示风场中的切变区。

02.262 B 显示器 B-scope, B-display

以方位角和距离为坐标的矩形雷达显示器。目标回波在此坐标上以强度调制的影像出现。

02.263 速度方位距离显示 velocity azimuth range display, VARD

多普勒天气雷达关于降水区中多普勒速度场分布的平面位置的显示。

02.264 雷达测风仪 radarsonde

用无线电定位技术跟踪随气球运动的目标物获取高空风资料的设备。

02.265 大气遥感 atmospheric remote sensing

从远处感应大气或其中悬浮粒子辐射或散射的各种电磁波或声波的强度,以确定大气的化学组成、物理状态和运动情况的方法和技术。

02.266 主动遥感技术 active remote sensing technique

通过发射电磁波或其他波(如声波)束,并通过接收散射回波进行遥感的探测方法。

02.267 被动遥感技术 passive remote sensing technique

通过接收电磁辐射或其他信息源(如声波、大气力学波)进行遥感的探测方法。如接收太阳光谱及射电等信号的探测系统。

02.268 反演法 inverse technique

将遥感原始数据经一定的变换、订正与计算,反求出与其相对应的监测对象的特性或状态参数的方法。

02.269 温度反演 temperature retrieval

将表征探测温度的遥感原始数据,经一定的变换、订正与计算,反求出该所得温度信息的演算过程。

02.270 卫星探测反演 inversion of satellite

sounding
将卫星探测的原始数据经一定的变换、订正与计算，反求出表征卫星探测对象某种特性状态的演算过程。

02.271 气象卫星 meteorological satellite
携带仪器、装置对地球进行气象观测的人造地球卫星。

02.272 近日点 perihelion
地球或其他行星在围绕太阳公转的椭圆轨道上距太阳最近的一点。

02.273 远日点 aphelion
地球或其他行星在围绕太阳公转的椭圆轨道上距太阳最远的一点。

02.274 近地点 perigee
月亮和人造卫星在围绕地球作椭圆运动的轨道上距离地球最近的一点。

02.275 远地点 apogee
任何轨道物体（如行星、月亮、卫星等）在绕地运动的天体轨道上离地心最远的一点。

02.276 升交点 ascending node, AN
极轨卫星在其由南向北运动时与赤道平面的交点。以经度、日期和 UTC 时间给出。

02.277 降交点 descending node, DN
一颗极轨卫星在其由北向南运行时与赤道平面的交点。以经度、日期和 UTC 时间给出。

02.278 摄动 perturbation
由于另外一个天体或一些天体的吸引使某一天体（行星、彗星）的运行出现与其计算轨道的偏差。

02.279 通道 channel
又称"频道"。电磁波谱中选出的狭窄的波长范围，与一个特定辐射仪的响应相对应。气象卫星中常指星载传感器的特定波长区间。

02.280 地球观测系统 Earth Observing System, EOS
主要由美国宇航局启动的用一系列低轨卫星对地球进行连续、综合观测的计划，目的在于加深对自然过程和人类活动相互影响的理解，确定全球变化的程度、原因和影响后果，增强人类预报未来全球变化的能力。

02.281 地球辐射收支试验 Earth Radiation Budget Experiment, ERBE
为解决在辐射收支观测中存在的问题，于 1970 年和 1980 年进行的不同卫星星载的各种辐射仪的观测实验。

02.282 地球辐射收支卫星 Earth Radiation Budget Satellite, ERBS
进行地球辐射收支试验的极轨卫星，早期在雨云 6 号（1975 年）和雨云 7 号（1978 年）卫星上，以后又在诺阿 9 号（1984 年）和诺阿 10 号（1986 年）卫星上进行。

02.283 地球资源技术卫星 Earth Resources Technology Satellite, ERTS
美国宇航局的地球资源遥感卫星系列（极轨）。1972 年 7 月发射首枚，1975 年起更名为陆地卫星（Landsat），现已发射多枚（1984 年发射 Landsat-5）。

02.284 欧洲遥感卫星 European Remote Sensing Satellite, ERS
由欧洲空间局主持的研究地球陆地、大气和海洋的系列极轨卫星。ERS-1 在 1991 年发射，ERS-2 在 1995 年发射。

02.285 全球定位系统 global positioning system, GPS
在全球范围内进行卫星导航和定位的系统。

02.286 雨云卫星 NIMBUS
美国发射的以雨云（nimbus）命名的主要为研究和实验用的极轨气象卫星。

02.287 诺阿卫星 NOAA satellite

美国发射的以美国国家海洋大气局机构名称英文缩略词 NOAA（诺阿）命名的一种民用业务极轨气象卫星。

02.288　极轨气象卫星　polar-orbiting meteorological satellite

又称"太阳同步气象卫星（solar synchronous meteorological satellite）"。运行轨道近乎通过地球南北两极地区上空的气象卫星。

02.289　极轨卫星　polar orbiting satellite，POS

其轨道平面通过北极和南极地区的卫星。

02.290　泰罗斯卫星　TIROS

以"电视和红外观测卫星"的英文缩略词 TIROS（泰罗斯）命名的美国早期的气象卫星。

02.291　泰罗斯-N 卫星　TIROS-N

以英文缩略词 TIROS（泰罗斯）加上一代卫星原型代号-N 命名的美国第三代民用业务极轨气象卫星系列的第一颗卫星。

02.292　艾萨卫星　ESSA

以美国"环境科学服务局"的英文缩略词 ESSA（艾萨）命名的美国第一代民用业务极轨气象卫星。

02.293　艾托斯卫星　ITOS

以英文缩略词 ITOS（艾托斯）命名的美国第二代民用业务极轨气象卫星系列的第一颗卫星。

02.294　地球静止气象卫星　geostationary meteorological satellite，GMS

又称"地球同步卫星（geosychronous satellite）"。位于赤道上空，与地球自转同步运行的一种气象卫星。

02.295　先进地球观测卫星　Advanced Earth Observing Satellite，ADEOS

日本发射的收集全球环境资料的极轨气象卫星。

02.296　先进泰罗斯-N 卫星　advanced TIROS-N，ATN

1983 年发射用来取代泰罗斯-N 卫星系列的改进型极轨气象卫星。

02.297　应用技术卫星　application technology satellite，ATS

1966 年首次发射的第一代实验地球静止卫星系列，携带自旋扫描云摄像机，每 30 分钟提供一张可见光圆盘云图。

02.298　气象卫星地面站　meteorological satellite ground station

接收气象卫星发送的气象观测信息的卫星地面站。

02.299　微波辐射仪　microwave radiometer

一种被动接收微波波段电磁辐射能量的大气遥感仪器。

02.300　先进微波探测装置　advanced microwave sounding unit，AMSU

一种装载在极轨业务环境卫星（POES）上的改进型的微波探测装置，载于 1998 年 5 月 13 日发射的 NOAA-15 卫星上。

02.301　高分辨[率]干涉探测器　high resolution interferometric sounder

利用光干涉原理制成的具有较高光谱分辨率的测量辐射能光谱特性的热敏探测装置。

02.302　后向散射紫外光谱仪　backscatter ultraviolet spectrometer，BUV

以卫星为平台通过测量经大气后向散射的太阳紫外光谱而获得大气臭氧含量的仪器。

02.303　海岸带水色扫描仪　coastal zone color scanner，CZCS

又称"海色扫描仪"。载于 Nimbus-7（1978 年 10 月发射）上的 6 通道扫描辐射仪，用于监测海岸带内海洋的水面颜色和浮游生物情况。

02.304　高分辨[率]红外辐射探测器 high resolution infrared radiation sounder, HRIRS

特指具有较高光谱分辨率的监测红外辐射能量的光热敏感探测装置。

02.305　扫描辐射仪 scanning radiometer, SR

特指具有星下点较低空间分辨率的可见光和红外两通道扫描式辐射能被动遥感仪器。

02.306　甚高分辨率辐射仪 very high resolution radiometer, VHRR

特指具有星下点较高空间分辨率的可见光和红外两通道扫描式辐射能被动遥感仪器。

02.307　先进甚高分辨率辐射仪 Advanced Very High Resolution Radiometer, AVHRR

装载在诺阿卫星上用在气象学和海洋学测量云量和海面温度(SST)的传感器。在可见光和红外区内有5个探测通道。

02.308　温度垂直廓线辐射仪 vertical temperature profile radiometer

气象卫星上用以测量大气温度垂直分布的一种光谱仪。

02.309　资料收集平台 data collection platform, DCP

安置于陆地、海洋、飞机、船舶等处,用以收集其周围环境信息并通过地面系统或卫星系统将信息发送给相应的资料收集中心的一种装置。

02.310　资料收集系统 data collection system, DCS

用气象卫星收集、分发和传送地面无人气象站、海上浮标站等观测的气象资料的观测通信系统。由地面观测平台、卫星转发器和地面接收站三部分组成。

02.311　多通道微波扫描辐射仪 scanning multifrequency microwave radiometer, SMMR

装载于美国雨云卫星上的具有5个波段10个通道的测量微波辐射的扫描辐射仪。

02.312　自动图像传输 automatic picture transmission, APT

特指极轨气象卫星在运行中将观测到的云图模拟信息实时地自动发送给地面接收站的一种技术方式。

02.313　高分辨[率]图像传输 high resolution picture transmission, HRPT

特指极轨气象卫星在运行中将观测到的高分辨率的图像数字信息实时地自动发送给地面接收站的一种技术方式。

02.314　高分辨率[云图]传真 high resolution facsimile, HR-FAX

特指地球静止气象卫星向广大地面用户播发较高分辨率云图信息的一种图像传真技术方式。

02.315　低分辨率[云图]传真 low resolution facsimile, LR-FAX

特指地球静止气象卫星向广大地面用户播发较低分辨率云图信息的一种图像传真技术方式。

02.316　延时图像传输 delay picture transmission, DPT

特指极轨卫星先将其部分观测到的图像信息存储在卫星上,经若干时间后再回放传输下来的一种技术方式。

02.317　直读式地面站 direct read-out ground station

特指能直接接收从卫星实时发送或事后广播的信息,并通过适当装置加以输出显示的一种卫星地面站。

02.318　天气图传真 weather facsimile, WE-

FAX
通过传真发送机传送天气图的一种技术方式。

02.319 天气资料 synoptic data
表征地球大气的温、湿、压、风、云、降水等各种气象要素和天气现象的卫星遥感原始观测数据及其综合加工信息产品的统称。

02.320 全球电信系统 global telecommunication system, GTS
全球电信传输系统,在世界天气监测网的范围内负责观测资料、加工过的信息以及其他有关资料的快速收集、交换和分类。

02.321 非天气资料 non-synoptic data
天气资料范畴以外的气象资料的统称。如卫星、飞机、船舶、雷达等探测资料。

02.322 实时资料 real time data
近乎在被监测事件信息发生和获得的同时,立即将其传输出去的供日常业务使用的资料。

02.323 非实时资料 non-real time data
泛指在被监测事件信息发生和获得后,先存储若干时间,然后再传输出去的资料。

02.324 时展资料 stretched data
在气象卫星数据传输中,将原来较高速率可用较短时间传输的数据,经过变换缓冲存储后,以较低速率读出并用较长时间传输出去的资料。

02.325 [卫星]星下点 sub-satellite point
卫星在围绕地球运行的轨道上的瞬时位置与地球中心之连线在地面上的交点。

02.326 时间分辨率 temporal resolution
在气象观测和预报中,相邻两次观测或预报之间的时间间隔。

02.327 频率响应 frequency response
反映仪器对频率动态反应的重要参数。时间序列经过滤波处理后,原来序列中各种频率振动的振幅会受到削弱。各种频率振动过滤前后振幅之比值称为频率响应。

02.328 频谱 frequency spectrum
任何表现在时间或空间距离上有复杂振动的形式的变量,都可以分解为许多不同振幅和不同频率的谐振,把这些谐振的振幅值按频率(或周期)排列的图形。

02.329 空间分辨率 spatial resolution
能使被测目标上或被预报对象上相邻两点区分开的最小距离或角度。

02.330 带通滤波[器] band pass filter
一种专门设计的数字、电子或机械系统,它可以抑制一定频带间隔外的所有信号,而频带内的信息通过时基本上不改变。

02.331 全分辨率 full resolution
在观测信息的传输、加工、显示、存储的过程中,不作降低信息空间分辨率的处理而保持原观测信息的最高分辨率。

02.332 辐射传输方程 radiation transfer equation
描述辐射能在空间或媒质中传输过程、特性及其规律的数学方程。

02.333 大气传输模式 atmospheric transmission model
描述辐射能在大气中传输过程、传输特性及其规律的模式。

02.334 色温 color temperature
通过发射体发射谱形状与最佳拟合的黑体发射谱形状比较确定的温度。

03. 大气物理学

03.001 大气物理[学] atmospheric physics
研究大气的物理属性、物理现象、物理过程及其演变规律的学科。

03.002 云物理学 cloud physics
研究大气中云的发生、发展、结构及其产生降水(如雨、雪、雹等)所遵循的物理和动力过程的学科。

03.003 云微物理学 cloud microphysics
研究在单个气溶胶或降水粒子的尺度上发生的云过程的学科。

03.004 降水物理学 precipitation physics
研究降水(如雨、雪、雹等)结构及降水生成过程的学科。

03.005 雨量测定学 pluviometry
研究降水性质、分布及其测量技术的一门学科。

03.006 云动力学 cloud dynamics
研究云形成、发展的动力性质的学科。

03.007 中层大气物理学 middle atmospheric physics
研究中层大气的结构、成分、状态和其中发生的物理、化学过程的学科。

03.008 高空大气学 aeronomy
研究高空大气的组成、特征、运动和来自外空间辐射的学科。

03.009 高空气象学 aerology
研究大气垂直方向上的物理状况和探测方法的学科。

03.010 无线电气象学 radio meteorology
研究大气对电磁波传播的影响以及利用接收的电磁波信息探测大气状况和天气现象

的学科。

03.011 边界层气象学 boundary layer meteorology
研究大气边界层内气象问题的学科。

03.012 直接日射测量学 pyrheliometry
又称"太阳直接辐射测量学"。专门对太阳直接辐射能量的测量方法进行研究的科学。

03.013 边界层气候 boundary layer climate
某地区大气边界层的多年平均气象状况及其变化特征。

03.014 大气边界层 atmospheric boundary layer
又称"行星边界层(planetary boundary layer)","摩擦层(friction layer)"。大气圈的最低层。其厚度与多种因素有关,从几百米至$1.5\sim2.0$km,平均约为$1\,000$m。

03.015 整体边界层 bulk boundary layer
又称"粗边界层"。把边界层当一整体看待而不考虑其细致结构的边界层。

03.016 柱模式 column model
一个解仅取决于垂直坐标和时间的数值模式。这种模式在垂直梯度主宰流体演变的边界层附近最有用。

03.017 对流边界层 convective boundary layer, CBL
具有旺盛对流的边界层。层中存在着由向上的湍流热量通量造成的强烈垂直混合,常形成混合层。

03.018 地面边界层 surface boundary layer
临近地球表面的空气薄层。其厚度变化在$10\sim100$m。

03.019 海气界面 air-sea interface
海洋与大气相接的面。在此面上出现海气相互影响。相互制约及彼此适应的作用。

03.020 海气交换 air-sea exchange
海洋和大气间能量、热量、动量和物质的交换。

03.021 边缘波 edge wave
沿边界传播的一种特殊波动。如在海岸附近与海岸平行前进的海浪随着离岸距离的增大,波高迅速减小。

03.022 示踪扩散实验 tracer diffusion experiment
将示踪剂置入气流中用以测量大气扩散参数的实验。

03.023 近地层 surface layer
大气边界层的最下层。其上界离地面约几十米至一百米,该层直接和地面接触,受地表影响十分强烈。

03.024 残留层 residual layer
以弱而分散的湍流、充分均匀混合的位温和来自白天混合层剩余污染物为特征的夜间大气边界层的中间部分。

03.025 地面粗糙度 surface roughness
又称"粗糙度参数(roughness parameter)"。表示地球表面粗糙程度并具有长度量纲的特征参数。

03.026 气体动力[学]粗糙度 aerodynamic roughness
简称"粗糙度"。表征下垫面起伏状况的一个参数。常记为 z_{0*},它给出地表附近风速为零处的高度的一个度量。

03.027 粗糙度长度 roughness length
表征完全湍流中表面粗糙程度所用的特征长度的参数。

03.028 热粗糙度 thermal roughness
由温度场的不均匀性而产生的湍流粗糙度。

03.029 平流 advection
大块空气的水平运动。

03.030 平流霜 advection frost
主要是由于湿空气通过具有低于冻结温度的表面而形成的霜。

03.031 平流性雷暴 advective thunderstorm
由于高层有较冷空气的平流,或低层有较暖空气的平流,或两者共同作用而产生的不稳定性所造成的雷暴。

03.032 对流 convection
大气在垂直方向的有规律的运动。

03.033 自由对流 free convection
由于空气密度的差异而引起的对流。

03.034 强迫对流 forced convection
空气由机械作用所引起的被迫对流。

03.035 单体 cell
由单块对流性降水云所构成,具有水平尺度和垂直尺度,一般为几千米或几十千米的一个独立完整的气流循环系统。

03.036 对流单体 convection cell
有组织的对流运动的空气团。它在对流过程中与邻近空气团之间几乎没有混合作用。

03.037 贝纳胞 Benard cell
实验室内在自下而上缓慢加热产生的贝纳对流中所形成的闭合单体。

03.038 贝纳对流 Benard convection
流体从下面加热时所引起的热对流运动。

03.039 对流模式 convection model
描述大气垂直运动结构和演化的物理图像。

03.040 上曳气流 updraught
向上运动的小尺度气流。

03.041 下曳气流 downdraught
向下运动的小尺度气流。

03.042 过渡气流 transitional flow
在片流和湍流之间过渡的气流。

03.043 干沉降 dry deposition
悬浮于大气中的各种粒子以其自身末速度沉降的过程。

03.044 湿沉降 wet deposition
悬浮于大气中的各种粒子由于降水冲刷而沉降的过程。

03.045 气溶胶 aerosol
悬浮在大气中的固态粒子或液态小滴物质的统称。

03.046 空中悬浮微粒 airborne particulate
简称"浮粒"。悬浮在空气中的固体微粒,主要为可在空中存在数日至数年的粒径小于 $1\mu m$ 的小粒子。

03.047 胶体系统 colloidal system
又称"胶体分散(colloidal dispersion)"。两种物质的均匀混合体,其中一种物质被分隔成细粒状态(称为分散相或胶体粒子)均匀地分布在另一种物质(称为连续相或分散介质)中。例如,液态或固态粒子系统胶状地分散在气体中称为气溶胶。

03.048 胶体不稳定性 colloidal instability
属于云(可当作胶体系统或气溶胶)的一种特性,由于这一特性,云粒子可以通过布朗运动聚集得足够大而产生沉降。

03.049 宇宙尘 cosmic dust
又称"星际尘(interstellar dust)"。直接来自地球之外(流星、彗星等)的大气尘粒。

03.050 飞灰 fly ash
燃料燃烧产生的烟气夹带的细小尘粒。

03.051 海洋性气溶胶 maritime aerosol
大气中来源于海洋表面的固态或液态粒子,特别是氯化钠溶液的晶体或水滴。

03.052 气溶胶粒子谱 aerosol particle size distribution
单位体积中气溶胶粒子的数量随粒子大小的分布。

03.053 聚积模 accumulation mode
直径在 $0.5 \sim 2~\mu m$ 范围内的气溶胶粒子。这些粒子在空气动力学上是稳定的,因此它们较稳定地聚积在大气中。

03.054 湿气溶胶 aqueous aerosol
悬浮在空气中的液态微粒或液相包围着的微粒。

03.055 火山灰 volcanic dust, volcanic ash
火山爆发时喷射出来的大量尘埃或微粒。这些尘埃或微粒可能长期悬浮在大气中并可以被风输送到不同地区。

03.056 平流层气溶胶 stratospheric aerosol
平流层内在 20 km 高度附近经常出现的气溶胶粒子浓度较大的层次。

03.057 冰雹生成区 hail generation zone
雹云中最大上升气流区附近大冰晶和大量过冷水滴共存,含水量极为丰沛有利于冰雹形成的区域。

03.058 锥形冰雹 conical hail
通常是雹粒在雹云中平稳下降碰并过冷水滴而增长形成的圆锥形雹块。

03.059 雹核 hail embryo
又称"雹胚"。冰雹中心有一个由冻滴或霰组成的几毫米大小的生长核心。

03.060 雹瓣 hail lobe
冰雹在云中上下运动时因碰并大量过冷水滴而增长形成的瓣状结构。

03.061 雹粒 hail pellet

直径在 2～5 mm 的冰丸或霰，以及直径大于 5 mm 的冰雹或软雹的统称。

03.062 积雨云模式 cumulonimbus model
以描述积雨云体气流结构特征为主的物理图像。

03.063 凝结过程 condensation process
使水汽变成液态水滴（如露、雾、云）的物理过程。

03.064 毛[细]管作用 capillarity
又称"毛[细]管现象"。当含有细微缝隙的物体与液体接触时，在浸润情况下液体沿缝隙上升或渗入，在不浸润情况下液体沿缝隙下降的现象。在浸润情况下，缝隙越细，液体上升越高。

03.065 雷达风暴探测 radar storm detection
利用天气雷达对风暴降水区域的结构及其状况进行探测的过程。

03.066 云凝结核 cloud condensation nuclei, CCN
大气中的水汽能在其表面凝结而成云滴（液态或固态）的悬浮微粒。

03.067 艾特肯核 Aitken nucleus
曾称"爱根核"。大气中直径约小于 $0.4\mu m$ 的微粒，它们在艾特肯计尘器的运行中起凝结核的作用。

03.068 人工成核作用 artificial nucleation
以人工的方法使某些物质由气态转化为液态或固态水，或液态水转化为固态水的过程中起到核心的作用。

03.069 核化 nucleation
一种物质在一种比较稀疏的处于亚稳态的初始相中，从某一部位开始产生另一种比较密集的稳态新相的相变过程。

03.070 云顶温度 cloud top temperature
云块顶部的温度。

03.071 冰水混合云 ice-water mixed cloud
由水滴、冰晶、雪花共同组成的云体。

03.072 云结构 cloud structure
描述云体宏观气流特征或微观云滴、雨滴、冰晶空间分布的图像。

03.073 云含水量 water content of cloud
单位体积云中所包含的液态或固态水量。

03.074 云滴采样器 cloud-particle sampler
应用各种捕获原理在云中直接收集云滴的仪器。

03.075 艾特肯计尘器 Aitken dust counter
曾称"爱根计尘器"。由艾特肯（John Aitken）研制的通过测量凝结在尘粒上的水滴数量而测定大气含尘量的装置。

03.076 云滴谱 cloud droplet-size distribution
单位体积中云滴的数量随云滴大小的分布。

03.077 云滴谱仪 cloud droplet collector
对云滴采样借以获取云滴谱的仪器。

03.078 雨滴谱 raindrop size distribution
单位体积中雨滴的数量随雨滴大小的分布。

03.079 双峰谱 bimodal spectrum
粒子群中粒子数目随半径有两个峰值的分布。

03.080 滴谱参数 drop-size distribution parameter
描述单位体积中云（或雨）滴粒子数量随其大小分布的参数。

03.081 雨滴谱仪 disdrometer, raindrop disdrometer
为雨滴采样而获取雨滴谱的仪器。

03.082 多级采样器 cascade impactor
用于对大气的固态和液态的悬浮粒子取样的，由一组采样板组成的低速碰撞装置。采样板上的孔隙使其主要采集某一尺度范围内的粒子,整个粒径的采样范围为 0.5 ~ 30μm。

03.083　雾滴　fog-drop
悬浮在近地面空气层中直径介于几个微米到 100μm 的小水滴或小冰晶。

03.084　云滴　cloud droplet
直径为几个微米到 100μm 尺度范围内悬浮在空气中的小水滴。

03.085　过冷云滴　supercooled cloud droplet
温度在 0 ℃ 以下仍保持液态的云中小水滴。

03.086　滴谱　drop spectrum
单位体积中(固态或液态)粒滴的数量随粒滴大小的分布。

03.087　碰撞　collision
云中不同大小的云滴或降水粒子由于降落末速度不同等因素而引起的撞击。

03.088　干增长　dry growth
冰面温度保持零下并且表面非常干时,过冷水滴在冰面上撞冻增长的过程。由于过冷水滴碰撞后迅速冻结,空气来不及逸出,所以冰晶形成包含大量小气泡和空穴的不透明冰层。

03.089　撞冻[增长]　accretion
云粒子或降水粒子通过(一触即冻的)过冷水滴与冻结粒子(冰晶或雪花)的碰撞和合并而增大的过程。

03.090　碰并　coagulation
云(雾)中气溶胶小粒子因相互碰撞、并合而形成较大粒子的物理过程。

03.091　聚合　aggregation
雪晶在降落时由于碰撞而聚集成块的过程。

03.092　并合　coalescence
两个云粒子或降水粒子接触后成为一个大粒子的过程。但小粒子有时会反弹,大粒子

有时会破碎。

03.093　并合系数　coalescence efficiency
通过碰撞而并合成较大水滴的小水滴数占所有参与碰撞的小水滴数的百分比。

03.094　碰撞系数　collision efficiency
较大水滴运动途径中,处于原先要碰撞路径上的水滴总数中那些事实上发生了碰撞的水滴的百分比。

03.095　捕获系数　collection efficiency
又称"碰并系数"。当粒子群向碰撞体运动时,实际上同碰撞体接触且能与其并合的粒子数和粒子运动不受碰撞体影响时可能被碰撞的粒子数之比。捕获系数等于碰撞系数与并合系数之积。

03.096　水滴破碎理论　breaking drop theory
雷雨云中由于水滴破碎,分离而起电的一种假说。

03.097　布朗运动　Brownian motion
悬浮在流体中的微粒受到流体分子与粒子的碰撞而发生的不停息的随机运动。

03.098　自由度　degree of freedom
在一个未约束的动力或其他系统中,为了完全确定该系统在给定时刻的状态所需要的独立变量的个数。例如,在空间运动的粒子具有 3 个自由度,而具有自由表面的不可压缩流体就有无限个自由度。

03.099　冰晶　ice crystal
水汽在冰核上凝华增长而形成的固态水成物。

03.100　黑冰　black ice
淡水或咸水上新生成的薄冰,因透明而呈蓝黑色。

03.101　蓝冰　blue ice
又称"纯洁冰"。指大块单冰晶形式的纯冰。冰越纯,色越蓝。

03.102 枝状冰晶 dendritic crystal
一种常见冰晶形状,具有像复杂树枝结构那样的微观形式,是六边对称形的。

03.103 冰针 ice needle
飘浮的微小薄片状或针状冰晶体,系空中水汽在 −5℃ 左右凝华增长所形成的冰晶。

03.104 冰核 ice nucleus
冻结核和凝华核的统称。

03.105 冰点 ice point
液态水转变成固态冰时的温度。

03.106 凝结 condensation
物质由于温度降低从气态转化为液态的相变过程。

03.107 蒸发 evaporation
物质从液态转化为气态的相变过程。

03.108 潜在蒸发 potential evaporation
又称"蒸发力"。纯水面在单位面积、单位时间内蒸发的水量。

03.109 凝固 solidification
物质从液态转化为固态的相变过程。

03.110 凝华 deposition
物质从气态直接变成固态的相变过程。

03.111 升华 sublimation
物质从固态直接变成气态的相变过程。

03.112 临界点 critical point
一种热力学状态,此时在最高可能温度下物质的液态和气态可以平衡共存。

03.113 冻结 freezing
水从液态变成冰的相变过程。

03.114 成雪阶段 snow stage
上升饱和空气将一部分水汽直接凝华成雪的一种绝热膨胀过程。

03.115 干冻 dry freeze
当附近空气中包含的水汽不足以在暴露面上形成白霜时,由于气温降低而造成的土壤和地面物体冻结的现象。

03.116 冻结核 freezing nucleus
在冷云中过冷水滴能在其上撞冻而形成冰晶的悬浮微粒。

03.117 凝结核 condensation nucleus
大气中的水汽能在其上凝结而成小水滴的悬浮微粒。

03.118 吸湿性核 hygroscopic nucleus
其水溶液的平衡水汽压低于纯水的平衡水汽压的核。

03.119 盐核 salt nucleus
悬浮在大气中含有盐分的微粒。

03.120 海盐核 sea salt nucleus
由海浪飞沫蒸发而产生的吸湿性核。

03.121 云室 cloud chamber
可以部分或全部控制气压、温度、湿度等条件以制造云雾的箱室装置。

03.122 燃烧核 combustion nucleus
由于物质燃烧不完全而悬浮在空气中的凝结核。

03.123 凝华核 deposition nucleus
可使水汽直接转化成冰而沉积在其表面上的微粒。

03.124 人工影响天气 weather modification
应用各种技术和方法使某些局部天气现象朝预定的方向转化。

03.125 云的人工影响 cloud modification
任何使云的演变过程发生变化(导致云消散或促成其降水)的人为过程(如云中播撒、林火的烟与热等)。

03.126 干冰 dry ice

固态二氧化碳（CO_2），白色。在 $-78.5℃$ 和环境大气压下会升华成为气体，在人工影响天气中作为冷云催化剂而被广泛应用。

03.127　目标区　target area
人工降水的催化作业地区。

03.128　消云　cloud dissipation
用人工的方法使局部区域的云层消散。

03.129　盐粉播撒　salt-seeding
用运载工具（飞机、火箭等）把盐粉播入催化云的作业过程。

03.130　碘化银［云］催化　silver iodide seeding
将碘化银微粒播入云中的过冷水部位以产生人工冰晶的过程。

03.131　防霜　frost prevention
用保持近地层空气、土壤或植被表面的温度的方法，以防御农作物受霜冻或低温的危害。

03.132　播云　cloud seeding
用飞机、火箭或地面发生器等手段向云中播撒碘化银等催化剂，使云、降水等天气现象发生改变。

03.133　播云剂　cloud seeding agent
又称"人工催化剂"。为改变云雾的微结构和演变过程而向云雾中播撒的物质。

03.134　云催化剂　seeding agent
从地面或空中以飞机、火箭或高炮等运载体向云中播撒的用提供凝结核的物质。

03.135　人工降水　artificial precipitation
用人为的手段促使云层降水。

03.136　防雹　hail suppression
用播撒催化剂或爆炸等方法，抑制或削弱云中冰雹的生长，以减轻或消除冰雹的危害。

03.137　消雾　fog dissipation
用播撒催化剂、加热或扰动雾层等方法，使雾滴蒸发、消散。

03.138　动力播云　dynamic cloud seeding
通过对冷云的催化使云中产生大量冰晶并释放潜热，借以改变积云的宏观动力过程，从而使降水增加。

03.139　雷达气象学　radar meteorology
研究大气现象对雷达波的散射过程，以及应用雷达回波进行大气探测、天气分析和预报的学科。

03.140　雷达气候学　radar climatology
根据多年的天气雷达回波信息及其他有关资料进行统计分析，研究雷达回波时空变化规律并进行气候背景分析的一门学科。

03.141　气象雷达方程　meteorological radar equation
雷达回波强度与雷达参数、目标、距离、云和降水散射及衰减特性等因素之间的关系式。

03.142　波导　duct
能限定和引导电磁波在长度方向上传播的管道。应用到大气和海洋中，则为具有垂直变化属性的区域。在该区域中能使某一方向发射的任何种类波动（如电磁波、声波等）不是经它们的源地径向传播而是在该区域内被引导。在与波导线度可比拟的距离上传播时，波的衰减可以忽略。

03.143　大气波导　atmospheric duct
由于对流层中存在逆温或水汽随高度急剧变小的层次，在该层中电波形成超折射传播，大部分电波辐射被限制在这一层内传播的现象。

03.144　有效地球半径　effective earth radius
在雷达和无线电传播研究中，为了订正大气折射使传播路径弯曲的影响，用来代替真实地球半径而采用的一个虚拟半径值。对标准折射大气,它一般等于真实地球半径的4/3倍。

03.145 雷达标定 radar calibration
(1)确定目标物的雷达反射率与雷达接收机输出功率值之间的比例因子或雷达常量。
(2)确定目标物反射率和测量功率有关的雷达常数的数值。

03.146 雷达气象观测 radar meteorological observation
应用雷达技术对大气现象及其演变进行的探测。

03.147 雷达反射率因子 radar reflectivity factor
表征降水目标物回波强度的单位。它与降水目标物单位体积中降水粒子的大小、数量以及相态有关。

03.148 分贝反射率因子 decibel reflectivity factor, dBz
以分贝数表示的雷达反射率因子 ζ, 可写为 $\zeta = 10 \log_{10}(z/z_1)$。式中 z 是反射率因子;z_1 是参考值,取 $z_1 = 1mm^6 \cdot m^{-3}$), ζ 是以 dBz 为单位表示的雷达分贝反射率因子。

03.149 雷达等效反射率因子 radar equivalent reflectivity factor
当降水粒子对电磁波的散射作用不能应用简单的散射公式时, 描述回波强度的单位。

03.150 接收机[噪声]温度 receiver [noise] temperature
用于表示接收机噪声大小的度量,其量值的大小反映接受机的灵敏度。

03.151 X 带 X-band
用于大多数的降雨测量且通常对云粒子不敏感,波长位于 2.5 ~ 3.75cm 的雷达波段。

03.152 Z-R 关系 Z-R relation
测雨雷达反射率 Z 和降雨强度 R(也有用 I 表示的)之间的关系,这种关系随降水类型和性质而变化。常用公式 $Z = aR^b$,其中 $a \approx 200$, b 在 $1.5 \sim 2$ 之间。

03.153 雷达回波 radar echo
雷达发射的电磁波,在传播过程中遇到目标物以后目标物对电磁波产生反射、散射,通过雷达屏幕显示的雷达接收机能接收到的那部分反射、散射能量。

03.154 天气回波 weather echo
反映天气现象及其变化的回波。

03.155 云回波 cloud echo
云中水成物对电磁波的散射在雷达荧光屏上显示的回波。

03.156 回波墙 echo wall
冰雹云雷达回波的垂直剖面结构中,位于前沿的回波强度梯度很大,由低空一直延伸七到八千米高的区域。

03.157 超折射回波 superrefraction echo
当低层大气中出现逆温或湿度随高度迅速减小时,雷达近水平发射的电磁波的传播路径向地面弯曲,使平常探测不到的地面目标在雷达荧光屏上显示出来的回波。

03.158 二次回波 second trip echo
超过雷达脉冲间隔所能探测最远距离之外的目标物回波。此时雷达显示的目标物距离是非真实的。

03.159 非相干回波 incoherent echo
采用常规(非相干)雷达获取的回波信号。

03.160 相干回波 coherent echo
采用相干(多普勒)雷达获取的回波信号。

03.161 地物回波 ground echo
地物对电磁波的反射在雷达荧光屏上显示的回波。

03.162 晴空回波 clear air echo

晴空大气中折射率涨落对电磁波的散射在雷达荧光屏上显示的回波。

03.163 对流回波 convective echo
对流云云体或降水对电磁波的散射在雷达荧光屏上显示的回波。

03.164 涡旋状回波 whirling echo
降水回波中单体呈涡旋状排列或纹理呈涡旋状结构的回波。

03.165 螺旋雨带回波 spiral rain-band echo
热带风暴和台风区雨带呈螺旋状排列的回波。

03.166 层状回波 layered echo
层状云云体和降水对电磁波的反射在雷达荧光屏上形成的回波。

03.167 带状回波 banded echo
由多个对流回波单体相连排列成带状的回波。

03.168 钩状回波 hook echo
一般位于积雨云下部呈钩状的回波,常与龙卷等恶劣天气相伴随。

03.169 弱回波穹窿 weak echo vault
雷达沿冰雹云前进方向作垂直剖面探测,云体的回波呈砧状结构,砧状回波的下面为弱回波或无回波,进入到强回波区附近,呈穹窿状。弱回波穹窿对应强的上升气流区。

03.170 降水回波 precipitation echo
降水粒子对电磁波的散射在雷达荧光屏上显示的回波。

03.171 龙卷回波 tornado echo
龙卷涡旋所产生的雷达回波。

03.172 闪电回波 lightning echo
由雷暴云内闪电通道中的高离子浓度和高温气体所造成的雷达回波。

03.173 异常回波 angel echo

曾称"仙波","鬼波"。无法确认其形成原因的回波。

03.174 雨幡回波 elevated echo
雨幡对电磁波的散射在雷达荧光屏上形成的回波。

03.175 单体回波 cell echo
对流云降水形成的单个块状回波。

03.176 超级单体 supercell
空间尺度和强度都特别大的对流回波单体。回波的垂直剖面结构中常有弱回波穹窿、回波墙等特征。

03.177 多单体回波 multiple-cell echo
由多个对流回波单体弥合在一起的回波。

03.178 回波复合体 echo complex
具有对流性降水和层状云降水的混合云降水在雷达荧光屏上形成的回波。

03.179 云顶高度 cloud top height,CTH
又称"回波高度"。云体回波顶部所到达的高度。

03.180 回波厚度 echo depth
降水云体回波的顶高和回波底高之差。

03.181 回波特征 echo character
回波的空间尺度、结构、形状、演变等的总称。

03.182 回波分析 echo analysis
根据回波特征对降水回波进行区分,进而判断其所对应的降水性质,伴随出现的天气现象和天气系统。

03.183 回波畸变 echo distortion
由于降水对电磁波的衰减作用,使雷达回波分布图像出现畸变现象。

03.184 雷达反射率 radar reflectivity
(1)单位体积中粒子后向散射截面的总和。
(2)雷达目标反射的电磁波能量相对于雷达

发射电磁波能量之比。

03.185 超折射 superrefraction
电磁波在对流层中传播时出现路径曲率大于地球曲率的折射现象。

03.186 负折射 negative refraction
电磁波和光波在大气中传播时,传播方向弯向地面上空,即弯曲方向与地球曲率相反的现象。电磁波在特殊条件下的对流层和电离层上部传播时才产生负折射。

03.187 对流层折射 tropospheric refraction
电磁波在对流层大气中传播时,由于不同区段的传播速度不同,引起电磁波传播方向改变,并出现电磁波传播路径弯曲的现象。

03.188 波束充塞系数 beam filling coefficient
当云雨目标物不能充塞整个取样波束时,云雨目标物充塞部分与取样部分之比。

03.189 距离库 range bin
雷达回波信号处理中沿射线方向按距离分成的小的距离单元。

03.190 体积平均 volume average
三维体积空间内某要素测值的平均值。如雷达扫描体积的平均,也常用于大气物理和数值模拟中需要的空间量值。

03.191 距离平均 range averaging
在距离库内对雷达回波信号的平均处理。

03.192 方位平均 azimuth averaging
雷达在方位扫描过程中对脉冲回波信号在一定方位角内的平均处理。

03.193 距离分辨率 range resolution
同一个雷达探测方向上,雷达能分辨的两个目标物之间的最小距离。

03.194 方位角分辨率 azimuth resolution
同一个雷达探测方向上,雷达能分辨的两个目标物之间的最小方位夹角。

03.195 角分辨率 angular resolution
在雷达气象学中,对同样距离处的两个目标,天线能够分辨的最小角度间隔。角分辨率通常取为 3dB 束宽。

03.196 雷达分辨体积 radar resolution volume
给定方向上沿雷达半个脉冲传输距离和给定距离处,回波强度达到 3dB 雷达波束宽度所包含的体积。

03.197 距离采样数 number of range samples
距离库中进行多点采样的平均数目。

03.198 相干视频信号 coherent-video signal
多普勒雷达接收机中,由相位检波器检波输出的信号。

03.199 量化信号 quantized signal
等级化或数量化的信号。

03.200 退偏振比 depolarization ratio
偏振电磁波照射降水质点后,其散射的电磁波的偏振波与全偏振波之比。

03.201 偏振度 degree of polarization
度量电磁波中偏振程度的参数,为偏振光在总光强中所占的比例。一般而言,偏振度在 0(自然光)与 1(全偏振)间变化。

03.202 对消比 cancellation ratio
广义地指雷达某些应用中所涉及的一个功率比,它表示杂波的回波功率在一种测量方式中(如圆偏振雷达)较之另一种测量方式中(如水平偏振雷达)被抑制或抵消的程度。

03.203 转动谱带 rotation band
由分子转动光谱线组成的吸收带。

03.204 多普勒速度 Doppler velocity

应用多普勒原理测得的目标物相对于雷达径向的速度。

03.205 距离模糊 range ambiguity
以脉冲方式测距的雷达探测目标物时，目标物距离超过雷达脉冲间隔所确定的距离后，雷达无法确定目标物的确切距离的现象。

03.206 最大不模糊距离 maximum unambiguous range
以脉冲方式测距的雷达中不出现距离模糊现象的最大距离。

03.207 速度模糊 velocity ambiguity
脉冲多普勒雷达以脉冲周期为间隔的采集目标物回波信号，在两次采样之间目标物相对雷达运动造成信号中相位的变化超过$\pm 180°$时，雷达无法确认其准确的相位变化量，也无法确定其准确的多普勒速度的现象。

03.208 不模糊速度 unambiguous velocity
根据多普勒原理制成的雷达在进行观测时，能够被观测而没有速度模糊现象产生的最大的观测速度范围。

03.209 实时显示 real-time display
天气雷达天线扫描时回波荧光屏上当时的显示。

03.210 图形识别技术 pattern recognition technique
对数字、字符、形状、格式和图形的自动识别的方法和手段。

03.211 雷达回波相关跟踪法 tracking radar echoes by correlation, TREC
通过相邻两次雷达观测到的回波图像进行相关处理，判别出降水中各个回波单体(或单元)的演变，跟踪其空间位置的变化。

03.212 雷达算法 radar algorithm
自动检测雷达资料中存在的期望特征值或图像的计算机程序。

03.213 雷暴监测 thunderstorm monitoring
运用天气雷达及其他探测设备对可能出现雷暴天气的对流风暴的监测。

03.214 雷达测风 radar wind sounding
通过雷达追踪装有主动或被动探测器的自由气球的移动,从而获得高空风的估计值的过程。

03.215 灰[色标]度 gray scale
天气雷达进行定量降水估测时,将量化后的信号在荧光屏上用不同亮度的方式显示出降水强度的分布。

03.216 云衰减 cloud attenuation
电磁波在云体中传播时,由于云滴对电磁波的散射、吸收作用,使其能流密度减弱的现象。

03.217 降水衰减 precipitation attenuation
电磁波在降水区中传播时,由于降水粒子对电磁波的散射、吸收作用,使其能流密度减弱的现象。

03.218 距离衰减 range attenuation
雷达发射的电磁波在大气中传播,由于距离的增加而使其能流密度减小的现象。

03.219 回波综合图 echo synthetic chart
天气雷达组网观测中,将多部雷达观测到的回波分布拼合在一起,并对回波的特征等加以标注而形成的一种辅助天气图。

03.220 等回波线 iso-echo contour
回波强度的等值线。

03.221 归一化回波强度 normalized echo intensity
简型天气雷达中用来比较同次观测中不同距离上回波强弱的一种相对强度的单位。

03.222 孤立单体 isolated cell
孤立的对流降水回波。

03.223 弱单体 weak cell
回波强度弱的单体。

03.224 卫星气象学 satellite meteorology
利用气象卫星探测大气和研究卫星资料在气象上应用的理论和方法的学科。

03.225 陆地卫星 Land Satellite, LANDSAT
主要为探测地球自然资源而设计的卫星。

03.226 空基子系统 space-based subsystem
由极轨卫星和地球静止卫星所组成的观测系统,是全球观测系统的一部分。

03.227 空间气象学 space meteorology
利用空间飞行器研究大气的性质及组成的一门学科。

03.228 空间天气 space weather
主要由太阳活动引起的地球大气以外的部分或整体空间磁场、粒子分布等的变化状况。

03.229 卫星探测 satellite sounding
利用星载仪器进行地球大气遥感和空间探测。

03.230 云反馈 cloud feedback
外部气候扰动造成的云辐射效应的变化。总的云反馈等于云量、云高和云反照率三者变化的共同结果。

03.231 云模式 cloud model
用于预测云的性能和行为而采用的物理或数学框架。云的物理模式可以是将云当作一个较轻(或较密)的热胞进入大环境流场中的运动行为。

03.232 云团 cloud cluster
热带地区直径达 4 个纬距以上的大范围密蔽云区。由许多对流单体和积雨云群组成,是热带中尺度对流云的集合体。

03.233 卫星云图 satellite cloud picture
由星载仪器自上而下观测到的地球上的云层覆盖和地球表面特征的图像。

03.234 分区云图 sectorized cloud picture
将云图分割成若干个部分的区域性云图。

03.235 像素 pixel
又称"像元"。在卫星图像上,由卫星传感器记录下的最小的分立要素(有空间分量和谱分量两种)。

03.236 拼图 picture mosaic
将气象卫星在一定时段内所得的各相邻地区的云图拼合而组成的较大区域或全球的卫星云图。

03.237 图像处理 image processing
运用计算机对图像数据进行的各种运算。一般包括预处理、图像恢复、图像增强、图像配准、图像分割、采样、量化、图像分类和图像压缩等。

03.238 畸变校正 distortion correction
对由于大气效应和星地相对位置等原因而引起的卫星探测资料失真现象所进行的物理性订正和几何性订正。

03.239 红外云图 infrared cloud picture
用气象卫星上的扫描辐射仪感应地表和云顶红外辐射并向地面发送的卫星云图。

03.240 云反照率 cloud albedo
大气中云直接反射的太阳辐射所占入射太阳辐射的百分数,是地球反照率的重要组成部分。

03.241 可见光云图 visible cloud picture
由气象卫星上的扫描辐射仪利用可见光通道拍摄并向地面发送的卫星云图。

03.242 多波段图像 multi-spectral image,

MSI
又称"多光谱云图"。在同一时间以几个波长拍摄的图像的集合。

03.243 微波图像 microwave image
由微波遥感装置探测地球 - 大气系统所获得的图像。

03.244 图像分辨率 image resolution
能区分图像上两个像元的最小距离。

03.245 数字化云图 digitized cloud map
用代表不同等级的数字或数字段依次代替模拟信号的不同灰度的卫星红外云图。

03.246 云图动画 cloud image animation
一系列含云信息的卫星图像自动连续地播放从而表现出云的演变过程。图像的数目以及图像间的间隔是决定运动平滑程度的重要参数。

03.247 增强云图 enhanced cloud picture
对某些图像特征经灰度变换后以获取更多信息的一种卫星云图。

03.248 电离图 ionogram
无线电波反射等价高度与无线电波频率的关系图。

03.249 假彩色云图 false-color cloud picture
将几个波段(通道)的图像分别以不同的颜色来表示,经合成后得到的一种彩色云图。

03.250 伪彩色云图 pseudo-color cloud picture
将一个波段(通道)的图像上几个灰度等级范围分别赋以不同颜色而得到的一种彩色云图。

03.251 全景圆盘云图 full-disc cloud picture
地球静止气象卫星对地球拍摄的圆盘形全景云图。该云图以星下点为圆心,半径约80个经纬度。

03.252 云[层]分析图 nephanalysis
用表示云体特征的各种符号注记于卫星云图上云的相应部分,并用线条将不同特征的云的范围区分开来的一种云图。

03.253 亮度温度 brightness temperature
和被测物体具有相同辐射强度的黑体所具有的温度。

03.254 云覆盖区 cloud coverage
所有可见云遮盖天空的部分。

03.255 云街 cloud street
与气流近于平行排列的积云线或积云带。

03.256 云线 cloud line
云带宽度小于一个纬距的带状云系。它由许多更小的云单体排列而成。

03.257 螺旋云带 spiral cloud band
具有清晰的螺旋状结构和明显涡旋中心的一类涡旋状云系。

03.258 季风云团 monsoon cloud cluster
发生在季风区(主要在热带印度洋、南亚和东南亚)活跃的西南季风中的大面积云体。

03.259 热带云团 tropical cloud cluster
在热带地区由大量对流云所组成的直径在4~10个纬距范围内的云体。

03.260 飑[线]云 squall cloud
在雷暴云系中,由若干相互连接或合并的积雨云团或单体组成的狭长云带。

03.261 盾状云 shield cloud
大范围盾状的卷云区,多出现在高空槽前。

03.262 细胞对流 cellular convection
又称"细胞环流(cellular circulation)"。一种有明显组织的常呈细胞状分布的流体对流运动。

03.263 开口型细胞状云 open [cloud] cells
中间无云或少云,四周有云,云型呈指环状

或"U"字型的细胞状云体。

03.264 封闭型细胞状云 close [cloud] cells
中间有云,四周少云或无云,边缘不规则的球形细胞状云体。

03.265 细胞状云 cellular pattern
中尺度有组织的对流云系。

03.266 云系 cloud system
具有一定型式并持续一定时段的云区。

03.267 逗点云系 comma cloud system
由一个涡旋状云系和一条带状云系组成的呈逗点","状的一种云系。常出现在高空槽前部,水平尺度在5~10个纬距之间。

03.268 带状云系 banded cloud system
一条大体上呈连续分布的带状云区。具有明显的长轴,其长与宽之比至少为4:1,且宽度大于一个纬距。

03.269 涡旋云系 vortex cloud system
有一条或几条云带以螺旋状向一个共同的中心旋入的云系。一般与大气中不同尺度的气旋性涡旋,如气旋、台风和低涡等相联系。

03.270 急流云系 jet stream cloud system
在高空西风急流附近出现的主要由卷云组成并呈盾状、带状或线状的云系。

03.271 卫星云迹风 satellite derived wind
根据气象卫星云图资料间接推算的大气风场。

03.272 云运动矢量 cloud motion vector
跟踪卫星图像上的云而确定的云移动速度和方向。如果跟踪的云是保守的,即云既不增长也不消退,则此矢量接近于风矢量。

03.273 卫星云图分析 satellite cloud picture analysis
按云的图像特征(如结构型式、范围大小、边界形状、色调、暗影和纹理等)识别出卫星云图上不同云型和云系,并结合其他资料分析天气系统和地表特征,估算一些大气参数,为天气预报或环境监测提供信息资料。

03.274 临边扫描法 limb scanning method
卫星上携带的探测器对地球的边缘扫描,通过接收与地球地平相切方向上大气气体发射辐射进行遥感的一种方法。

03.275 临边反演 limb retrieval
由临边扫描法获得的探测资料求取高层大气参数的一种方法。

03.276 掩星法 occultation method
气象卫星利用可见光、紫外线等波段测量日落(或日出)点附近上空的臭氧及其他高层大气气体垂直分布的一种方法。

03.277 紫外辐射后向散射法 backscatter ultraviolet technique
由气象卫星测量大气后向散射的太阳紫外辐射强度来推算臭氧分布的一种方法。

03.278 线性反演 linear inversion
假设待求参量与实测参量之间呈线性关系的反演方法。

03.279 水汽反演 water vapor retrieval
利用气象卫星或其他遥感方法探测的资料,由辐射传输方程逆求出大气中水汽含量或分布的方法。

03.280 湿度反演 humidity retrieval
利用气象卫星或其他遥感方法探测的资料,由辐射传输方程逆求出大气中湿度廓线的方法。

03.281 临边增亮 limb brightening
卫星对地观测时,由于大气散射效应,仪器观测辐射值随卫星天底角的增大(地球边缘)而增大的现象。

03.282 临边变暗 limb darkening

卫星对地观测时,由于大气吸收效应,仪器观测辐射值随卫星天底角的增大(地球边缘)而减小的现象。

03.283 日照亮斑 sun glint
由于阳光照射平静水面而在卫星云图上形成的白色区域。

03.284 地球辐射 terrestrial radiation
地球及地球大气系统所发射的辐射。

03.285 大气辐射 atmospheric radiation
又称"长波辐射"。大气发射的能量主要集中在 $4 \sim 120 \mu m$ 波长范围内的辐射。

03.286 黑体 blackbody
能在任何温度下全部吸收外来电磁辐射而毫无反射和透射的理想物体。

03.287 黑体辐射 blackbody radiation
黑体发出的电磁辐射。它比同温度下任何其他物体发出的电磁辐射都强。

03.288 绝对黑体 absolute black body
在任何温度下对任何波长的辐射能的吸收率都等于 1 的物体,是一种理想的模型。

03.289 基尔霍夫定律 Kirchoff's law
在给定温度下,对于给定波长,所有物体的比辐射率与吸收率的比值相同,且等于该温度和波长下理想黑体的比辐射率。

03.290 传导 conduction
仅由于分子(离子或电子)的随机运动而造成能量(电荷)的输送。是需要有介质接触才能进行的一种能量传送方式,不同于辐射与平流。

03.291 太阳辐射 solar radiation
又称"短波辐射"。太阳发射及传播的能量主要集中在短于 $4 \mu m$ 波长范围内的辐射。

03.292 太阳风 solar wind
太阳向太阳系连续地以很高的速度和不稳定的强度释放的电离气体流。当该气体流在地球附近通过时,它将与地球磁场发生作用并在高层大气中产生各种效应。

03.293 有效太阳辐射 available solar radiation
地球所截获的总太阳辐射,等于太阳常数乘以地球主截面面积 πr^2(r 为地球半径)。

03.294 黑子相对数 relative number of sunspot
能够表征太阳活动强弱的数。通常用沃尔夫数来描述,其表达式为 $W = k(f + 10g)$。式中 W 为太阳黑子的相对数,k 为与观测仪器和观测条件相关的系数,f 为太阳黑子的总数,g 为黑子群的数目。

03.295 太阳常数 solar constant
地球在日地平均距离处与太阳光垂直的大气上界单位面积上在单位时间内所接收太阳辐射的所有波长总能量。

03.296 太阳活动 solar activity
太阳表层各种扰动现象的总称。包括太阳黑子、日珥、光斑、日冕、谱斑的出没和耀斑的爆发等现象。

03.297 太阳活动周期 solar cycle
太阳黑子数及其他现象的准周期变化,约为 11 年的周期。

03.298 太阳耀斑 solar flare
太阳色球层的光亮喷发。

03.299 太阳黑子周期 sunspot cycle
太阳黑子活动各时间尺度的准周期性变化。平均而言,每隔 11.1 年会有其极大值出现。

03.300 单色辐射 monochromatic radiation
单一波长的电磁辐射。

03.301 向外长波辐射 outgoing long-wave radiation, OLR
又称"射出长波辐射"。地球 – 大气系统透过大气顶向宇宙空间发射的主要波长在 4～120μm 的辐射。

03.302 可见光 visible light
电磁波谱中波长约在 0.39～0.76μm 范围内且为肉眼可见的电磁辐射。

03.303 辐射平衡 radiation balance
又称"辐射差额","净辐射(net radiation)"。物体或系统吸收的辐射能量减去发出辐射能量后的差值。

03.304 总辐射 global radiation
单位水平表面上接受的直接太阳辐射和天空散射辐射的总量。

03.305 全辐射 total radiation
太阳辐射和地球辐射之和。

03.306 直接辐射 direct radiation
来自辐射源方向的未经散射和反射的辐射。

03.307 有效辐射 effective radiation
物体或系统的发射辐射与吸收辐射的差额,等于净辐射的负值。

03.308 地表辐射收支 surface radiation budget
地球表面吸收和发射辐射的过程,其量值通常用地球表面吸收的辐射量与其发射的辐射量之差表示。

03.309 散射辐射 scattered radiation
入射到分子或微粒上的辐射经电磁波相互作用后,以一定规律向各方向重新发射的辐射。

03.310 红外辐射 infrared radiation
波长约在 0.75～1 000μm 之间的电磁辐射。

03.311 漫射辐射 diffuse radiation
一定方向传播的入射辐射由于散射和反射作用而形成的向空间各方向传播的辐射。

03.312 衍射 diffraction
波在传播过程中经过障碍物边缘或孔隙时所发生的传播方向弯曲现象。孔隙越小,波长越大,这种现象就越显著。大气中的华和宝光等都是衍射现象。

03.313 漫反射 diffuse reflection
辐射入射到粗糙面上后向各个方向反射的过程。太阳辐射遭遇大气悬浮粒子的散射后就出现漫反射。

03.314 天空辐射 sky radiation
又称"天空散射辐射","天空漫射辐射(diffuse sky radiation)","漫射太阳辐射(diffuse solar radiation)"。来自整个天空半球(太阳圆面所处立体角除外)的向下散射和反射的太阳辐射(主要是短波辐射)。

03.315 向上[全]辐射 upward[total]radiation
向上的太阳反射辐射和地球辐射(指向空间)之和。

03.316 向下[全]辐射 downward[total]radiation
向下的太阳辐射与大气辐射(指向地面)之和。

03.317 反射太阳辐射 reflected solar radiation
从地表和地表到观测点之间的空气层向上空反射和散射的太阳辐射之和。

03.318 入射辐射 incoming radiation
以电磁波形式发射或传输到物体或系统上的能量。

03.319 等效晴空辐射率 equivalent clear column radiance
对有云情况下的卫星测值消除云影响后而得到的整个铅直气柱的辐射率。

03.320 大气透射率 atmospheric transmissivity

通过大气（或某气层）后的辐射强度与入射前辐射强度之比。

03.321 范艾伦辐射带　Van Allen radiation belt

又称"地球内辐射带"。地磁场俘获离地面600 ~ 10 000 km 高度范围内以电子和质子为主的辐射的区域。

03.322 地气系统反照率　albedo of the earth-atmosphere system

地球 – 大气系统反射的太阳辐射与入射到该系统上的总太阳辐射之比。

03.323 双向反射[比]因子　bidirectional reflectance factor

由单一方向照射一个平面,描述此平面上反射辐射率各向异性的函数。

03.324 下垫面反照率　albedo of underlying surface

地球下垫面反射的太阳辐射与入射到下垫面上的总太阳辐射之比。

03.325 地球辐射带　earth radiation belt

由地球磁场俘获环绕地球周围空间的高能带电粒子而形成的位于地球磁层中的远近或内外两个辐射区域。

03.326 夜间辐射　nocturnal radiation

在夜间无太阳辐射情况下,物体表面的发射辐射与吸收辐射的差值。

03.327 大气逆辐射　atmospheric counter radiation

又称"向下大气辐射(downward atmospheric radiation)"。大气向地面发射的长波辐射。

03.328 辐射率　radiance

辐射源在与发射方向相垂直的单位面积上单位立体角内发出的辐射功率。

03.329 发射率　emissivity

又称"比辐射率"。物体通过表面向外辐射

的电磁能与同温度的黑体在相同条件下所辐射的电磁能的比值。是在 0 与 1 之间变化的衡量物体辐射能力强弱的数值。

03.330 辐射通量　radiant flux

又称"辐射功率"。单位时间内通过某一面积元 ds 的各种波长辐射的辐射能量。

03.331 辐射强度　radiant intensity

点辐射源或元量辐射在单位时间内在给定方向上单位立体角内辐射出的能量。

03.332 辐照　irradiation

投射在单位面积上的辐射能量。

03.333 灰吸收体　grey absorber

对入射辐射的各个波长都有同样吸收系数的一种介质。

03.334 灰体辐射　grey body radiation

由比辐射率不随波长改变的辐射体发出的辐射。

03.335 辐照量　radiant exposure

面上某一点辐照度的时间积分。在定常辐照度情况下,辐照量是辐照度与其持续时间的乘积。

03.336 辐照度　irradiance

单位时间内投射到单位面积上的辐射能量。

03.337 反射辐射　reflected radiation

由于物体表面对辐射能的反射作用而产生的反射角等于入射角的外向辐射能量。

03.338 反照率　albedo

从非发光体表面反射的辐射与入射到该表面的总辐射之比。

03.339 反射率　reflectivity

物体表面的反射辐射通量与入射辐射通量之比。它是对某一特定波长而言,如涉及的是一个较宽的谱段,则称之为"反照率(albedo)"。

03.340 等效反射[率]因子 equivalent reflectivity factor

由水滴(比雷达波长要小)构成的分布目标所产生的雷达反射因子,该分布目标将与一个未知性质的目标物产生同样的反射率。

03.341 带模式 band model

用理想化的大气气体吸收带来计算吸收气体透射率的数学模式。

03.342 统计带模式 statistical band model

由一组具有线强度相等或呈指数分布且有随机性线间隔的洛伦兹型线组成的,可应用于描述具有不规则线结构的一些大气气体成分(如水汽、臭氧)的某些吸收带的模式。

03.343 规则带模式 regular band modcl

又称"爱尔沙色带模式"。由一组等间隔且相同的洛伦兹型线组成的一种大气气体吸收带模式。可应用于描述具有不规则线结构的一些大气气体成分(如 CO、N_2O、CO_2、CH_4、H_2O 等)的吸收带。

03.344 随机爱尔沙色带模式 random Elsasser band model

由间隔呈随机性的几个规则带所组成的一种大气气体吸收带模式。其规则带间可有重叠。

03.345 强线近似 strong-line approximation

假定吸收率正比于路径长度的平方根的一种带模式近似表达式。

03.346 弱线近似 weak-line approximation

假定吸收率正比于路径长度的一种带模式表达式。

03.347 行星温度 planetary temperature

行星处于辐射平衡条件下所具有的温度。

03.348 大气衰减 atmospheric attenuation

电磁波在大气中传播时,由于大气各组成成分的散射和吸收而减弱的现象。

03.349 大气吸收 atmospheric absorption

电磁波在大气中传播时,由于大气各组成成分和气溶胶的吸收作用而减弱的现象。

03.350 大气消光 atmospheric extinction

电磁波辐射在大气中传输时,由于大气气溶胶和分子的散射和吸收作用而使其强度减弱的现象。

03.351 二氧化碳带 carbon dioxide band

CO_2 在通过大气的红外辐射传输中起重要作用的电磁波谱区,中心在 $14.7\mu m$ 的谱带处 CO_2 有强吸收。

03.352 大气窗 atmospheric window

地球辐射能够较好地穿透大气的一些波段。大气窗可分为可见光窗区、红外窗区和射电窗区。

03.353 [大气]吸收率 [atmospheric] absorptivity

电磁波辐射通过某一仅有大气吸收作用的气层后,其吸收衰减量与入射辐射之比。

03.354 吸收比 absorptance

吸收的辐射通量对入射辐射通量之比,它等于1减去反射比与透射比。

03.355 辐射图 radiation chart

利用大气中温度和湿度的垂直分布计算不同高度上长波辐射通量的一种列线图。

03.356 水汽带 water-vapour bands

由于地球大气中的水汽对太阳辐射的吸收而造成的太阳光谱中的暗带。

03.357 无散射大气 non-scattering atmosphere

对电磁波不起散射作用的理想大气。

03.358 消光系数 extinction coefficient

表征介质使电磁波衰减程度的物理量。它等于电磁波在介质中传播单位距离时,其强度由于吸收和散射作用而衰减的相对值。

03.359 大气光学 atmospheric optics
研究光和大气相互作用与由此产生的各种大气光学现象的学科。

03.360 费马原理 Fermat's principle
最小光程原理。光波在两点之间传递时,自动选取费时最少的路径。

03.361 光学厚度 optical depth
在计算辐射传输时,两个给定高度层之间的单位截面铅直气柱内特定的吸收或发射物质的质量。

03.362 大气光谱 atmospheric optical spectrum
一定温度下大气吸收或发射的光谱。

03.363 吸收[光谱]带 absorption band
由分子的振动跃迁、转动跃迁或振动 – 转动跃迁所产生的辐射吸收光谱带。这些吸收光谱带由许多条对应于上述跃迁的窄谱线组成。

03.364 吸收[谱]线 absorption line
与物质的原子或分子内某两能级之间的跃迁相对应的吸收波长,它们形成连续光谱中的吸收暗线。

03.365 吸收谱 absorption spectrum
某种给定物质吸收的辐射强度随波长的分布。

03.366 碰撞[谱线]增宽 collision broadening
又称"压力[谱线]增宽(pressure broadening)"。由于大气中的分子碰撞,致使自然谱线宽度增加的现象。

03.367 多普勒[谱线]增宽 Doppler broadening
由于分子热运动造成多普勒频移,从而导致谱线加宽的现象。

03.368 大气折射 atmospheric refraction
光在密度不均匀的大气中传播时路径发生屈折的现象。

03.369 大气光学质量 atmospheric optical mass
来自天体的单位横截面的光在大气中经过一定长度倾斜路径到达地表面时,其经历空间中所含大气物质的质量。

03.370 一次散射 primary scattering
介质中的分子或悬浮粒子对直接入射光的散射。

03.371 康普顿效应 Compton effect
又称"康普顿散射(Compton scattering)"。短波电磁辐射(如 X 射线,伽玛射线)射入物质而被散射后,除了出现与入射波同样波长的散射外,还出现波长向长波方向移动的散射现象。

03.372 米散射 Mie scattering
又称"粗粒散射"。粒子尺度接近或大于入射光波长的粒子散射现象。德国物理学家米(Gustav Mie,1868—1957)指出,其散射光强在各方向是不对称的,顺入射方向上的前向散射最强。粒子愈大,前向散射愈强。

03.373 多次散射 multiple scattering
分子或悬浮粒子对入射波和散射波产生散射的总和效应。

03.374 瑞利散射 Rayleigh scattering
又称"分子散射"。尺度远小于入射光波长的粒子所产生的散射现象。根据英国物理学家瑞利(Lord John William Rayleigh,1842—1919)研究指出,分子散射强度与入射光的波长四次方成反比,且各方向的散射光强度是不一样的。

03.375 体散射函数 volume scattering function
单位体积内粒子群散射辐射能随散射方向分布的无量纲方向函数。

03.376 前向散射 forward scattering
与入射光方向同向的粒子散射。

03.377 后向散射 backscattering
与入射光方向逆向的粒子散射。

03.378 散射截面 scattering cross-section
在入射波的照射下,粒子散射的总功率与入射能流功率之比,即粒子对单位入射能流密度的散射功率。

03.379 后向散射截面 backscattering cross-section
后向散射强度向四周作各向同性散射的能量与入射光能流密度之比所得到的面积。

03.380 单程衰减 one-way attenuation
波由发射源到目标物或由目标物到接收器间的路径上的衰减。

03.381 双程衰减 two-way attenuation
波从发射源到目标物的路径上的衰减及由目标物回到接收器路径上的衰减之和。

03.382 散射系数 scattering coefficient
又称"散射函数"。单位容积的散射介质在各方向散射的总量与入射通量之比。

03.383 衰减系数 attenuation coefficient
由衰减作用引起的功率损失和入射波功率通量密度之比。

03.384 声闪烁 acoustical scintillation
由于沿声波传播路径大气(或海洋)不均匀结构造成的接收声强信号的不规则起伏。

03.385 衰减截面 attenuation cross-section
在入射波的照射下,大气中分子和粒子衰减的总功率与入射能流密度之比。

03.386 吸收截面 absorption cross-section
在入射波的照射下,大气中分子和粒子吸收的总功率与入射能流密度之比。

03.387 大气偏振 atmospheric polarization

太阳光(自然光)经地球大气中的分子和气溶胶的散射而改变为部分偏振状态的现象。

03.388 光亮度 luminance
光源表面的某一点面元在一给定方向上的发光强度与该面元在垂直于该方向的平面上的正射投影面积之比。

03.389 夜天光 night-sky light
太阳落入地平线下18°以后的无月晴夜,在远离城市灯光的地方,夜空所呈现的暗弱弥漫光辉。

03.390 天空亮度 sky brightness, sky luminance
天空在给定方向上的发光度,是表征天空亮暗程度的重要参数。

03.391 大气光学厚度 atmospheric optical thickness, atmospheric optical depth
消光系数沿大气传输路径的积分,是表征大气介质对辐射衰减程度的无量纲量。

03.392 [大气]透明度 [atmospheric] transparency
光在铅直方向由大气外界传播至某一高度的过程中,透过的光强占入射光强的比率。

03.393 大气光学现象 atmospheric optical phenomena
在日、月等自然光源照射下,由于大气分子、气溶胶和云雾降水粒子的反射、折射、衍射和散射等作用而引起的如虹、晕、华之类的一系列光学现象。

03.394 大气浑浊度 atmospheric turbidity
反映大气中气溶胶散射消光程度的物理量。它等于铅直气柱中由气溶胶构成的光学厚度。

03.395 浑浊因子 turbidity factor
反映大气浑浊度大小的物理量,等于真实大气的消光系数与干洁大气分子消光系数之比。

03.396　蜃景　mirage
俗称"海市蜃楼"。空气光线穿过密度梯度足够大的近地气层而使光线发生显著折射时，在空中或地平线下出现的奇异幻景。

03.397　下现蜃景　sinking mirage
蜃景的一种。在由于太阳暴晒使下垫面强烈增温而出现空气密度随高度而递增的反常现象的地区，光线的折射作用产生比实物要低的幻景。

03.398　上现蜃景　superior mirage
当近地面的温度直减率比其正常值低时，尤其是在雪原和寒冷海洋等处上空的逆温条件下，在大气中形成的位于实物位置之上的物像。

03.399　曙暮光　twilight
日出前或日落后当太阳处于地平线下并能照射高层大气时，由高层大气分子对阳光的散射而使地面有一定照度的发光现象。

03.400　南极光　aurora australis
在南极地区高层大气中出现的极光。

03.401　北极光　aurora borealis
在北极地区高层大气中出现的极光。

03.402　反日　anthelion
太阳所在高度上，与太阳相对处出现的彩色或白色光斑。

03.403　假日　parhelion
位于与太阳同一高度角并通过太阳的圆弧，由于冰晶反射、折射作用而生成的彩色或白色光斑。

03.404　远幻日　paranthelion
与太阳高度角相同但方位角相差等于或大于90°的白色光点，其直径稍大于太阳的视直径。普通的远幻日位于太阳120°方位角处，而特殊的位于90°方位角处。

03.405　假月　paraselene
位于与月亮同一高度角并通过月亮的圆弧上，由于冰晶反射、折射作用而生成的微弱光斑。

03.406　远幻月　parantiselene
属于晕族的一种大气光学现象，类似于远幻日，但发光体为月亮。

03.407　幻月环　paraselenic circle
属于晕族的一种大气光学现象，类似于幻日环，但发光体为月亮。

03.408　幻日环　parhelic circle
属于晕族的一种大气光学现象，由位于同太阳相同的高度角上的水平白色光环构成。

03.409　晕　halo
悬浮在大气中的冰晶(卷状云、冰雾等)对日光或月光的折射和反射作用而形成的光学现象，呈环状、弧状、柱状或亮点状。

03.410　46度晕　46° halo
以日、月发光体为圆心，视角半径约为46°的微弱而不常见的晕圈。

03.411　22度晕　22° halo
以日、月发光体为圆心，视角半径约为22°的一种内圈呈淡红色的白色光环。

03.412　阿拉果点　Arago point
位于通过太阳的垂直平面上，在对日点上方约20°处的中性点。

03.413　日晕　solar halo
以日光作自然光源，经冰晶的折射和反射作用而形成的晕。

03.414　月晕　lunar halo
以月光作自然光源，经冰晶的折射和反射作用而形成的晕。

03.415　日华　solar corona
由云中水滴或冰晶衍射而形成的出现在太

阳周围的彩色(内紫外红)光环。

03.416 日柱 sun pillar
在地面上观测到的太阳正上方或正下方的一种间断或连续的白色、橙色或红色的光柱。

03.417 月华 lunar corona
由云中水滴或冰晶衍射而形成的出现在月亮周围的彩色(内紫外红)光环。

03.418 虹 rainbow
阳光射入水滴(雨滴、毛毛雨滴或雾滴)经折射和反射而在雨幕或雾幕上形成视角半径约42°的彩色(内紫外红)或白色光环。

03.419 露虹 dewbow
清晨草地上时常发现的由小水滴(实际上常为叶尖吐水而不是露水)形成的虹。

03.420 附属虹 supernumerary rainbow
在虹的边缘因衍射、干涉而形成的很弱的彩弧。一般出现在主虹内侧,出现在副虹外侧的很罕见。

03.421 霓 secondary rainbow
出现在42°虹之外的,色序与之相反的(外紫内红),色彩亮度均较弱的视角半径约52°的同心光环。

03.422 环地平弧 circumhorizontal arc
又称"日承"。由彩弧构成的晕象,与地平线平行扩展90°左右,其位置低于太阳约46°,是高太阳高度角(一般 > 58°)时的大气光象。

03.423 环天顶弧 circumzenithal arc
又称"日载"。由以天顶为中心,位于一水平面上的发光圆弧构成的大气光学现象,其位置高于太阳约46°,是低太阳高度角(一般 < 32°)时的大气光象。

03.424 箔丝播撒 chaff seeding
将铝制或镀铝的塑料箔条或箔丝施放到大气中,以产生雷达探测回波信号的方法。

03.425 华 corona
天空有薄云存在时,透过云层在太阳或月亮周围由云中水滴或冰晶衍射而形成的彩色(内紫外红)光环。

03.426 霞 twilight colors
日出或日落前后,在太阳附近天空由大气对阳光的折射、散射和选择性吸收所造成的色彩缤纷的现象。

03.427 气辉 airglow
由于太阳紫外辐射而使部分高层大气气体发生电离、激发和分解,在复合时所发生的微弱发光现象。

03.428 [空]气光 airlight
又称"悬浮物散射光"。由大气分子和小粒子(通常不包括雾滴和雨滴)向近似地平观测方向散射的光。

03.429 极光 aurora
由于太阳粒子流轰击高层大气气体使其激发或电离的彩色发光现象,常在高纬地区高空出现。

03.430 极光带 auroral band
具有均匀带状或射线带状的一种极光结构。

03.431 极光冕 auroral corona
一种极光形态,看起来像是从磁天顶辐射出的极光射线状结构。

03.432 极光卵 auroral oval
又称"极光椭圆区"。极区上空极光频繁出现的椭圆形带状区域。

03.433 宝光[环] glory
俗称"峨眉宝光"。人在背向太阳时,从小水滴组成的云、雾背景上看到在自己影子周围出现的彩色光环。

03.434 毕晓普光环 Bishop's corona

曾称"毕旭甫光环"。由火山尘对日光或月光的衍射作用而生成的类似于华的彩色光环。

03.435 回转效应 Umkehr effect
当太阳在地平线附近时,因高空臭氧层引起太阳光源的某些紫外波长的光的散射,使其强度相对于天顶的强度出现异常的现象。

03.436 大气电学 atmospheric electricity
研究电离层以下大气中发生的各种电学现象及其生成和相互作用的物理过程的学科。

03.437 空 – 地传导电流 air-earth conduction current
又称"晴天电流(fair-weather current)"。由于大气的导电作用而造成的一部分空 – 地电流。约为 3×10^{-12} A/m² (或全球 1800A)。

03.438 空 – 地电流 air-earth current
由带正电的大气向带负电的地表输送的电荷量。它包括空 – 地传导电流、尖端放电电流、降水电流、对流电流等,其中以空 – 地传导电流为最大。

03.439 尖端放电 point discharge
一种与周围气体之间有电位差的尖端导体的无声无光的放电现象。在大气中,树及其他带尖顶或突起的地物有可能成为尖端放电的电流源。

03.440 晴天电场 fair-weather electric field
由于地面带负电荷,大气带正电荷而产生的指向朝下,强度约130V/m 的正常状态大气电场。

03.441 大气电场 atmospheric electric field
存在于大气中而与带电物质产生电力相互作用的物理场。

03.442 空中放电 air discharge
在云和大气中无云空间之间进行的闪电放电现象。

03.443 辉光放电 glow discharge
低压气体中显示出辉光的放电现象。

03.444 地云闪电 ground-to-cloud discharge
最初的先导闪击是从地物,特别是从高建筑物向上进行的闪电放电。

03.445 云际放电 cloud-to-cloud discharge, intercloud discharge
不同云块之间发生的闪电放电现象。

03.446 云放电 cloud discharge
云内放电与云际放电的统称。

03.447 人工雷电抑制 lightning suppression
通过向雷雨云内引入某种作用物为电晕放电提供更多的放电尖端,以增加云中正负荷中心间的漏泄电流,从而减少闪电活动。

03.448 先导[流光] leader [streamer]
为闪电放电建立电离通道的准备过程。

03.449 云地[间]放电 cloud-to-ground discharge
云和地面之间发生的闪电放电现象。

03.450 云内放电 intracloud discharge
云内发生的闪电放电现象。

03.451 电离层暴 ionospheric storm
太阳局部地区扰动引起的全球大范围的电离层内 F 区状况的剧烈变化。经常伴有电离密度降低和 F 区虚高(等效反射高度)的增加,可持续数小时至数日。

03.452 电离层突扰 ionospheric sudden disturbance
太阳色球爆发耀斑时,电离层低层(主要是 D 区)电离度产生持续数分钟至数小时的突变现象。

03.453 电离层行扰 travelling ionospheric disturbance

因极光加热产生的由高纬度向赤道传播的高空大气波动。

03.454 磁暴 magnetic storm
由太阳耀斑引起的地球高层大气的扰动,全球范围内的地磁场的急骤无规则扰动。此现象发生突然,在1小时或更短时间内磁场经历显著变化,然后可能要历时几天才回到正常状态。

03.455 行星际磁场 interplanetary magnetic field, IMF
太阳风等离子体从日冕喷射出来时所带出来的太阳磁场。

03.456 大气电导率 atmospheric electric conductivity
衡量大气导电能力的物理量,正比于大气离子浓度和离子迁移率的乘积。

03.457 大气声学 atmospheric acoustics
研究大气声学现象及其产生机制和各种声源的声波在大气中传播规律的学科。

03.458 声学探测 acoustic sounding
利用自然或人造声源的声波信号探测大气的方法和技术。

04. 大 气 化 学

04.001 大气化学 atmospheric chemistry
研究大气及其悬浮物的各种成分以及它们形成、输送、扩散、积累、转化与沉降等机制和变化规律的学科。

04.002 大气光化学 atmospheric photochemistry
研究大气在可见光或紫外线照射下吸收光能及发生光化学反应的学科。

04.003 大气光解[作用] atmospheric photolysis
大气中某些物质通过吸收辐射,特别是吸收光,而发生分解的光化学反应。

04.004 侵蚀[作用] erosion
由于海水、流水、移冰、降水或风的作用而使土壤或岩石磨损、腐蚀并由一点至另一点迁移。与风化(weathering)明显不同,风化不一定涉及物质迁移。

04.005 风蚀 corrasion, wind erosion
风对沙、尘的吹扬造成的吹蚀作用,以及风吹沙尘对地面产生的磨蚀作用。是土壤侵蚀的一种重要形式。

04.006 大气臭氧 atmospheric ozone
氧的三原子结合体,是大气的组成成分之一。集中在 10~50 km 的层次内,在标准状态下其厚度约有 3mm。

04.007 南极臭氧洞 antarctic ozone hole
20 世纪 80 年代中期发现,在 9~10 月间南极上空发生平流层下部大气臭氧总量在大范围内(面积与南极极地涡旋相当)强烈减少的现象。

04.008 大气放射性 atmospheric radioactivity
由于宇宙射线、地面天然放射性矿物以及大气中氡等放射性气体的存在,而使大气具有自发地放射 α、β 或 γ 射线的特性。

04.009 锕射气 actinon, An
由金属锕(Ac)产生的一种放射性气体。它具有极短的放射性衰变时间(半衰期仅3.92秒),在低层大气电离中几乎不起作用。

04.010 钍射气 thoron, Th
由金属钍(Th)产生的一种放射性气体。它具有很短的放射性衰变时间(半衰期仅54.5秒),在低层大气电离中起很小作用。

04.011 氡 radon, Rn
是惰性气体中最重的一种单原子气体,可以从镭的放射性衰变中以气体射气的形式得到。氡发射强 α 射线,半衰期 3.82 天,在低层大气电离中起一定作用。

04.012 放射性污染 active pollution
人类活动排放出的放射性污染物,使环境的放射性水平高于自然本底或超过国家规定的标准。

04.013 碳定年法 carbon dating, radiocarbon dating
又称"放射性碳定年法","碳-14 定年法"。利用半衰期为 5600 年的放射性同位素碳-14 来确定物质年限的方法。

04.014 氩 argon, Ar
惰性气体,干空气成分中占第三位(体积比为 0.93%)。

04.015 碳循环 carbon cycle
碳元素(主要是二氧化碳)在大气、海洋及生物圈之间转移和交换的过程。

04.016 碳同化 carbon assimilation
大气中的碳被生物系统吸收并被转化成它们自身的过程。

04.017 碳池 carbon pool
又称"碳库"。保存碳的贮藏库(如海洋),在生物地球化学循环中起重要作用。

04.018 碳汇 carbon sink
一个碳贮库,它接收来自其他碳贮库的碳,因此贮量随时间增加。

04.019 碳源 carbon source
一个碳贮库,它向其他碳贮库提供碳,因此贮量随时间减少。

04.020 二氧化碳 carbon dioxide
干空气中含量占第 4 位的气体,分子式 CO_2,分子量 44,是很强的温室气体,对长波辐射有很重要的辐射效应。

04.021 一氧化碳 carbon monoxide
无色无臭有毒性的气体,分子式 CO,分子量 28,是有机物氧化或燃烧的中间产物。

04.022 二氧化碳大气浓度 carbon dioxide atmospheric concentration
大气中的二氧化碳含量,常以体积混合比来表示;用体积的百万分之一为单位,写为 ppmv。

04.023 二氧化碳当量 carbon dioxide equivalence
各种温室气体对自然温室效应增强的贡献,可以按 CO_2 的大气浓度来计算,也可以按 CO_2 的排放率来计算,这种折算量就叫 CO_2 当量。

04.024 氯氟碳化物 chlorofluorocarbons, CFCs
又称"氯氟烃"。20 世纪大多数工业使用的,完全由人类活动造成的一类化合物,主要有氟利昂 11($CFCl_3$)、氟利昂 12(CF_2Cl_2)等。它们具有长达数十年的大气寿命,是造成大气臭氧耗减的重要因素。

04.025 查普曼机制 Chapman mechanism
由查普曼在 20 世纪 30 年代首先提出的一系列化学反应,用以解释地球大气中臭氧层的存在。

04.026 氘 deuterium
氢的非放射性同位素,符号 D。氢气中含氘约 0.016%,常温下为气体。氘与氧化合能生成重水(D_2O),氘主要存在于重水中。

04.027 氘核 deuteron
重氢核,由一个质子和一个中子构成的原子粒子。

04.028 氚 tritium
氢的唯一放射性同位素,符号 T。原子核含有两个中子和一个质子。与普通氢相似均为气体,它作为示踪原子广泛用于化学和生物研究。

04.029　氕　protium
氢的同位素之一,符号^1H,原子核中有一个质子。是氢的主要成分,普通氢中含有99.98%的氕。

04.030　二甲[基]硫　dimethyl sulfide, DMS
分子式为$(CH_3)_2S$,是海水中含量最丰富的硫化物,平均浓度为100 ng/L。海洋中的藻类和细菌是生产二甲[基]硫的母体。在所有生物造成的硫气体中,二甲[基]硫对大气有最大的通量,它的氧化与远离都市的对流层中的气溶胶粒子形成有关。

04.031　多布森分光光度计　Dobson spectro-photometer
曾称"陶普生分光光度计"。一种光电型的分光光度计,是测量大气铅直气柱中臭氧含量的仪器之一,是利用测量太阳紫外辐射不同臭氧吸收强度处的信号而求得大气臭氧含量。

04.032　多布森单位　Dobson unit, DU
曾称"陶普生单位"。用来度量大气中臭氧柱尺度的单位。它等于在标准大气状态下(273K,1大气压),$10\mu m$臭氧层的厚度,所以大气臭氧层的厚度约为300~400 DU。

04.033　电化学探空仪　electrochemical sonde
利用臭氧对于碘化钾的分解作用测量诸如高层大气中臭氧浓度等要素的一类探空仪。

04.034　一氧化氮　nitric oxide
化学分子式为NO,无色无臭气体。密度1.3402,溶点$-163.6℃$,沸点$-151.8℃$,能溶于水、醇和硫酸。在大气中很容易与氧发生反应生成二氧化氮。

04.035　二氧化氮　nitrogen dioxide
化学分子式为NO_2,红棕色气体。密度1.491,溶点$-9.3℃$,能溶于水,是一种强氧化剂。在17℃以下经常是两个分子结合在一起,所以又称"四氧化二氮或过氧化氮(N_2O_4)"。

04.036　氧化剂　oxidant
在氧化还原反应中得电子的物质。氧化剂具有氧化性,它本身被还原。

04.037　臭氧　ozone
化学分子式为O_3,三原子形式的氧。常温、常压下无色,有特臭的气味,具有强氧化作用。

04.038　臭氧总量　total ozone
整个大气柱中的臭氧量。它在标准温度和气压条件下的相当厚度在2~6mm。

04.039　对流层臭氧　tropospheric ozone
大气对流层中所含的大气臭氧量,它只是大气臭氧总含量的一小部分。

04.040　大气痕量气体　atmospheric trace gas
大气中含量很少的气体组成成分。如氮氧化合物、碳氢化合物、硫化物和氯化物。它们参与大气化学循环,在大气中的滞留期为几天至几十年,甚至更长。

04.041　[气]柱丰度　column abundance
单位面积大气铅直气柱中某种微量气体成分的含量,通常用单位面积的分子数表示。

04.042　痕量元素　trace element
在大气中以极小量存在的化学元素。

04.043　光化学反应　photochemical reaction
物质在可见光或紫外线照射下吸收光能时发生的光化学反应。它可引起化合、分解、电离、氧化、还原等过程。主要有光合作用和光解作用两类。

04.044　光化学烟雾　photochemical smog
又称"光化学污染(photochemical pollution)"。大气中因光化学反应而形成的有害混合烟雾。如大气中碳氢化合物和氮氧化合物在阳光的作用下起化学反应所产生的化学污染物。

04.045　吸附作用　adsorption
液体或气体薄层附着在固体物质上,而固体不与被粘连的物质发生化学反应的现象。

04.046　降水化学　precipitation chemistry
大气化学的一个主要研究方面,研究降水(尤其是酸性降水)的化学组成、成因以及降水过程中的化学问题。

04.047　酸沉降　acid deposition
酸性物质的沉降,由诸如硫和氮之类的污染物在大气中的输送过程造成。酸沉降分成干沉降和湿沉降,湿沉降中包含酸雨、酸雪、酸雹、酸露、酸霜及酸雾等。

04.048　pH 值　pH value
氢离子浓度指数,表示氢离子浓度的一种方法。它等于水溶液中氢离子浓度的常用对数的负值,即 $pH = -\log[H^+]$,pH 值在 $1 \sim 14$。pH 值大于 7,溶液呈碱性,pH 值小于 7,溶液呈酸性。pH 值越大(越小),溶液碱性(酸性)越强。

04.049　酸性降水　acid precipitation, acid rain
又称"酸雨"。pH 值小于 5.6 的降水。

04.050　酸雾　acid fog
酸性湿沉降的一种,以雾的形式出现。

04.051　酸霜　acid frost
酸性湿沉降的一种,以霜的形式出现。

04.052　酸露　acid dew
酸性湿沉降的一种,以露的形式出现。

04.053　酸雹　acid hail
酸性湿沉降的一种,以雹的形式出现。

04.054　酸雪　acid snow
酸性湿沉降的一种,以雪的形式出现。

04.055　酸度　acidity
溶液的酸性程度。在大气中,由于酸性气体(如 CO_2,SO_2 等)的溶解,pH 值的分界线从 7 减小为 5.6。

04.056　成冰阈温　threshold temperature of ice nucleation
在有冰核或无冰核情况下开始形成冰晶所需要的温度。

04.057　活化能　activation energy
在化学反应中,为了使反应发生必须对反应物增加的能量。

04.058　生物地球化学循环　biogeochemical cycle
自然界中各种对生物有影响的物质在生态系统中的交互作用和转化过程,它们通常具有循环性质。

04.059　生物质燃烧　biomass burning
通常在热带国家中出现的大范围的陆面植被的燃烧现象。它可使养分重归土壤,但也引起生态平衡、大气污染等方面的问题。

04.060　生化需氧量　biochemical oxygen demand, BOD
在指定条件下,有机物的生物化学氧化作用所需要的氧气量。

04.061　箱模式　box model
模拟空间某一给定点的化学反应和过程随时间变化的数学模式。它不考虑箱内进出的化学成分的平流量。

04.062　碳　carbon
符号 C,元素周期表中第 12 种元素,原子量 12,它与其他元素结合形成有机化合物的大家族。碳元素在大气中主要以有机物未完全燃烧而形成的炭黑(soot)形式出现。

04.063　化学需氧量　chemical oxygen de-

mand, COD

氧化剂氧化水中有机污染物时所需的含氧量。以 mg/L 为单位,其值越高,表示水污染越严重。

04.064 氯含量 chlorinity
单位质量海水中氯化物的质量。即每千克海水中氯化物的克数(g/kg)。

04.065 氯度 chlorosity
又称"体积氯度"。1L 海水中的氯化物含量。它等于样品的氯含量(chlorinity)乘以它 20℃时的密度。

04.066 宇宙线 cosmic ray

来自宇宙空间的各种高能粒子构成的射流。主要是质子(氢原子核)和 α 粒子(氦原子核)流,它们一般称为"初级宇宙线(primary cosmic ray)"。

04.067 日冕物质喷射 coronal mass ejection, CME
又称"日冕瞬变(coronal transient)"。日冕局部区域内的物质大规模快速抛射现象。

04.068 气溶胶化学 aerosol chemistry
研究气溶胶化学成分及其在大气化学过程中变化的科学,是大气化学的一个分支。

05. 动力气象学

05.001 动力气象学 dynamic meteorology
从理论上研究大气运动的热力和动力过程及其演变规律的学科。

05.002 大气热力学 atmospheric thermodynamics
从理论上研究大气运动的热力过程及其演变规律的学科。

05.003 力能学 energetics
又称"能量学"。研究物理体系内部各种形式的能量(主要是内能、势能和动能)的产生、转换、传输和耗散的一门科学。

05.004 气体常数 gas constant
理想气体状态方程中的比例常数。

05.005 感热 sensible heat
在不伴随水的相变的情况下,有温差存在时物质间可输送或交换的热量。

05.006 潜热 latent heat
水在相变过程中吸收或释放的热量。主要指水汽凝结成水或凝华成冰时所释放的热量。

05.007 可逆绝热过程 reversible adiabatic process
饱和湿空气微团在升降过程中凝结物完全不脱离该微团的湿绝热的可逆过程。

05.008 道尔顿定律 Dalton's law
混合气体的总压力等于其组成成分各分压力之和。

05.009 热功当量 mechanical equivalent of heat
与一个单位的热量相当的功。

05.010 不可逆绝热过程 irreversible adiabatic process
饱和湿空气微团在升降过程中有凝结物脱离该微团(如降落地面)的湿绝热过程。该过程是不可逆的,若凝结物完全脱离,则称为假绝热过程。

05.011 逆湿 moisture inversion
比湿随高度增加的现象。

05.012 热力学方程 thermodynamic equation
又称"热流量方程(heat flow equation)"。热

力学第一定律在大气科学中的数学表述。

05.013　外强迫　external forcing
由研究区域之外施加到大气上的边条件(如反抗地表的表面曳力)和体强迫(如空气内红外辐射散度引起的加热)。

05.014　理想流体　ideal fluid
(1)一种设想的没有黏性的流体,在流动时各层之间没有相互作用的切应力,即没有内摩擦力。(2)指无黏性而不可压的流体,这种流体的密度在流体运动中的个别变化为零,速度散度也为零。

05.015　理想气体　ideal gas
一种具有以下特点的气体:(1)服从马略特和盖－吕萨克定律,因而满足理想气体的状态方程。(2)内能仅是温度的函数。(3)比热容与温度无关。

05.016　不可压缩流体　incompressible fluid
在压力作等温变化的过程中密度保持不变的液体(它的可压缩系数为0)。

05.017　融[化]点　melting point
物质从固态变为液态时的温度。它是气压的函数。

05.018　逆温　temperature inversion
气温随高度增加的现象。

05.019　湍流逆温　turbulence inversion
由于湍流混合而形成的气温随高度增加的现象。

05.020　廓线　profile
变量(气象要素)随高度或距离变化的状况曲线。

05.021　地面逆温　surface inversion
近地面气温随高度增加的现象。

05.022　辐射逆温　radiation inversion
由于地面辐射冷却而形成的逆温。

05.023　辐射冷却　radiation cooling
地球表面或大气系统在接受辐射小于自身发射辐射的情况下所产生的温度降低的过程。

05.024　覆盖逆温　capping inversion
由于云的覆盖作用而形成的逆温。或指层结不稳定的边界层顶的逆温。

05.025　下沉逆温　subsidence inversion
由于下沉气流绝热增温而形成的逆温。

05.026　锋面逆温　frontal inversion
由于锋面上下冷暖空气温差较大而形成的逆温。

05.027　信风逆温　trade-wind inversion
信风带中空气从高空下沉所形成的逆温。

05.028　逆温层　inversion layer
气温随高度增加或保持不变的大气层次。

05.029　热力学图　thermodynamic diagram
用于点绘高空探测得到的温度、气压和湿度三个气象要素随高度分布,并能据此分布计算大气热力学状态的图解。

05.030　熵　entropy
表示物质系统状态的一个物理量(记为S),它表示该状态可能出现的程度。在热力学中,是用以说明热学过程不可逆性的一个比较抽象的物理量。孤立体系中实际发生的过程必然要使它的熵增加。

05.031　等熵面图　isentropic chart
表示某时刻大气属性在等熵面上分布的天气图,即S(熵)或θ(位温)的等值面图。

05.032　等熵分析　isentropic analysis
依据等熵图或剖面研究对自由大气的物理和动力过程进行的分析。

05.033　温熵图　tephigram
以T(气温)为横坐标,$\ln\theta$(位温对数)或S

（熵）为纵坐标的热力图。

05.034　焓　enthalpy
热力学中表示物质系统能量的一个状态函数，常用符号 H 表示。数值上等于系统的内能 U 加上压强 p 和体积 V 的乘积，即 $H = U + pV$。焓的变化是系统在等压可逆过程中所吸收的热量的度量。

05.035　温度 – 对数压力图　T-ln$p$ diagram
又称"埃玛图（emagram）"。以 T（气温）为横坐标，ln$p$（对数压力）为纵坐标的热力图。

05.036　温度梯度　temperature gradient
气温在空间三个方向（x，y，z）的变化率所组成的矢量。

05.037　温度平流　temperature advection
描述气温在三维空间输送强度的量，其表达式为 $-V \cdot \nabla T$，其中 V 为风速矢量，∇T 为气温梯度。常指气温在水平面上输送的量为温度平流。

05.038　气块　air parcel
为研究方便而假设的，相对于周围空气在热力上完全隔离的一团空气，可具有赋予它的任何大气动力学和热力学性质。

05.039　绝热上升　adiabatic ascending
同四周无热量交换的空气上升过程。

05.040　绝热下沉　adiabatic sinking
同四周无热量交换的空气下沉过程。

05.041　绝热冷却　adiabatic cooling
空气在上升过程中绝热膨胀，温度逐渐降低的现象。

05.042　绝热增温　adiabatic heating
空气在下沉过程中绝热压缩，温度逐渐增高的现象。

05.043　假绝热过程　pseudo-adiabatic process
饱和湿空气微团在湿绝热过程中，当有水凝结，凝结物随即脱离该微团的不可逆绝热过程。

05.044　非绝热过程　diabatic process
系统和外界之间存在热量交换的热力过程。

05.045　绝热过程　adiabatic process
系统和外界之间无热量交换的热力过程。

05.046　对流凝结高度　convective condensation level, CCL
地面的未饱和湿空气微团对流绝热上升达到饱和时的高度。

05.047　等熵凝结高度　isentropic condensation level
湿空气由于地形或其他动力原因而被抬升并达到饱和凝结时所在的高度。

05.048　混合凝结高度　mixing condensation level
未饱和湿空气微团绝热上升并与周围空气发生混合而达到饱和时的高度。

05.049　气温直减率　temperature lapse rate
气温 T 随高度 z 降低的变化率，其表达式为 $\Gamma = \dfrac{\partial T}{\partial z}$。

05.050　绝热直减率　adiabatic lapse rate
在空气微团绝热上升时，其温度 T 随高度 Z 增高而降低的变化率。绝热直减率分干绝热直减率和湿绝热直减率两种，但一般情况下，常指前者。

05.051　干绝热直减率　dry adiabatic lapse rate
在空气微团干绝热上升时，其温度 T 随高度 z 降低的变化率，表达式为 $\Gamma_d = -dT/dz$。

05.052　环境直减率　environmental lapse rate
在环境气温的分布中，温度随高度的直减率，即气温层结的直减率。

05.053 超绝热直减率 superadiabatic lapse rate

数值上比干绝热直减率大的温度直减率。

05.054 湿绝热直减率 moist adiabatic lapse rate

在饱和湿空气微团湿绝热上升时,其温度随高度降低的变化率,表达式为 $\Gamma_m = \Gamma_d + (L_m/c_p) \cdot (\mathrm{d}q_m/\mathrm{d}z)$,其中 Γ_d 为干绝热直减率,L_m 为凝结潜热,c_p 为定压比热,q_m 为饱和比湿,z 为高度。

05.055 凝结高度 condensation level, CL

未饱和湿空气绝热抬升达到饱和时的高度。

05.056 湍流凝结高度 turbulence condensation level

由于地表以上空气湍流运动而达到的凝结高度。

05.057 凝结效率 condensation efficiency

单位时间内单位质量空气中水汽的凝结量。

05.058 热力层结 thermal stratification

又称"大气层结(atmospheric stratification)"。大气中由于其温度直减率随高度分布不均匀而分成若干层次的现象。

05.059 层结曲线 stratification curve

将探空记录中各高度上的气压值及其相应的温度(或露点温度)值点绘在专用的图纸上,能够反映大气层结的稳定度和温度、湿度垂直分布的曲线。

05.060 相当温度 equivalent temperature

(1)等压相当温度(isobaric equivalent temperature)在等压过程中,湿空气中水汽全部凝结并脱离系统。所释放的潜热加热空气,使空气最后达到的温度。(2)绝热相当温度(adiabatic equivalent temperature)湿空气微团先经干绝热过程膨胀到饱和,再经假绝热过程使水汽全部凝结(降落地面),再经干绝热过程压缩到原有气压处所具有的温度。

05.061 相 phase

系统中具有相同化学属性和物理特性的一种状态。

05.062 相变 phase change

物体由一种相态(固态、液态或气态)至另一种相态的转变,其间物理特性和分子结构发生了明显变化。

05.063 相函数 phase function

综合方向上每单位立体角内的粒子散射能量与粒子所有方向平均的每单位立体角内的散射能量之比,记为 $p(\theta)$,θ 为散射角。

05.064 位相谱 phase spectrum

位相随频率变化的图像。

05.065 相速[度] phase velocity

波动等位相面相对于流体介质的传播速度。波峰和波谷的移动速度。

05.066 平面波 plane wave

波阵面为平面的波。

05.067 虚温 virtual temperature

在气压相等的条件下,具有和湿空气相等的密度时的干空气具有的温度。

05.068 干绝热过程 dry adiabatic process

干空气或未饱和湿空气的绝热过程。

05.069 绝热检验 adiabatic trial

在热力学图上绝热抬升一个气块以探查气块何时将出现对流不稳定现象的方法。

05.070 湿绝热过程 moist adiabatic process

饱和湿空气的绝热过程。

05.071 绝热图 adiabatic diagram

描写大气绝热过程的图解。

05.072 假绝热图 pseudo-adiabatic diagram

描写大气假绝热过程的图解。

05.073 假绝热直减率 pseudo-adiabatic

lapse rate

在假绝热过程中,气温随高度降低的变化。

05.074 位温 potential temperature
空气微团沿干绝热线变化到气压为 $p_0 = 1\,000$ hPa 处的温度。

05.075 假相当位温 pseudo-equivalent potential temperature
未饱和的湿空气微团先经干绝热过程上升到饱和,再经假绝热过程使水汽全部凝结(降落地面),后经干绝热过程压缩到气压为 $1\,000$ hPa 处所具有的温度。这是对应于绝热相当温度的位温。

05.076 湿球位温 wet-bulb potential temperature
对应于湿球温度的湿空气微团沿湿绝热线变化到 $1\,000$ hPa 气压处的温度。

05.077 假湿球位温 wet-bulb pseudo potential temperature
空气微团沿干绝热线上升到饱和后再沿湿绝热线下降到 $1\,000$ hPa 气压处的温度。

05.078 假湿球温度 wet-bulb pseudo-temperature
空气微团沿干绝热线上升到饱和后再沿湿绝热线下降到原有位置上的温度。

05.079 热力学霜点温度 thermodynamic frost-point temperature
气压为 p、混合比为 r 的湿空气所具有的下述温度:在此温度下,相对于给定气压下冰面饱和的空气具有一个等于给定混合比 r 的饱和混合比 r_i。

05.080 热力学冰球温度 thermodynamic ice-bulb temperature
气压为 p、温度为 T、混合比为 r 的湿空气所具有的下述温度:在此温度下,由于纯水在气压 p 下绝热向空气中蒸发,而使空气达到冰面饱和。

05.081 热力学湿球温度 thermodynamic wet-bulb temperature
气压为 p、温度为 T、混合比为 r 的湿空气所具有的下述温度:在此温度下,由于纯水在气压 p 下绝热向空气中蒸发,而使空气达到水面饱和。

05.082 大气动力学 atmospheric dynamics
从理论上研究大气运动动力过程及其演变规律的学科。

05.083 空气动力学 acerodynamics
流体力学的分支学科,主要研究空气运动以及空气与物体相对运动时相互作用的规律,特别是飞行器在大气中飞行的原理。

05.084 运动方程 equation of motion
根据单位质量流体元所受到的诸外力,按牛顿第二定律推导出的用来描写运动的方程。

05.085 连续方程 continuity equation
根据质量守恒定律推导出,用来描写单位体积流体元内质量变化的方程。

05.086 不连续[性] discontinuity
气象学中指某一气象变量的数值在两个相邻点之间发生的突变或跳跃。

05.087 状态方程 equation of state
均匀气体处于热平衡状态时,其密度 ρ、压强 p 和温度 T 的关系式。对于理想气体,即 $p = \rho R T$,R 是气体常数。

05.088 波尔兹曼常数 Boltzmann's constant
又称"分子气体常数(gas constant per molecule)"。为普适气体常数与阿伏加德罗数之比,即 1.3806×10^{-23} J·K^{-1}。

05.089 普适气体常数 universal gas constant
又称"摩尔气体常数"。质量为 m,摩尔质量为 M,气压为 P,体积为 V,温度为 T 的理想气体状态方程为 $PV = \dfrac{m}{M} R^* T$,式中 $R^* =$

8.31J·mol^{-1}·K^{-1}，即为普适气体常数。R^* 对任何气体成分都适用。

05.090 闭合系统 closed system
不与外界进行物质交换，保持质量恒定的系统。天气学中常用于闭合高压或低压系统。

05.091 能量守恒 conservation of energy
在一个封闭系统中，各种能量可以相互转换，但总能量保持恒定，不随时间变化。

05.092 质量守恒 conservation of mass
自然界中，质量既不能产生也不能消灭，只能由一个体积转移至另一个体积。在气象学中，表示为连续性方程。

05.093 保守性 conservative property
在某一个（或几个）过程中始终保持不变的一种属性。如封闭系统的能量和质量都具有保守性。

05.094 涡度方程 vorticity equation
对运动的矢量方程施以散度运算而得到的方程。它给出气块的相对涡度的时间变化率，气象上常用的是其垂直分量方程。

05.095 正压涡度方程 barotropic vorticity equation
无力管项，水平辐散和垂直运动时的涡度方程。此时气块的绝对涡度是守恒的。

05.096 散度方程 divergence equation
对运动的矢量方程施以散度运算而得到的方程。气象上常用的是水平散度方程。

05.097 流体静力方程 hydrostatic equation
在绝对静止的大气中，表示空气微团的浮力与重力平衡关系的方程。

05.098 布西内斯克近似 Boussinesq approximation
大气模拟中使用的一种近似处理方法，此时假定流体密度（考虑在垂直运动的浮力项时除外）是常数。对大多数海洋情景，此假定

可用。

05.099 布西内斯克方程 Boussinesq equation
描述二维自由含水层流动的通用流体方程。

05.100 流体静力近似 hydrostatic approximation
假设垂直加速度可忽略不计，流体静力学方程成立的大气状态。

05.101 ω 方程 ω-equation
在静力近似下，利用气压坐标中的涡度方程、热力学方程、连续方程和线性平衡方程（或地转近似）而推得描写垂直运动的方程。

05.102 扰动方程 perturbation equation
将任一物理量按其对时间（或空间）的依变关系分解为基本状态和扰动状态时，描述其扰动状态所满足的方程。

05.103 热成风方程 thermal wind equation
由于大气的斜压性而引起的地转风随高度变化的方程。

05.104 水汽[守恒]方程 moisture [conservation] equation
表示在固定体积元内，水汽的净流入决定于该体积元内水汽流入及相变过程而产生的水汽质量变化的方程。

05.105 平流方程 advective equation
描述任意变量水平输送导致该变量的局地变化的微分方程。

05.106 马古列斯公式 Margules' formula
在考虑地球自转的情况下，不同密度和速度的两个气团之间边界坡度的数学表达式。

05.107 无量纲方程 non-dimensional equation
由无量纲参数与无量纲变量所构成的方程。

05.108 平衡方程 balance equation

表示某种物理量处于平衡状态的方程。对风场而言,专指由散度方程简化得到的能较精确地反映风压场关系的方程。

05.109 无量纲参数 non-dimensional parameter

由大气的物理性质(如温度和密度)和运动状态(如空间范围和速度)所组成的没有计量单位的数。

05.110 因子分析 factor analysis

又称"因子分析法"。把若干个变量看成由某些公共的因素所制约,并把这些公共因素分解出来的分析方法。

05.111 斜压过程 baroclinic process

由于大气中斜压性的改变而引起的大气位能、内能及动能之间的转换及环流系统的发生发展过程。

05.112 雷诺应力 Reynolds stress

湍流动量输送的切向应力。

05.113 非黏性流体 inviscid fluid

没有考虑分子黏性作用的流体。

05.114 气象风洞 meteorological wind tunnel

模拟大气运动的风洞实验装置。

05.115 相当正压大气 equivalent barotropic atmosphere

风速大小可随高度变化而风向不变,其效果相当于正压大气的一种模式大气。

05.116 静力适应过程 hydrostatic adjustment process

大气运动由非静力状态调整到准静力状态的动力过程。

05.117 半地转理论 semigeostrophic theory

以半地转方程替代原始方程的理论。

05.118 地转适应 geostrophic adjustment

大气大尺度运动由非地转平衡状态调整到准地转平衡状态的动力过程。

05.119 半地转方程 semigeostrophic equations

一种近似的水平运动方程:某一方向的运动方程满足地转平衡,而另一方向的运动方程满足非地转平衡。或者,在水平运动方程中,将平流风取为实际风,而将被平流风用地转风近似,这样得到的水平运动方程为半地转方程。

05.120 有效位能 available potential energy

系统的全位能(内能与位能之和)与按绝热过程调整后系统所具有的最小全位能之差。

05.121 位能 potential energy

又称"势能"。由于物体在地球重力场中处于一定的位置而具有的能量。它是用把物体从任一标准平面(通常指海平面)抬升到物体所在位置所需做的功来计算的。

05.122 涡动拟能 enstrophy

相对涡度平方值之半。

05.123 位势米 geopotential meter

单位质量的空气块在重力加速度为$9.8\,\mathrm{m/s^2}$的情况下上升$1\mathrm{m}$克服重力所做的功。

05.124 动力米 dynamic meter

动力高度的标准单位,定义为$10\ \mathrm{m^2 \cdot s^{-2}}$。$1$动力米相当于$1.02$几何米($g=9.8\mathrm{m \cdot s^{-2}}$时),或$1.02$位势米。

05.125 位势高度 geopotential height

用位势米为单位的重力位势。在等压面天气图上常用位势米表示高度。

05.126 动力高度 dynamic height

表示大气中某一点位势能量的一种特定高度。等于质点在重力场内由海平面提高到该高度,需要克服重力做的功。若近似把重力加速度取为常值$10\mathrm{m \cdot s^{-2}}$;此时该高度具有的位势值称为动力高度。

05.127 声重力波 acoustic gravity wave
在大气中以声速传播的重力波。

05.128 重力流 gravity current
又称"密度流"。一团密度大的空气流入密度较小空气的下层的稳定平行流动现象。

05.129 惯性不稳定 inertial instability
在地转平衡条件下,水平扰动使气块有远离原有平衡位置的趋向。

05.130 静力不稳定[性] static instability
大气的一种流体静力学状态,此状态下气块具有远离原来位置的趋势。

05.131 自由对流高度 free convection level
在条件[性]不稳定气层中,受外力抬升的空气在绝热过程中由稳定状态转为不稳定状态的高度。

05.132 抬升凝结高度 lifting condensation level, LCL
空气受到强迫抬升达到凝结时的高度。

05.133 抬升指数 lifting index, LI
决定灾害天气发生与否的一种稳定度指数,它定义为 $LI = T_5 - T_s(℃)$。其中 T_5 表示 500 hPa 的干球温度,T_s 表示地面空气块绝热抬升到 500 hPa 时的温度。$LI > 3$ 时表示稳定条件;$LI < -2$ 表示非常不稳定条件。

05.134 不稳定空气 unstable air
静力不稳定性占主导作用的空气。

05.135 不稳定气团 unstable air mass
在其底部具有温度直减率大于湿绝热直减率,甚至接近或超过干绝热直减率的静力不稳定气团。

05.136 [大气]稳定度 [atmospheric] stability
叠加在大气背景场上的扰动能否随时间增强的量度。

05.137 [大气]不稳定度 [atmospheric] instability
叠加在大气背景场上的扰动随时间增强的量度。

05.138 静力稳定度 static stability
在静力平衡的层结大气中,在垂直方向上离开初始位置的气块在浮力作用下能否返回原有平衡位置的量度。

05.139 稳定度指数 index of stability
表征大气层结稳定度的定量指标。

05.140 流体静力不稳定度 hydrostatic instability
大气的一种流体静力学状态,在这种状态的初始高度运动的气块将遭受一种使其进一步远离此高度的流体静力学的力。

05.141 绝对稳定 absolute stability
气温的温度直减率小于湿绝热直减率时的状态。即对未饱和空气和饱和空气,大气层结都是稳定的。

05.142 绝对不稳定 absolute instability
气层的温度直减率大于干绝热直减率时的状态。即对未饱和空气和饱和空气,大气层结都是不稳定的。

05.143 中性稳定 neutral stability
干空气(或未饱和空气)气层的温度直减率等于干绝热直减率,或饱和气层的温度直减率等于湿绝热直减率时的状态。即在静力平衡大气中,只是由于非浮力作用才能使气块离开初始高度的状态。

05.144 条件[性]不稳定 conditional instability
气层的温度直减率小于干绝热直减率而大于湿绝热直减率时的状态。即对未饱和空气,大气层结是稳定的。

05.145 惯性稳定度 inertial stability

在地转平衡条件下气块离开初始位置能否返回原有平衡位置的量度。

05.146 对流不稳定 convective instability
又称"位势不稳定(potential instability)"。整层空气上升达到饱和后,原有的稳定层结转化为不稳定层结。

05.147 对流[性]稳定度 convective stability
未饱和的整层空气上升达到饱和后,层结是否稳定的量度。

05.148 动力稳定[性] dynamic stability
流体对抗稳态有限扰动或恢复稳态的能力的度量,动力稳定度的负值相当于动力不稳定。

05.149 动力不稳定[性] dynamic instability
因运动状态(速度场分布)引起的大气运动的不稳定。如正压不稳定、斜压不稳定、惯性不稳定、切变不稳定等。

05.150 稳定度参数 stability parameter
大气静力稳定度的度量,常为位温随高度或气压变化的函数。

05.151 稳定空气 stable air
静力稳定占优势的气层,其湿度直减率小于湿绝热直减率。

05.152 宏观黏滞度 macroviscosity
用来判断流体是属于光滑流动还是粗糙流动的特征参数。

05.153 大气扰动 atmospheric disturbance
偏离平衡状态的大气运动分量。

05.154 吸引子 attractor
指当时间趋于无穷大时,在任何一个有界集上出发的非定常流的所有轨道都趋于它的集合。

05.155 奇怪吸引子 strange attractor
一个耗散系统的相空间当时间趋于无穷大

时,如果收缩到一个非整数维的点集,这就是一个奇怪吸引子。

05.156 分岔 bifurcation
当决定系统的参数发生变化时,对于一定的参数值,系统(方程)的解失去稳定性而同时出现两个或多个解的现象。

05.157 有限振幅 finite amplitude
波振幅较大,不能再看作水平流场上小扰动的情况时的振幅。在波的振幅较小时,可以把波动看成叠加在平均波上的小扰动。

05.158 自由波 free wave
大气中的扰动在没有任何外力作用下还能继续保持传播的波,是旋转球面大气的基本波动。

05.159 角展宽 angular spreading
由于波动传播方向的差异而在空间造成的波动扩散展宽现象。

05.160 非线性不稳定[性] nonlinear instability
由于不同的波之间的非线性作用而产生的能量转换,使某一种波的能量随时间增长的现象。

05.161 薄片法 slice method
改进的气块法,该方法考虑了由于空气微团的移动所引起的周围空气的扰动。

05.162 第二类条件[性]不稳定 conditional instability of the second kind, CISK
天气尺度的低压扰动与小尺度积云对流相互作用并共同发展的一种不稳定性。

05.163 切变不稳定 shearing instability
气流存在切变条件下的不稳定性。

05.164 切变层 shear layer
与地球表面相邻的通常具有强的风垂直切变的气层。

05.165　正压不稳定　barotropic instability
正压大气中,基本气流水平切变引起大气
扰动发展的动力不稳定,导致平均运动动能
转化为扰动动能。

05.166　斜压不稳定　baroclinic instability
斜压大气中,基本气流垂直切变引起大气
扰动发展的动力不稳定,导致有效位能转
化为斜压扰动动能。

05.167　潜在不稳定　latent instability
需要在外力触发下才能表现出来的一种不
稳定。如对流不稳定。

**05.168　位涡守恒　conservation of potential
vorticity**
在绝热、无摩擦、旋转大气中,位势涡度不
随时间变化的现象。

05.169　倾向方程　tendency equation
表征某物理量(如地面气压)局地变化的方
程。

05.170　z 坐标　z-coordinate
以几何高度 z 为垂直坐标的坐标系。

05.171　p 坐标　p-coordinate
以气压 p 为垂直坐标的坐标系。

05.172　σ 坐标　σ-coordinate
以 $\sigma = p/p_s$ 或类似的形式为垂直坐标的坐
标系(p 为气压,p_s 为地面气压)。

05.173　自然坐标[系]　natural coordinates
一种正交的曲线坐标系,用于描述流体运
动。它由与瞬间速度矢相切的 t 轴和垂直
于速度矢指向水平面左侧的 n 轴构成,加上
垂直于水平面的 z 轴,即可描述三维运动。

05.174　位温坐标　θ-coordinate
以位温 θ 为垂直坐标的坐标系。

05.175　混合坐标　hybrid coordinate
采用两种以上坐标(如 σ 坐标与 p 坐标)相

结合的坐标系。

05.176　欧拉坐标　Eulerian coordinates
流体中的各种属性被设定在给定时刻的空
间各点上(而不注意单个流体元的运动)的
一类坐标系,用于描写流体属性的空间变
化。

**05.177　气压坐标系　pressure coordinate sys-
tem**
坐标系的一种,其 x 轴和 y 轴分别表示在水
平面上指向东和北方向的投影,沿垂直轴的
投影用气压 p 表示。

05.178　曲线坐标　curvilinear coordinate
不是直角坐标的任何线性坐标系。如球面
坐标、柱面坐标等。

05.179　柱面坐标　cylindrical coordinate
用圆柱面的参数 r、θ 和 z 来确定空间某点 P
(r,θ,z) 的位置的一种曲线坐标。其中 r 是
P 点与圆柱轴 z 的径向距离,θ 是 P 点径向
距离在垂直于 z 轴的圆柱截面上投影与参
考线(常取 ox 轴方向)的角度。

05.180　天赤道　celestial equator
地球赤道平面在天球上的投影。

05.181　天球　celestial sphere
天文学中引进的,以选定点(常为地球)为中
心,以任意长为半径的假想球面,将所观测
到的天体投影到此球面上用以标记和度量
天体的位置和运动。

05.182　天极　celestial pole[s]
过天球中心、与地球自转轴平行的直线与天
球相交的两个点,是南天极和北天极的总
称。

05.183　寒极　cold pole
地球上具有年平均温度最低的地方。

05.184　冷池　cold pool
较冷的空气(或水体)被较暖的空气(或水

体)所包围而形成的温度较低区域(或水体)。

05.185 冰冻学 cryology
对冰和雪的研究,包括冰川学、海冰等内容。

05.186 赤纬 declination
赤道坐标系的纬向坐标,从天赤道沿过天球上一点的赤经圈量到该点的弧长。

05.187 赤经 right ascension
赤道坐标系的经向坐标,过天球上一点的赤经圈与过春分点的二分圈所交的球面角。

05.188 黄道 ecliptic
过天球中心与地球公转的平均轨道面平行的平面与天球相交的大圆。

05.189 磁倾角 magnetic inclination, magnetic dip
地球表面任何一点的地磁场总强度矢量与水平面之间的夹角。地磁场强度方向在水平面之下的,为正磁倾角;而在水平面之上的,则为负磁倾角。

05.190 磁倾赤道 dip equator, magnetic equator
又称"无倾角线(aclinic line)"。地球表面磁倾角为 0 的各点连线。

05.191 局地轴 local axis
在地球表面上任何一点的垂直向上坐标轴。

05.192 辐合 convergence
负的矢量场散度。

05.193 汇流 confluence
又称"合流"。相邻流体向主流体运动方向辐合(有向中心流动的分量)的流体运动。

05.194 分流 diffluence
相邻流体向主流体运动方向辐散(有由中心流出的运动分量)的流体运动。

05.195 摩擦辐合 frictional convergence

由于摩擦产生的越等压线气流面而造成空气向低压区的净流入。

05.196 摩擦曳力 frictional drag
物体在黏滞流体中运动时,由于物体表面附近的速度梯度引起的流层间的内摩擦力。

05.197 辐散 divergence
正的矢量场散度。

05.198 摩擦辐散 frictional divergence
由于摩擦产生的越等压线气流面而造成空气向低高压区的净流出。

05.199 散度 divergence
表征矢量场 A 产生的体积(三维)或面积(二维)的相对膨胀率,其表达式为 $\nabla \cdot A$。

05.200 微分分析 differential analysis
又称"差分分析"。一般指物理量垂直差分的分析。某些物理量的垂直差分与另外一些物理量有一定关系,如两等压面间密度的垂直差分,亦即两等压面间的厚度可以给出等压面间的平均温度。

05.201 散度定理 divergence theorem
又称"高斯定理"。一个矢量 V 散度的体积分等于 V 在此体积表面上的法向分量的面积分。

05.202 局部导数 local derivative
在空间固定点上物理量对时间的变化率。

05.203 水平散度 horizontal divergence
风速水平分量的散度。

05.204 引导气流 steering flow
对流层中上层对低层天气系统运动有一定引导作用的气流。

05.205 引导高度 steering level
引导气流所在的高度。

05.206 涡度 vorticity
速度场 v 的旋度的气象用语。它表征速度

场 ν 产生的微观旋转的矢量。其表达式为 $\nabla \cdot \nu$。

05.207 正涡度平流 positive vorticity advection, PVA
当涡度大的向涡度小的方向输送时,称为正涡度平流。

05.208 相对涡度 relative vorticity
在跟地球一道旋转的坐标系中,空气相对速度 v 的涡度。

05.209 绝对涡度 absolute vorticity
在惯性坐标系中,空气绝对速度的涡度。

05.210 行星涡度 planetary vorticity
地球自转角速度 Ω 的两倍。

05.211 行星反照率 planetary albedo
又称"地球反射率"。地气系统的反射辐射与入射太阳辐射之比。

05.212 行星涡度效应 planetary vorticity effect
地转涡度随纬度变化在改变相对涡度中的作用。

05.213 涡度平流 vorticity advection
由于流体的流动和涡度在空间分布不均匀所引起的绝对涡度的输送。

05.214 β 平面 β-plane, beta plane
以罗斯贝参数($\beta = (2\Omega\sin\varphi_0)/a$,式中 Ω 为地球自转角速度,φ_0 为参考点的纬度,a 为地球半径)为常数的几何面。它既考虑了地表球面性的最主要影响,又避免了采用球坐标的复杂性。

05.215 绝对涡度守恒 conservation of absolute vorticity
在正压、水平无辐散和无摩擦的大气中,绝对涡度的垂直分量不随时间变化的现象。

05.216 地转涡度 geostrophic vorticity
应用地转风计算的相对涡度垂直分量。

05.217 地转平流 geostrophic advection
由风的地转分量产生的平流。

05.218 点涡 point vortex
闭合环流的流动。

05.219 热涡度 thermal vorticity
根据地转涡度推算出的热成风涡度。

05.220 气旋性涡度 cyclonic vorticity
在北(南)半球指正(负)的相对涡度垂直分量。

05.221 反气旋[性]涡度 anticyclonic vorticity
在北(南)半球指负(正)的相对涡度垂直分量。

05.222 切变涡度 shearing vorticity
由风速的水平切变形成的涡度垂直分量。

05.223 曲率涡度 curvature vorticity
由于流线曲率而形成的涡度垂直分量。

05.224 位势涡度 potential vorticity
简称"位涡"。两邻近等熵面(等位温面)之间的大气柱在被带到某一规定纬度并被伸缩到某一规定厚度时所有的涡度。其实质是绝对涡度的垂直分量($\zeta + f$)与涡旋的有效厚度(即两位温面 θ 和 $\theta + \Delta\theta$ 之间以单位气压为度量的距离)之比。

05.225 涡动传导率 eddy conductivity
表征涡旋热量输送强度的系数。

05.226 涡动黏滞率 eddy viscosity
表征涡旋动量输送强度的系数。

05.227 动力黏性 dynamic viscosity
又称"黏性系数(coefficient of viscosity)","分子黏性系数(coefficient of molecular viscosity)"。表征流体内部阻碍其分子间相对流动的物理属性(分子黏性)的一个常数,它等于切应力与流体运动的切变之比。对 0℃时的干空气，动力黏性约为 1.7×10^{-4} g·cm^{-1}·s^{-1}。

05.228 摩擦速度 friction velocity
表征下垫面湍流动量输送的一种特征速度。

05.229 涡动切应力 eddy shearing stress
涡旋动量输送的切向应力。

05.230 卡门常数 Karman constant
对数风速廓线的数学表达式中出现的常数。

05.231 大气波动 atmospheric wave
具有时空二重周期性的一种大气流型。

05.232 强迫振荡 forced oscillation
系统在外力（周期或非周期）作用下发生的振动。

05.233 群速度 group velocity
波列作为整体的传播速度。

05.234 共振理论 resonance theory
根据假定的具有半日周期的自然大气震荡的共振，来解释大气潮汐的太阳半日分量具有较大振幅的理论。

05.235 长波调整 adjustment of longwave
长波波长变化和位相更替的现象。

05.236 惯性波 inertia wave
在科里奥利力作用下产生的大气波动。

05.237 惯性圆 inertial circle
相对于地面作匀速水平运动的空气质点，只在科里奥利力的作用下的近于圆形的轨迹。

05.238 惯性力 inertial force
为了在非惯性参照系中使用牛顿运动第二定律而假想的附加力。

05.239 惯性振荡 inertial oscillation
水平压力场均匀，质点仅受科里奥利力作用下的运动。

05.240 斜压波 baroclinic wave
又称"斜压扰动（baroclinic disturbance）"。斜压大气基本气流的垂直切变引起的大气波动。

05.241 斜压性 baroclinity, baroclinicity
流体中等压面与等密度面（或等温面）出现斜交（而非平行）的层积状态。

05.242 正压波 barotropic wave
正压大气基本气流的水平切变引起的大气波动。

05.243 正压性 barotropy
流体中等压面与等密度面（或等温面）相平行而不斜交的层结状态，即斜压性为零的状态。

05.244 重力波 gravity wave
在重力作用下产生的大气波动。

05.245 惯性重力波 inertia-gravity wave
在重力和科里奥利力共同作用下产生的大气波动。

05.246 内波 internal wave
流体运动中最大振幅在流体内或在一个内边界上的波动。

05.247 重力内波 internal gravity wave
由于层结特征，而在重力作用下产生的大气波动。

05.248 重力外波 external gravity wave
由于边界上的垂直扰动，而在重力作用下产生的大气波动。

05.249 纵波 longitudinal wave
传播方向与质点振动方向一致或相反的波动。

05.250 重力波拖曳 gravity wave drag
由于重力波所引起的垂直扰动动量通量在垂直方向分布不均匀，而在一定条件下对大尺度气流所起到的总体耗散作用。

05.251 卡尔曼滤波 Kalman filtering
当输入由白噪声产生的随机信号时,使期望输出和实际输出之间的均方根误差达到最小的线性系统。

05.252 拖曳系数 drag coefficient
表示动量向地面传输效应的无量纲数 C_d。

05.253 地形拖曳 orographic drag
在一定条件下,由地形所激发的重力波和地面摩擦所引起的拖曳。

05.254 地形波 orographic wave
由于地形的动力作用而产生的大气波动。

05.255 背风波 lee wave
气流越过山脉时,在背风坡产生的波动。

05.256 亥姆霍兹波 Helmholtz wave
在密度不连续的分界面上产生的重力波。

05.257 亥姆霍兹不稳定 Helmholtz instability
相邻气层间界面两侧的风速不连续所伴有的一种动力不稳定。

05.258 开尔文波 Kelvin wave
赤道地区在经向风为零,纬向风和气压以赤道为轴呈对称分布的情况下,自西向东传播的行星尺度大气重力波。

05.259 开尔文－亥姆霍兹波 Kelvin-Helmholtz wave
在垂直风切变超过临界值的静力稳定层结大气中产生的波。

05.260 兰姆波 Lamb wave
水平方向传播的惯性声波。

05.261 罗斯贝波 Rossby wave
又称"行星波(planetary wave)","豪威兹波(Haurwitz wave)","大气长波(atmospheric long wave)"。由于地转参数 $f = 2\Omega\sin\theta$ 随纬度 φ 的变化而产生大尺度波长(行星级)及大振幅的大气波动。

05.262 定常波 stationary wave
不随时间改变的大气波动。

05.263 瞬变波 transient wave
相对于时间平均气流而变化及移动的大气扰动。

05.264 孤立波 solitary wave
波长为无限大、孤立的、只有波峰且在移动中不变形的非线性波。它是非线性演化方程在无穷远有确定值的行波解。

05.265 退行 retrogression
大气波动或气压系统向其所在基本气流的相反方向的运动。

05.266 前进波 progressive wave
与平均气流同方向移动的波。

05.267 后退波 retrograde wave
与平均气流反方向移动的波。

05.268 切变波 shearing wave
气流的经向或垂直切变所引起的大气波动。

05.269 驻波 standing wave
在有一定稳定度和风速的条件下,出现在山脊上空和下风方向上的波谷和波峰保持不动的一种空气波动运动。

05.270 混合罗斯贝重力波 mixed Rossby-gravity wave
低纬度大气中惯性重力波与罗斯贝波相混合的西移波动。

05.271 超长波 ultra-long wave
大气中的超长尺度(波长约 10^7m)的波动。一般指沿纬圈波的数目为 $1 \sim 3$ 的波。

05.272 不稳定波 unstable wave
振幅随时间增大或其总能量随周围环境能量的消耗而增加的大气波动。

05.273 大气噪声 atmospheric noise

相对于某种尺度运动而论,意义不大的大气扰动。

05.274 普朗特数 Prandtl number

流体运动学黏性系数 γ 与导温系数 κ 比值的无量纲数 $P_r = \gamma/\kappa$。

05.275 瑞利数 Rayleigh number

流体中浮力与平流热量之积对黏性力与传导热量之积的比值的无量纲数 $R_a = [\alpha(T_2 - T_1)d^3 g]/\nu \cdot \kappa$。其中 g 为重力加速度,α 为热膨胀系数,$T_2 - T_1$ 为特征垂直温度差,d 为流体特征深度,ν 为运动学黏性系数,κ 为导温系数。

05.276 雷诺数 Reynolds number

在流体运动中惯性力对黏滞力比值的无量纲数 $Re = UL/\nu$。其中 U 为速度特征尺度,L 为长度特征尺度,ν 为运动学黏性系数。

05.277 里查森数 Richardson number

层结大气中表示湍能耗散与湍能产生比值的无量纲数。

05.278 整体里查森数 bulk Richardson number

又称"粗里查森数"。将里查森数表达式中风速垂直切变项($\partial V_h/\partial z$)和温度垂直梯度($\partial T/\partial z$)用两个高度上得到的相应值($\nabla V_h/\nabla z$)和($\nabla T/\nabla z$)来代替时的量纲为 1 的数。

05.279 临界里查森数 critical Richardson number

维持稳定流动的里查森数值的最低界限。当小于临界里查森数(一般取为 0.25)时,流体将变得动力不稳定并出现湍流。

05.280 通量里查森数 flux Richardson number

由层结稳定引起湍流能量的消耗率和由风切变引起湍流能量的增加率之比,是无量纲

量。当它小于 1 时,流体是动力不稳定的;大于 1 时,流体是动力稳定的。

05.281 布伦特-韦伊塞莱频率 Brunt-Väisälä frequency

曾称"布伦特-维赛拉频率"。在静力稳定条件下,气块离开平衡位置后将在浮力作用下在平衡位置附近振荡,这种浮力振荡的频率就称为布伦特-维赛拉频率。

05.282 伯格数 Burger number

一个无量纲数(Bu),$Bu = [NH/\Omega L]^2$。表示大气或海洋流体中垂直方向的密度层结与水平方向的地转作用之比。式中 N 为布伦特-维赛拉频率,H 为大气标高,Ω 为地转角速度,L 为大气运动的特征水平尺度。对大多数大气现象而言,Bu 约为 1,说明两者作用相当。

05.283 弗劳德数 Froude number

表示水平加速度与重力加速度比值的无量纲数 $Fr = U^2/(gL)$。其中 U 为风速特征尺度,L 为水平距离特征尺度,g 为重力加速度。

05.284 罗斯贝数 Rossby number

表示水平加速度与科里奥利加速度比值的无量纲数 $R = U/(fL)$。其中 U 为风速特征尺度,L 为水平距离特征尺度,f 为科里奥利参数。

05.285 罗斯贝参数 Rossby parameter

表示地球表面性引起的科里奥利参数随纬度变化的参数,可表示为 $\beta = (2\Omega\cos\varphi)/a$。式中 Ω 为地转角速度,φ 为纬度,a 为地球半径。

05.286 罗斯贝图解 Rossby diagram

以混合比和干空气位温的自然对数为笛卡儿坐标的一种热力学图解,图上绘有相当位温的等值线。

05.287 马赫数 Mach number

在某一介质中物体运动的速度与该介质中的声速之比。

05.288 转盘实验 rotating dishpan experiment
在一个围绕着垂直轴旋转的圆筒状容器中进行的流体力学实验。

05.289 哈得来域 Hadley regime
转盘流体力学实验中，出现高温区上升，低温区下沉的哈得来流型时的实验参数域。

05.290 罗斯贝域 Rossby regime
转盘流体力学实验中，热力罗斯贝数较小时出现准地转运动流型时的实验参数域。

05.291 白贝罗定律 Buys Ballots' law
又称"风压定律"。描述大尺度天气系统中风场与气压场之间的关系。人背风而立，如在北半球，则其左侧为低气压；在南半球，则其右侧为低气压。

05.292 浮力 buoyancy force
在重力场中，流体块（或流体中的物体）由于和周围流体的密度差而受到的垂直向上的力。

05.293 浮力速度 buoyancy velocity
对流边界层中的垂直速度量，它与对流的浮力驱动力以及混合层的厚度有关。

05.294 整体平均 bulk average
对某一层（如对流混合层）整个垂直厚度进行平均的气象变量，整体平均值常常作为该气象变量在整层中的理想值。

05.295 径向流入 radial inflow
指向一个大气系统中心的风速分量。

05.296 混合层 mixing layer
气象要素（特别是位温）随高度分布趋于均匀的大气边界层。

05.297 无辐散层 non-divergence level

大气中水平速度散度为零的一个位面。

05.298 旋衡风 cyclostrophic wind
水平气压梯度力和惯性离心力相平衡时的大气运动。

05.299 梯度风 gradient wind
空气受到的气压梯度力、科里奥利力和惯性离心力相平衡时所作的水平曲线运动。

05.300 反梯度风 countergradient wind
在北半球，低压伴随反气旋式环流，高压伴随气旋式环流的梯度风。

05.301 次梯度风 subgradient wind
自由大气中风速小于相应梯度风的实际风。

05.302 超梯度风 supergradient wind
自由大气中风速大于相应梯度风的实际风。

05.303 热成风 thermal wind
某一气层上、下两界面上的地转风的矢量差。

05.304 顺转风 veering wind
风向随高度按顺时针方向旋转的风。

05.305 逆转风 backing wind
风向随高度按逆时针方向旋转的风。

05.306 风切变 wind shear
风速矢量或其分量沿垂直方向或某一水平方向的变化。

05.307 径向风 radial wind
来自环流风系中心在某一点沿半径矢量方向的风速分量。

05.308 地转风 geostrophic wind
空气受到的水平气压梯度力和科里奥利力平衡时形成的风。

05.309 摩擦风 antitriptic wind
由于摩擦引起的，风速小于地转风而风向稍偏向低压一侧的风。

05.310 次地转风 subgeostrophic wind
自由大气中风速小于相应地转风的实际风。

05.311 超地转风 supergeostrophic wind
自由大气中风速大于相应地转风的实际风。

05.312 非地转风 ageostrophic wind
又称"地转偏差（geostrophic deviation）"。
实际风与地转风的矢量差。

05.313 变压风 isallobaric wind
局地气压变化的水平梯度所产生的非地转
风分量。

05.314 角动量 angular momentum
物体绕轴的线速度与其距轴线的垂直距离
的乘积。每单位质量气块的绝对角动量是
其相对地球的角动量和地球自转产生的角
动量之和。

05.315 角动量平衡 angular momentum balance
地球－大气系统角动量的输送和转换之间
所维持的一种平衡关系,它是大气环流维持
的一种重要机制。

05.316 基本气流 basic flow
表征大气宏观流动的理想气流。

05.317 急流 jet stream
出现在大气中的窄而强的风速带,其上下
和两侧分别具有强烈的垂直和水平切变。

05.318 急流核 jet stream core
高空急流中风速最大的区域。

05.319 极夜急流 polar night jet
冬半球出现在中纬和副极地纬度上的最大
强度在平流层顶附近的西风急流,由于这一
季节里高纬度空气持久的辐射冷却而造成
的。

05.320 北支急流 northern branch jet stream
位于北半球高纬度上空半永久性的急流。

05.321 南支急流 southern branch jet stream
北半球副热带高压北缘或信风环流圈北部
上空半永久性的急流。

05.322 夜间急流 nocturnal jet
夜间出现在地面以上几百米高度上的超地
转风速的强风层。当夜间陆地上的强冷却
作用使上空流场脱离了地表摩擦的制约时,
这种强风层可以发展。

05.323 副热带急流 subtropical jet stream
位于北(南)半球副热带高压北(南)缘上空
的半永久性急流。

05.324 急流轴 axis of jet stream
急流区中各经向垂直剖面上最大风速点的
连线。

05.325 流线 streamline
某一瞬时,流体速度场中与各点的风矢量
相切的曲线。

05.326 西风急流 westerly jet
对流层顶附近,盛行西风带中的强西风区。

05.327 对流云 convective cloud
由系统性垂直运动所激发的水平范围较小
而垂直尺度较大的云类。

05.328 深对流 deep convection
垂直厚度具有和均质大气高度同样量级的
对流系统。

05.329 穿透对流 penetrative convection
使不稳定层中产生的对流运动能穿透位于
其上的稳定层的一种过程。

05.330 浅对流 shallow convection
垂直厚度远比均质大气高度小的对流系统。

05.331 线对流 line convection
呈线状排列的对流系统。

05.332 深水波 deep-water wave
波长小于 2 倍水深的表面波。深水波的速度只取决于波长,与水深无关。在研究大气和海洋中的小尺度运动时,常用深水波理论。

05.333 浅水波 shallow water wave
海洋中波长远较水深为大(常为 25 倍以上)的波动。浅水波的速度只与水深有关。浅水波近似法广泛应用于研究大气和海洋中的波动。

05.334 埃克曼流 Ekman flow
大气边界层中,风速随高度的变化呈埃克曼螺线分布的理想流型。

05.335 埃克曼抽吸 Ekman pumping
在埃克曼层中,由于摩擦作用使大气发生辐合辐散,进而使埃克曼层顶的空气上升或下沉的现象。通过此机制,大气边界层与自由大气间进行动量、热量和水汽等交换。

05.336 热对流 thermal convection
由于热力作用而驱动的对流。

05.337 热泡 thermal
在一个比其紧邻环境暖的表面上局地产生的上升气团。

05.338 湿对流 moist convection
湿空气由于某种触发因子而导致有云形成的对流。

05.339 干对流 dry convection
没有水汽凝结现象而发生的对流。当大气水汽含量较少时,由于下垫面的加热作用往往可导致干对流的发生,如热泡、尘卷风等。

05.340 积云对流 cumulus convection
形成积云活动的对流。

05.341 夹卷 entrainment
积云中的上升气流,不断地有环境空气由侧向卷入并与之混合的过程。

05.342 夹卷率 entrainment rate

积云对流夹卷过程中,单位时间内云中空气质量增加的百分率。

05.343 中尺度对流系统 mesoscale convective system, MCS
有组织的对流风暴、飑线、中尺度对流复合体等中尺度天气系统。

05.344 暖平流 warm advection
空气自暖区流向冷区的运动。一般指其水平分量。

05.345 冷平流 cold advection
空气自冷区流向暖区的运动。一般指其水平分量。

05.346 上升气流 upward flow
具有垂直向上分量的气流。

05.347 下沉气流 downward flow
具有垂直向下分量的气流。

05.348 对流调整 convective adjustment
在保持静力能量不变的条件下,对条件不稳定的大气层结进行调整以达到平衡状态的一种对流参数化方案。

05.349 参数化 parameterization
用大尺度变量表征次网格或小尺度作用总体效应的方法。

05.350 对流参数化 convective parameterization
用大尺度变量表示积云对流对大尺度运动统计效应的方法。

05.351 浅对流参数化 shallow convection parameterization
地面 3000m 以上非降雨积雨云顶的热量和水汽的湍流输送在数值模式中的描述。

05.352 中尺度对流复合体 mesoscale convective complex, MCC
由积云对流组成的中尺度天气系统,常出

现在弱气压梯度和微风环境中。

05.353 地转运动 geostrophic motion
气压梯度力和科里奥利力相平衡时所出现的空气水平直线运动。

05.354 绝对角动量 absolute angular momentum
又称"总角动量"。旋转地球上大气绕转动轴运动时所具有的角动量,它等于地球角动量与大气的相对角动量之和。

05.355 角动量守恒 conservation of angular momentum
绝对角动量既不能产生也不能消灭的保守性质,它只能在系统之间转换。

05.356 准地转运动 quasi-geostrophic motion
在涡度方程中,除散度项外其他各项引入地转关系而计算的大气大尺度运动。

05.357 半地转运动 semigeostrophic motion
在运动方程的平流项 $\nu \cdot \nabla \nu$ 中,ν 用实际风矢量而 $\nabla \nu$ 用地转风梯度矢量代替的大尺度大气运动。

05.358 非地转运动 ageostrophic motion
与地转运动有偏差的运动。

05.359 无旋运动 irrotational motion
涡度处处为零的运动。

05.360 无辐散运动 nondivergent motion
风速散度处处为零的运动。

05.361 准无辐散 quasi-nondivergence
以水平速度散度近似为零的大气运动及相应的近似处理方法。

05.362 斜压大气 baroclinic atmosphere
等压面与等密度面(或等温面)相互斜交的一种模式大气。

05.363 正压大气 barotropic atmosphere
等压面与等密度面(或等温面)不相互斜交的一种模式大气。

05.364 模态 mode
又称"波型"。一般指系统的基本形态。

05.365 斜压模[态] baroclinic mode
斜压大气的波解。

05.366 正压模[态] barotropic mode
正压大气的波解。

05.367 正规模[态] normal mode
正交规范化的波解。

05.368 埃克曼层 Ekman layer
在近地面层与自由大气之间,风随高度呈埃克曼螺线型分布的过渡层。

05.369 埃克曼螺线 Ekman spiral
在大气边界层中,风速矢量随高度作顺时针旋转(北半球),连接风速矢端而构成的螺旋形曲线。

05.370 风速对数廓线 logarithmic velocity profile
基于一些简化的假定而得到的地面边界层内平均风速随高度变化的形式。

05.371 大气环流 atmospheric circulation
全球范围大气流型的总体,一般指较大范围内大气运动的长时期平均状态。

05.372 主级环流 primary circulation
假定大气能量守恒,由于辐射随纬度的变化,地球自转和海陆分布而造成的全球大气环流。

05.373 三级环流 tertiary circulation
叠加在一级和二级环流上的小尺度环流。如局地风、雷暴、龙卷等环流。

05.374 经向环流 meridional circulation
经向垂直剖面上所描述的大气环流。

05.375 纬向环流 zonal circulation
纬向垂直剖面上所描述的大气环流。

05.376 哈得来环流[圈] Hadley cell
经向垂直剖面上,在赤道上升在副热带下沉的模式环流。

05.377 沃克环流[圈] Walker cell
在赤道大气中的纬向闭合垂直环流。

05.378 直接环流[圈] direct circulation
又称"正环流"。暖区上升冷区下沉的闭合垂直环流圈。

05.379 间接环流[圈] indirect circulation
又称"反环流"。冷区上升暖区下沉的闭合垂直环流圈。

05.380 信风环流 trade-wind circulation
在低空由副热带吹向赤道的信风和在高空由赤道吹向副热带的反信风所组成的环流圈。

05.381 环流圈 circulation cell
由较大范围大气运动的流线所形成的闭合圈。

05.382 局地环流 local circulation
由于下垫面性质不均一或地形等局地的热力和动力因素而引起一定地区的特殊环流。如海陆风、山谷风等。

05.383 城乡环流 urban-rural circulation
由于城乡间温差驱动形成的环流系统。其形成机制是,在城市热岛作用下,乡间的气流沿低层向城市中心辐合,在城市中心被抬升后从高空向乡间辐散。

05.384 三圈[经向]环流 three-cell [meridional] circulation
大气环流中平均经向环流的简单模式,由低纬和高纬地区两个直接环流圈及中纬地区一个间接环流圈所组成。

05.385 费雷尔环流 Ferrel cell
由费雷尔在1859年提出的在南北半球的中高纬地区出现的平均经向环流圈。该圈内气流在近地面向着极地方向,而在中间高度上向着赤道方向是一个逆环流。

05.386 环流指数 circulation index
定量描述一定地区大型环流变化的一项指标,通常取西风带主体所在纬度带平均地转风的纬向分量。

05.387 高指数 high index
大值的环流指数,这种环流形势以纬向气流为主。

05.388 低指数 low index
小值的环流指数,在这种环流形势下,经向气流和槽脊发展明显。

05.389 指数循环 index cycle
一定区域内环流指数的准周期性变化。

05.390 环流定理 circulation theorem
开尔文环流定理和皮叶克尼斯环流定理的统称。

05.391 开尔文环流定理 Kelvin's theorem of circulation
关于正压流体运动中绝对速度的环流守恒的定理。如果质量力是有势的,而理想流体又是正压且无摩擦的,则沿任何封闭周线速度的环量在流体运动的所有时间中都是保持不变的。

05.392 伯努利定理 Bernoulli's theorem
非黏滞不可压缩流体作稳恒流动时,流体中任何点处的压强、单位体积的势能及动能之和是守恒的。

05.393 调和函数 harmonic function
在区域 D 内存在二阶连续偏导数的实函数 $U(x,y,z)$,如果在 D 内满足拉普拉斯方程 $\Delta u = \frac{\partial^2 u}{\partial x^2} + \frac{\partial^2 u}{\partial y^2} + \frac{\partial^2 u}{\partial z^2} = 0$,则称 $U(x,y,z)$ 为

区域 D 上的调和函数。

05.394 皮叶克尼斯环流定理 Bjerknes circulation theorem

关于环流变化率由力管项和面积变化项组成的定理,即由下式所表示的定理: $\dfrac{\mathrm{d}c}{\mathrm{d}t} = -\int \dfrac{\mathrm{d}p}{\rho} - 2\Omega \dfrac{\mathrm{d}F}{\mathrm{d}t}$,其中 c 为相对速度环流, $\int (\mathrm{d}p/\rho)$ 为力管项, Ω 为地球自转角速度, F 为积分环流包围的面积在赤道平面上的投影。

05.395 越赤道气流 cross-equatorial flow

从某一半球越过赤道进入另一半球的气流。

05.396 环流调整 adjustment of circulation

大气中的长波系统出现明显转折的演变过程。

05.397 中间层环流 mesospheric circulation

$50 \sim 80$ km 的中间层内大范围大气运动状态,北半球冬季为绕极西风气流,夏季为绕极东风气流。

05.398 大尺度环流 large-scale circulation

水平空间尺度为几千千米以上的大范围大气运动综合现象。

05.399 大气活动中心 atmospheric center of action, center of action

简称"活动中心"。在海平面气压平均图上出现的(任何一个)永久性或半永久性的支配大范围区域内大气扰动运动的高压或低压。如亚速尔高压,西伯利亚高压,太平洋高压等。

05.400 平流层爆发[性]增温 stratospheric sudden warming

平流层中几天之内温度突然升高 $40 \sim 50$ K 的现象,一般出现在极区。

05.401 平流层耦合作用 stratospheric coupling

平流层和对流层扰动的相互作用。

05.402 平流层引导 stratospheric steering

平流层气流对低层大气扰动系统的引导。

05.403 大气湍流 atmospheric turbulence

空气质点呈无规则的或随机变化的运动状态,这种运动服从某种统计规律。

05.404 湍流相似理论 similarity theory of turbulence

用量纲分析方法研究湍流的几何学、运动学或动力学相似特征的理论。

05.405 二维湍流 two-dimensional turbulence

水平范围内湍流速度尺度远大于垂直方向,并且水平涡动能够从垂直方向上分离开的湍流特例。

05.406 涡旋 eddy

又称"湍涡","涡动"。具有独特本性和活动历史的流体湍流质量元。

05.407 涡动相关 eddy correlation

两个与湍流运动有关的变量之间的协方差。如垂直速度 ω 和位温 θ 之间的涡动相关即为 $\overline{\omega'\theta'} = \dfrac{1}{N} \sum\limits_{i=1}^{n} (\bar{\omega}_i - \omega)(\bar{\theta}_i - \theta)$,这里撇号代表与平均值 $(\bar{\omega}, \bar{\theta})$ 的偏差, N 是资料点总数。

05.408 涡动平流 eddy advection

湍涡对流体属性的输送。如大气边界层和海洋边界层中有组织的大湍涡输送。

05.409 卡门涡街 Karman vortex street

刚体圆柱尾流区中呈规则排列的两串平行反向涡旋。

05.410 瞬变涡动 transient eddies

纬向平均气象场的距平与驻涡之间的差值。

05.411　通量　flux

在流体运动中，单位时间内流经某单位面积的某属性量，是表示某属性量输送强度的物理量。

05.412　湍流通量　turbulent flux

又称"涡动通量（eddy flux）"。表示湍涡输送流体属性的通量。

05.413　各向同性湍流　isotropic turbulence

具有特性参数（如统计相关量、统计平均值），在任何方向均相等的大气湍流。

05.414　湍流 K 理论　K theory of turbulence

以湍流系数为基础，用平均场导数表示湍流脉动通量的湍流半经验理论。

05.415　普朗特混合长理论　Prandtl mixing-length theory

模仿分子平均自由程而引入了混合长的理论，即湍流系数与平均风速梯度的绝对值和混合长的平方两者的乘积成正比的理论。

05.416　混合长　mixing length

湍流理论的基本量。湍流场中流体的微涡行经一段距离，不与周围介质混合，仍保持其固有特性的长度。

05.417　运动黏滞性　kinematic viscosity

流体的绝对黏度除以密度，单位为 $m^2 \cdot s^{-1}$。

05.418　湍流边界层　turbulent boundary layer

雷诺数足够大时，在层流边界层附近所出现的湍流层。

05.419　层流边界层　laminar boundary layer

由于边界面法向上的速度梯度较大，而在某一给定边界附近出现分子黏滞应力较大的附近层次。

05.420　湍流谱　turbulence spectrum

用傅里叶方法表征湍流运动的周期分布的特征。

05.421　机械湍流　mechanical turbulence

由于流体在粗糙表面上流动，穿越不连续性的表面或越过某一障碍物而引起的流体的不规则运动。

05.422　湍流能量　turbulence energy

又称"涡动动能（eddy kinetic energy）"。大气运动湍流部分的动能 ε，$\varepsilon = (1/2)\rho(v')^2$。其中 ρ 为密度，v' 为涡动速度。

05.423　耗散　dissipation

又称"黏滞耗散（viscous dissipation）"。在热力学中，通过反抗黏滞力做功将动能转变为内能的过程。

05.424　耗散率　dissipation rate

湍流能量通过分子黏滞作用转换为热能的速率。白天对流时的典型值为 $10^{-2} \sim 10^{-3}$ $m^2 \cdot s^{-3}$，夜间则为 $10^{-4} \sim 10^{-6} m^2 \cdot s^{-3}$。

05.425　扩散　diffusion

分子运动（分子扩散）或涡旋运动（涡动或湍流扩散）所造成的某一保守属性或所含物质向四周的扩展和蔓延。

05.426　扩散率　diffusivity

又称"扩散系数（coefficient of diffusion）"。保守属性或所含物质的扩散速率的一种度量。在大气中，涡旋运动的扩散率（涡动扩散率）比分子运动的扩散率要大好几个量级。

05.427　扩散模式　diffusion model

描写大气属性或大气所含物质从其源地扩散的一组微分方程式。

05.428　湍流交换　turbulent exchange

由流体的湍流运动引起流体属性的输送和混合的现象。

05.429　湍流扩散　turbulent diffusion

又称"涡动扩散（eddy diffusion）"。某种物质或空气质点的属性（如热量及动量等）借湍流中的涡旋作用而进行的扩散。

05.430 E-P 通量 Eliassen-Palm flux
通过动量和热量的涡动输送以表征罗斯贝波能量传播的一个通量。

05.431 侧向混合 lateral mixing
空气在水平方向上的湍流交换。

05.432 分子黏性 molecular viscosity
流体内部阻碍其分子间相对流动的一种物理属性。

05.433 分子黏滞系数 molecular viscosity coefficient
表征流体分子黏性的一种常数。

05.434 混沌 chaos
非线性确定性系统中, 由于系统内部非线性相互作用而产生的一种非周期的行为。例如, 大气由热对流导致的湍流就是一种混沌现象。

05.435 数值天气预报 numerical weather prediction, NWP
以经过分析和初值化的某时刻气象观测资料为初值, 在电子计算机上用数值方法求解大气动力学和热力学方程组从而作出的天气预报。

05.436 资料同化 data assimilation
将不同时间、不同时间间隔和不同地点通过不同方式观测取得的资料, 在物理方程的约束下组合成为统一的资料系统。

05.437 傅里叶分析 Fourier analysis
用傅里叶级数和傅里叶变换来研究函数的数学方法。

05.438 快速傅里叶变换 fast Fourier transform, FFT
离散傅里叶变换的一种快速算法, 能克服时间域与频率域之间相互转换的计算障碍, 在光谱、大气波谱分析、数字信号处理等方面有广泛应用。

05.439 滤波 filtering
从一个资料序列中或从一个方程组的解中去除掉不需要的振荡分量(通常是高频分量)的过程。

05.440 细网格 fine-mesh grid
相邻格点间距较小、具有较高分辨率的网格(无严格界限, 原定小于 200 km 间距的网格, 现又有所发展)。

05.441 模式输出统计预报 model output statistic prediction, MOS prediction
根据数值预报输出的物理量场与实测的气象要素场建立统计关系的预报方法。

05.442 相当正压模式 equivalent barotropic model
在风速随高度变化而风向不变的假定下, 对简化的涡度方程进行垂直积分而得到的描写大气在某水平面上运动的模式。

05.443 准地转模式 quasi-geostrophic model
在涡度方程中, 除辐散项外其他项均采用地转近似, 以消去风变量时所构成的大气模式。

05.444 过滤模式 filtered model
滤去大气运动中的快波(如重力波, 惯性重力波等)的大气模式。

05.445 绝热模式 adiabatic model
不考虑辐射、水汽相变和湍流热传导等热量传输过程的大气模式。

05.446 辐射模式 radiation model
根据理论或经验, 定量描述辐射传输过程的数学模型。

05.447 原始方程模式 primitive equation model
用原始方程描述大气运动的模式。对大尺度运动需采用静力近似。

05.448　中尺度模式　mesoscale model
描写大气中尺度运动的数学模式。

05.449　半球模式　hemispherical model
以赤道为边界的覆盖整个半球的大气数值模式。

05.450　消转时间　spindown time
曾称"旋转减弱时间"。由于边界层摩擦作用使自由大气的流体柱的相对涡度减少到它的初始值的 $1/e(=37.8\%)$ 时所需要的时间长度。

05.451　起转时间　spinup time
由于受到力的影响（如风）使得风速或涡旋增大到稳定值的 $(e-1)/e(=63.2\%)$ 时所需要的时间长度。

05.452　尺度分析　scale analysis, scaling
根据表征某种特定类型运动的各物理量的特征值以估计大气控制方程中各项的大小，从而得到描述该类型运动的简化方程的一种方法。

05.453　量纲分析　dimensional analysis
又称"因次分析"。基于气象变量的量纲而决定它们之间可能关系的方法。此法广泛而成功地应用于大气边界层的研究中。

05.454　天气尺度　synoptic scale
低层大气的高压和低压系统的水平尺度，其典型量级约 $1\,000 \sim 3\,000$ km。

05.455　行星尺度　planetary scale
量级与地球半径相当的水平尺度。

05.456　中尺度　meso scale
水平尺度比天气尺度小但比单个积云尺度要大（$2 \sim 2\,000$ km）的尺度。

05.457　α 中尺度　meso-α scale
介于 200 km 和 $2\,000$ km 之间的水平尺度。

05.458　β 中尺度　meso-β scale
介于 20 km 和 200 km 之间的水平尺度。

05.459　γ 中尺度　meso-γ scale
介于 2 km 和 20 km 之间的水平尺度。

05.460　蒙特卡罗方法　Monte-Carlo method
用随机数字或序列解决用单纯的系统方法难以解决的数值问题的一种方法。

05.461　谱模式　spectral model
用适合于模式方程和计算区（有的适合边界条件）的正交谱函数展开，以求得和模式方程相当的以谱系数为未知数的方程的统称。

05.462　离散谱　discrete spectrum
由一系列离散数值（而不是连续数值）的成分（波长、波数或频率等）所构成的频谱。周期函数的傅里叶分析就得到一个离散谱。

05.463　离散化　discretization
将连续问题的解用一组离散要素来表征而近似求解的方法。

05.464　频散关系　dispersion relationship
波的频率和波长（数）之间的理论关系，它显示不同频率的波以不同的相速传播。

05.465　求积谱　quadrature spectrum
反映两个不同的随机序列在频率域变化上的相互关系。

05.466　可移动细网格模式　movable finemesh model
在嵌套网格模式中，最里层的细网格区随着所预报的系统移动而移动的数值预报模式。

05.467　半隐式格式　semi-implicit scheme
对方程中激发快波的线性项取隐式时间差分，而对其他项取显式时间差分以求解原始方程模式的方法。

05.468　守恒格式　conservation scheme
能保持连续大气的某些重要积分关系的差

分格式。

05.469 差分模式 finite difference model
在预报区中构造网格,用有限差分方法求解大气动力、热力学方程的模式。

05.470 柯朗 – 弗里德里希斯 – 列维条件
Courant-Friedrichs-Lewy condition
简称"CFL 条件(CFL condition)","柯朗条件(Courant condition)"。差分格式收敛的一个必要条件,指差分格式的依赖区域必须包含微分方程的依赖区域。如不满足此条件,则数值天气预报中的计算不稳定将使误差增大并最终掩盖了问题的物理解。

05.471 迎风差格式 upstream scheme
迎着风矢量,时间向前差空间向后差的差分格式。

05.472 计算不稳定 computational instability
用数值方法近似求解线性微分方程,由于差分格式或时间、空间步长选取不当,使方程的解随时间无限增长的现象。

05.473 小扰动法 perturbation method
把瞬时运动视为基本运动和叠加在其上的小扰动之和,以简化大气动力学方程组成为线性方程,以便于求解析解的方法。

05.474 气象噪声 meteorological noise
在求解数值预报原始方程组时遇到的一些不希望有的小尺度振荡。这些小尺度振荡能混淆所希望得到的大气环流的天气尺度特征。

05.475 能量串级 energy cascade
动能由较大尺度系统向较小尺度系统的逐级转移的现象。

05.476 能量密度谱 energy density spectrum
简称"能谱(energy spectrum)"。对一个包含有限总能量的非周期函数 $f(x)$ 作傅里叶变换时,其傅氏变换振幅的平方。$f(x)$ 的傅氏变换为 $F(\omega) = \dfrac{1}{2\pi}\int_{\infty}^{\infty} f(t)\,\mathrm{e}^{-\omega t}\,\mathrm{d}t$,而 $|F(\omega)^2|$ 则为能谱。

05.477 客观分析 objective analysis
对空间分布不规则的观测资料在一定约束下进行处理的分析方法。

05.478 方差分析 variance analysis
根据不同需要把某变量方差分解为不同的部分,比较它们之间的大小并用 F 检验进行显著性检验的方法。

05.479 变分客观分析 variational objective analysis
用于建立具有最大(或最小)期望(或不期望)的特征数值的大气状态估计值的一种客观分析技术,通常包括资料、背景场和动力强迫适应性的特征分析。

05.480 物理模[态] physical mode
在用三个时间层差分方法近似求解微分方程而出现的两种解中其性质接近微分方程解析解的一种解。

05.481 计算模[态] computational mode
在用三个时间层差分方法近似求解微分方程而出现的两类解中其性质和微分方程解析解完全不同的虚假解。

05.482 模式分辨率 model resolution
模式所能描述的大气运动最小尺度的能力。

05.483 技巧[评]分 skill score
把某一组预报的精度与另一组以某种特殊方法所作相应预报的精度比较时所用的指标。

05.484 次网格尺度过程 subgrid-scale process
一些运动尺度接近或小于数值模式的网格距,或者在谱方法中小于截断的最短波长,因此无法在模式中被充分描述,这些运动过程就被称为次网格尺度过程。

05.485 次网格[尺度]参数化 subgrid scale parameterization
用大尺度变量描述和处理小于网格距尺度（即次网格尺度）运动对大尺度运动的统计效应的方法。

05.486 正规模[态]初值化 normal mode initialization
用模式的正规模展开初始分析值，对高频重力波模进行迭代修正，保留其他模而得到与原始方程模式协调的初始场的方法。

05.487 初值化 initialization
用大气观测值确定数值预报模式中变量的一组相互一致的初始值。

05.488 内积 inner product
（1）平面或空间中的两个向量的内积。
（2）n 维向量的内积。

05.489 动力初值化 dynamic initialization
通过模式方程利用初始分析值在初始时刻附近反复做向前、向后时间积分，使风场和气压场相互适应，从而获得与原始方程模式协调的初始场的方法。

05.490 静力初值化 static initialization
对初始时刻的风、压场按某种平衡关系进行调整或进行快慢波分解协调，从而为原始方程模式获得协调的初始场的方法。

05.491 四维资料同化 four-dimensional data assimilation
将非常规时刻观测资料及时引入数值模式的初始场和预报初估场，组成一种数值天气分析-预报系统，使分析和预报初估场同时进行并不断得到更新，得出连续的天气分析和预报图。

05.492 截断误差 truncation error
又称"舍入误差（round-off error）"。在近似

计算中，取收敛级数的前有限项而舍其后项，或以离散量近似代替连续量而引起的误差。

05.493 刚体边界条件 rigid boundary condition
侧边界为刚体，即侧边界的法向风速分量为零，切向摩擦系数为零的条件。

05.494 运动学边界条件 kinematic boundary condition
从运动学角度提出的边界条件。

05.495 海绵边界条件 spongy boundary condition
有一定宽度的缓冲带，以减小侧边界对大气中波动的反射作用而假定的边界条件。

05.496 初估值 first guess
一种用于客观分析中，在网格点上预估的分析值。如设为同时间的预报值等。

05.497 初始条件 initial condition
在微分方程中，未知函数在初始时刻所需满足的条件。

05.498 时间平滑 time smoothing
用某时刻及其前后若干时刻的值进行加权平均，所得值作为该时刻的替代值以滤去小扰动的方法。

05.499 空间平滑 space smoothing
用空间某点及其周围若干点的值进行加权平均，所得值作为该点的替代值以滤去小扰动的方法。

05.500 自动资料处理 automatic data processing
由计算机自动完成对气象资料检索、译码、检错、分类、整理和存储的过程。

05.501 结构函数 structure function
描写气象要素场统计结构特征的函数。如其观测值与初估值之间的自相关函数和交

又相关函数等。

05.502 经验正交函数 empirical orthogonal function，EOF
气象学中常使用在气象要素场的分解或展开上的一种随资料组成而变化的特殊函数，它的特点是展开式收敛快，能以少数几项逼近变量场的状态。

05.503 正交函数 orthogonal functions
指两个实值函数 f 和 g，如果它们的内积为零，则 f 和 g 互为正交函数。

05.504 分离显式格式 split-explicit scheme
对模式方程按快、慢过程或不同坐标方向分解，并进行差分所形成的几个显式差分方程组。

05.505 人造[站]资料 bogus data
气象人员利用卫星云图等非常规资料，根据经验估计出的无测站地区的气象要素资料。

05.506 静力检查 hydrostatic check
用静力方程沿垂直方向逐层对位势高度（或气温）值进行计算，按资料和计算值之差判断资料是否可用的一种方法。

05.507 差分格式 difference scheme
用差商代替微商，从而把微分方程转化为差分方程的格式。

05.508 显式差分格式 explicit difference scheme
差分方法中可逐层逐点分别求解的格式，是一种有限差分近似方法。

05.509 向前差分 forward difference
数值预报模式中的时间外推法，它能完全根据当前时步的值得到下一时步的值，而无需使用过去时步的值。

05.510 交错网格 staggered grid
又称"跳点网格"。不同因变量交错分布在不同网格点上的网格。

05.511 交错格式 stagger scheme
又称"跳点格式"。根据交错网格中计算变量的分布而设计的差分格式。

05.512 套网格 nested grid
在以粗网格距构造的网格内再嵌套上以细网格距构造的网格的复合网格。

05.513 张弛法 relaxation method
在适当的边界条件下，通过系统性地依次减小每个格点上的误差来求解椭圆型偏微分方程的有限差分近似的一种迭代技术。

05.514 假谱方法 pseudospectral method
用已知正交谱函数级数展开微分问题中的函数，使问题在计算点上被满足以求解该问题的方法。

05.515 逐步订正法 successive correction analysis
以反比于网格点和测站间距离的平方为权重，在某范围内求各站初估值和观测值之差的加权平均作为该点的初估值的订正，再逐步缩小范围求新的订正的分析方法。

05.516 最优插值法 optimum interpolation method
在均方根误差最小约束下进行插值的方法。

05.517 插值法 interpolation
由已知的离散因变量的值来估计未知的中间插值的方法。

05.518 统计插值法 statistical interpolation method
根据气象要素的统计结构和相关性决定权函数，再用加权平均进行插值的方法。

05.519 复相关 multiple correlation
因变量和两个以上自变量之间的相关关系。

05.520 复相关系数 multiple correlation coefficient

在多元回归分析中,衡量某一变量与由多个变量线形组合后,对该变量作估计的变量之间线形关系密切程度的量,或表征由多个变量作某一变量的回归时的回归方差与该变量的方差的比例。

05.521　人机结合天气预报 man-machine weather forecast

利用电子计算机在终端显示的信息或加工产品,由预报员根据天气学理论和经验进行修正而做出的预报。

05.522　人机结合 man-machine mix

主观方法(人)和计算机技术的结合。

05.523　有限区模式 limited area model, LAM

又称"区域模式(regional model)"。小于半球范围的有限区域数值天气预报模式。

05.524　有限区细网格模式 limited area fine-mesh model, LFM

用细网格构造的有限区模式。

05.525　统计动力预报 statistical-dynamic prediction

用统计学和动力学相结合的方法制作的预报。

05.526　诊断分析 diagnostic analysis

利用不含时间微商,联系两个以上气象要素的动力关系或方程进行的分析。

05.527　大气强迫 atmospheric forcing

大气中各种要素作为天气现象强迫振动外源所起的作用。

05.528　诊断方程 diagnostic equation

泛指无时间导数的描述物理量之间某种平衡关系的方程,是诊断分析的重要工具。常用的有平衡方程、静力方程等。

05.529　诊断模式 diagnostic model

从动力方程中推导出来的适合于在计算机上使用的一种近似方程(通常消去了时间导数)。使用这样一种模式可以把难以观测到的气象变量从其他变量的观测结果中计算出来,或者把预报模式中难以作显式计算的量从那些能作显式计算的量中推导出来。

05.530　判别分析 discriminant analysis

又称"分类分析(classification analysis)"。在已知总体数目的情况下,判断某次抽样个体来自哪一个总体的统计方法。气象学中常用此法对预报量(如有无降水出现)做判别预报。

05.531　决策分析 decision analysis

从若干可能的方案中按一定标准选择其一的决策过程的定量分析方法。

05.532　决策树[形图] decision tree

由决策结点、方案枝、客观状态结点、概率枝、损益值几部分组成的树形图。它把一系列具有风险性的抉择环节联系成一个统一的整体,可以统观全局、取优舍劣,是决策分析的有效工具。

05.533　数值模拟 numerical simulation

用合适的大气模式作时间积分,以模拟大气运动发展和演变的数值试验。

05.534　动力相似 dynamic similarity

又称"流体力学相似"。模型流场与原型流场遵循相同的动力学方程组,且两者的动力学变量成同一比例常数。

05.535　数值积分 numerical integration

仅用常规的数学运算来求解一个或一组预报方程的方法,通常在计算机上进行。

05.536　数值实验 numerical experiment

用数值模拟方法实验性地研究大气中的各种过程。

05.537　地图[放大]因子 map factor, scale

factor

地图上的投影距离与相应球面上距离之比。

05.538 地图投影 map projection
根据一定的数学法则,将地球表面上的经纬
线网相应地转绘成平面上经纬线网的方法。

05.539 大气环流模式 general circulation model, GCM
描写大气环流演变过程和性状的大气模式。
一般含有对其有重要影响的辐射、凝结加
热、地形、海—气或地—气热量交换和边界
层作用等。

05.540 正压模式 barotropic model
在实际大气可以简化地看成是正压的情况
下,用某一等压面的运动或有白由面的浅水
方程描述整层大气的模式。

05.541 斜压模式 baroclinic model
又称"多层模式(multilevel model)"。能描
述斜压大气的基本动力和热力结构及物理
性状的大气模式。

05.542 原始方程 primitive equation
未经简化的运动方程、热力学方程、连续方
程、状态方程和水汽方程等。也指其变形形
式或其在静力近似下的形式。

05.543 控制方程 governing equation
描述模式大气运动和性状变化的方程组。

05.544 正温[大气]模式 thermotropic model
将大气斜压性作用简化为风速随高度变化
的大气模式。

06．天　气　学

06.001 天气 weather
某一时间某一地区以各种气象要素所确定
的大气状况。

06.002 天气学 synoptic meteorology
大气科学中研究各种天气现象发生发展的
规律,以及应用这些规律来制作天气预报的
学科。

06.003 灾害性天气 severe weather
对人类具有潜在的破坏和危险的大气状况。

06.004 天气图 synoptic chart
填绘有气象状况和气象要素的数值、符号、
等值线等,用以分析和研究大气状况和特征
的综观图。

06.005 气象电码 meteorological code
为便于传输气象信息所规定的专用电码。

06.006 天气符号 weather symbol
表示各种天气现象、云状、天空状况、气压倾

向等的专用符号。

06.007 填图符号 plotting symbol
天气图上表示观测的各种气象要素的常规
符号。

06.008 风速羽 barb
天气图上风矢杆尾端表示风速值的羽状符
号。

06.009 风矢杆 wind shaft
天气图上止于站圈,尾端指风来向的短直
线。

06.010 风三角 pennant
风矢杆上的三角符号,每个代表50n mail/
h。

06.011 风矢 wind arrow
风矢杆和风速羽的总称。

06.012 站圈 station circle
天气图上表示气象站位置的小圆圈。

06.013 区站号 station index number
用于识别气象台站而使用的一组 5 位数字码,其中前两位数字表示台站所在的区域号,后三位数字表示台站号。

06.014 站址 station location
气象站所在的地理坐标位置。

06.015 天气报告 synoptic report
(1)关于全球或某个地区出现的天气形势和天气情况的综合信息。(2)气象站天气实况报告,在统一规定时刻进行观测并将结果按照统一电码型式向气象中心编发的地面天气报告。

06.016 现在天气 present weather
气象站观测时前 1 小时内出现的天气特征。

06.017 过去天气 past weather
气象站观测时前 1 小时到上次规定观测的时间内出现的天气特征。

06.018 高空[天气]图 upper air chart
表示高空等压面上或大气的一定层次气象状况和要素分布的天气图。

06.019 高空分析 upper-air analysis
对高空图上所表示的一个区域上的大气温压状况和运动特点进行研究的一种天气学分析方法。

06.020 地面[天气]图 surface chart
表示地面观测到的气象状况和要素分布的天气图。

06.021 地面预报图 surface forecast chart
在某一给定时间对地面天气形势所作的预报图。

06.022 垂直剖面图 vertical cross section
描述沿一特定水平基线的垂直剖面上气象要素空间分布的一种辅助天气图。

06.023 剖面图 cross-section diagram
用于分析气象要素垂直分布和大气热力、动力结构的图,是天气图的辅助图之一。

06.024 剖面 cross-section
三维实体的二维代表性图像。通常是垂直于实体主轴的截面,或通过实性中心的截面。

06.025 传真天气图 facsimile weather chart
以传真方式传送的天气图。

06.026 等压面 isobaric surface
空间各点气压都相等的面。

06.027 标准等压面 standard isobaric surface, mandatory level
高空分析中,国际规定的一系列等压面层次。

06.028 城市气候学 urban climatology
研究城市下垫面以及人类活动的影响而形成局地气候特征的一门学科。

06.029 等压面图 contour chart
绘有规定等压面的等高线的天气图。

06.030 等压面坡度 slope of an isobaric surface
沿等压面在垂直于等高线方向测到的单位距离的等压面高度变化。

06.031 雨量图 rainfall chart
又称"降水量图(precipitation chart)"。用某时段等雨量线表示某地区降水量的分布图。

06.032 雨带 rainband
与大面积降水区相联系的狭长的云和降水的集合结构。

06.033 流线图 streamline chart
以流线表示某一地区水平流场的图。

06.034 时间剖面图 time cross-section
表示测站上空气象要素和天气系统随时间演变的一种时空剖面图。

06.035 点聚图 scatter diagram
曾称"散布图"。表示两个或多个气象变量之间相互关系的一种图解。

06.036 直方图 histogram
将一个变量的不同等级的相对频数用矩形块标绘的图表（每一矩形的面积对应于频数）。

06.037 列线图 nomograms
一种专用图,其用途是在其他相关变量已知时给出一个变量的数值。

06.038 等值线 isoline
在一定参考面上气象要素数值相等各点的连线。

06.039 等温线 isotherm
在一定参考面上气温值相等各点的连线。

06.040 柯本 – 苏潘等温线 Köppen-Supan line
具有最热月平均气温为 10℃ 的各地的连接线,此等温线被采用为苔原气候和森林气候的分隔带。

06.041 等露点线 isodrosotherm
在一定参考面上露点值相等各点的连线。

06.042 等变温线 isallotherm
在一定参考面上给定时段内气温变化值相等各点的连线。

06.043 等压线 isobar
海平面气压相等各点的连线。

06.044 地形等压线 topographic isobar
用以表征冷空气在山脉一侧堆积时的气压特殊分布的等压线,常绘制成锯齿状。

06.045 地形雪线 orographic snowline
夏季由于地形因素而存在着孤立雪堆的最低高度。

06.046 V 形等压线 V-shaped isobar
天气图上呈 V 形的等压线,其尖端指向高压一侧。

06.047 等变压线 isallobar
在一定参考面上给定时段内气压变化值相等各点的连线。

06.048 高空风分析图 hodograph
将单站测得的高空风资料用风矢量形式填在极坐标图上绘成的矢端连线图。

06.049 等高线 contour line
给定等压面上位势高度值相等各点的连线。

06.050 等变高线 isallohypse
给定时段内等压面上位势高度变化值相等各点的连线。

06.051 等厚度线 isopleth of thickness
大气中两等压面间厚度值相等各点的连线。

06.052 厚度线 thickness line
厚度图上相等厚度的点的连线。

06.053 等风速线 isotach
在一定参考面上风速值相等各点的连线。

06.054 风向突变线 wind-shift line
风场中风向突然发生变化处的连线。

06.055 等风向线 isogon
在一定参考面上风向相同各点的连线。

06.056 等距平线 isanomaly
在一定参考面上给定时段内某气象要素距平值相等各点的连线。

06.057 等湿度线 isohume
在一定参考面上湿度值相等各点的连线。

06.058 湿绝热线 moist adiabat
热力图上湿球位温的等值线。

06.059 湿度廓线 moisture profile
某地湿度随高度变化的曲线。

06.060　等雨量线　isohyet
给定时段内降水量相等各点的连线。

06.061　切变线　shear line
风场中的一条不连续线，两侧的风矢量平行于该线的分量有突变。

06.062　飑线　squall line
呈线状排列的中尺度雷暴群体。

06.063　辐合线　convergence line
水平流场上，气流汇合时的风向或风速不连续线。

06.064　不稳定线　instability line
非锋面的对流活动线或带。

06.065　气压倾向　pressure tendency
某站 3 小时(热带区为 24 小时)气压变化的特征和数量。

06.066　正变压线　anallobar
水平面上给定时段内气压增高值相等各点的连线。

06.067　负变压线　katallobar
水平面上给定时段内气压降低值相等各点的连线。

06.068　气压变量　pressure variation
给定时段(一般为 3 小时或 24 小时)内气压变化的量值。

06.069　气压场　pressure field
气压的空间分布状况。

06.070　风场　wind field
风向量的空间分布状况。

06.071　变压场　allobaric field
气压变化值的空间分布状况。

06.072　正变压中心　anallobaric center
变压场中正变压区绝对值最大之所在。

06.073　负变压中心　katallobaric center
变压场中负变压区绝对值最大之所在。

06.074　湿度场　humidity field
湿度的空间分布状况。

06.075　湿舌　wet tongue
湿度场上等比湿线向较干的区域伸展的舌状相对潮湿带。

06.076　干舌　dry tongue
湿度场上等比湿线向湿度较高区域伸展的舌状相对干燥带。

06.077　干线　dry line
又称"露点锋(dew-point front)"。大气下层，水平露点梯度显著较大但非锋的狭长带。

06.078　温度场　temperature field
温度的空间分布状况。

06.079　冷舌　cold tongue
温度场上北(南)半球高空天气图上向偏南(北)方向伸展的舌状温度槽。

06.080　暖舌　warm tongue
温度场上北(南)半球高空天气图上向偏北(南)方向伸展的舌状温度脊。

06.081　气压系统　pressure system
在天气图上，以等压线表示的高、低气压或脊、槽系统。

06.082　浅低压　shallow low
水平气压梯度微弱的低压。

06.083　低[气]压　low [pressure], depression
水平气压场上气压比四周低的区域。

06.084　降水季节特征　precipitation regime
在特定地区降水分布的季节特征。

06.085　低压路径　track of a depression

一个低压在其生命史期间移动的轨迹。

06.086 低压加深 deepening of a depression
低压中心气压降低的过程。

06.087 低压填塞 filling of a depression
低压中心气压上升的过程。

06.088 冷低压 cold low
又称"冷性气旋（cold cyclone）"。水平温、压场上中心温度低于四周的低压。

06.089 气压涌升线 pressure surge line
与雷暴、胞或阵风锋过境有关的气压的突然变化，通常为气压上升时在气压自记曲线上表现为自记线陡升的线。

06.090 气压波 pressure wave
(1)气压的短周期振荡，例如那些与声波或冲击波通过大气有关的波动。(2)在特定地点气压的准周期振荡，而不是气压的日变化或季节变化。

06.091 雷暴日 thunderstorm day
测站闻雷的日子。

06.092 暖低压 warm low
又称"暖性气旋（warm cyclone）"。水平温压场上中心温度高于四周的低压。

06.093 中尺度低压 mesoscale low
水平尺度在 20~200 km 间的低压。

06.094 地面槽 surface trough
海平面气压值相对较低的狭长区域。

06.095 热低压 thermal low
地面加热形成的低压。

06.096 切断低压 cut-off low
向低纬方向移动而脱离基本西风气流的冷低压。

06.097 切断高压 cut-off high
由高压脊生成的暖性反气旋，它移出中纬度

基本西风气流带，位于西风气流带向极地的一侧，通常这类高压也是阻塞高压。

06.098 地形低压 orographic depression
又称"动力[性]低压（dynamic low）"，"背风坡低压（lee depression）"。由于地形动力作用在背风坡形成的低压。

06.099 低压槽 trough
在水平气压场中，等压线向气压较高一方伸出的槽状部分。

06.100 高空槽 upper-level trough
高空存在的一种气压槽，常指那些在高空要比在地面附近更明显的气压槽。

06.101 V 形低压 V-shaped depression
在天气图上等压线（或等高线）呈 V 形处所出现的低压。V 形的尖端从低压中心向外指并位于一个显著的低压槽上。

06.102 槽线 trough line
低压槽中等压线或等高线气旋性曲率最大各点的连线。

06.103 倒槽 inverted trough
地面天气图上等压线呈倒"V"型分布的低压槽。

06.104 冷槽 cold trough
与温度槽相结合的低压槽。

06.105 前倾槽 forward-tilting trough
对流层中，高空槽线位于低空槽线之前的槽。

06.106 后倾槽 backward-tilting trough
对流层中，高空槽线位于低空槽线之后的槽。

06.107 地形槽 topographic trough
又称"背风槽（lee trough）"。由于地形动力作用在背风坡形成的低槽。

06.108 锚槽 anchored trough

经常在某些地区驻留少动的高空槽。

06.109 季风槽 monsoon trough
夏季季风期间出现于印度半岛到南海上空的低槽。

06.110 西风槽 westerly trough
中纬度西风带中的低槽。

06.111 长波槽 long-wave trough
对流层中、上部西风带中波长约为 5 000 ~ 10 000 km 的低槽。

06.112 东亚大槽 East Asia major trough
冬季位于亚洲大陆东岸附近的中纬度西风大槽。

06.113 热带对流层高空槽 tropical upper-tropospheric trough
又称"洋中槽"。暖季形成于北太平洋中部和北大西洋中部热带地区上空的对流层上部的低压斜槽。

06.114 气旋 cyclone
大气流场中在北（南）半球呈反（顺）时针方向旋转的大型涡旋，在气压场上表现为低气压。

06.115 气旋的辐散理论 divengence theory of cyclones
关于气旋发展的一种假说，它认为大气上层的辐散遵循质量连续性原理将导致大气低层的辐合，后者通过地转适应过程发展了气旋性环流。

06.116 高空气旋 upper-level cyclone
在高空（特别是在高空等压面图上）的一种气旋性环流，常指那些与低层大气中较小的气旋性环流相联系的气旋。

06.117 气旋性环流 cyclonic circulation
大气流场中北（南）半球呈反（顺）时针方向的环行运动。

06.118 气旋性曲率 cyclonic curvature
水平面上空气微团运动的流线和轨迹，在北（南）半球呈反（顺）时针方向弯曲的程度。

06.119 气旋性切变 cyclonic shear
与风矢量相垂直的水平方向上的一种风速变化形式。在北半球背风而立风速从左向右增大；在南半球背风而立风速从右向左增大。

06.120 温带气旋 extratropical cyclone
中纬度西风带锋区上形成的天气尺度气旋。

06.121 次生气旋 secondary cyclone
又称"副气旋"。气旋外围低槽中新生的气旋。

06.122 气旋波 cyclonic wave
又称"锋面波动（frontal wave）"。中纬度地面锋上引发的新生气旋波动。

06.123 气旋族 cyclone family
同一锋区上先后形成的一系列气旋。

06.124 锢囚气旋 occluded cyclone
伴有锢囚锋的气旋。

06.125 气旋生成 cyclogenesis
气旋性环流发生或加强的过程。

06.126 气旋生成的波动理论 wave theory of cyclogenesis
以两种流体界面上波的形成原理为基础的低压发展理论。

06.127 气旋消散 cyclolysis
气旋性环流减弱或消散的过程。

06.128 低压再生 regeneration of a depression
已经被填塞的低压再度加深的过程。

06.129 低涡 vortex
高空天气图上的气旋性涡旋。

06.130 冷涡 cold vortex
中心温度低于同高度四周的低涡。

06.131 暖涡 warm vortex
中心温度高于同高度四周的低涡。

06.132 天气型 synoptic type
从大范围天气形势中归纳出来的在某一区域重复出现的大气环流形势。

06.133 永久性低压 permanent depression
在海平面气压图上一定地区内全年经常出现的低压,因而在年平均气压图上也表现为低压。

06.134 半永久性低压 semi-permanent depression
在月平均气压图上低压出现半年以上的区域。

06.135 次生低压 secondary depression
与另一个更重要或更老的低压(主低压)相连接的低压。

06.136 阿留申低压 Aleutian low
冬半年中心出现在阿留申群岛附近的半永久性的低压。

06.137 冰岛低压 Icelandic low
中心出现于冰岛附近的半永久性低压。

06.138 江淮气旋 Changjiang-Huaihe cyclone
发生在长江中下游和淮河流域的锋面气旋。

06.139 江淮切变线 Changjiang-Huaihe shear line
出现在长江中下游和淮河流域对流层下部的气旋性切变线。

06.140 南海低压 South China Sea depression
南海地区形成的风力不超过6级的热带低压系统。

06.141 蒙古低压 Mongolian low
又称"蒙古气旋(Mongolian cyclone)"。中心出现在蒙古高原中、东部的低压。

06.142 东北低压 Northeast China low
中心出现于中国东北地区的锋面气旋。

06.143 对流层中层气旋 mid-tropospheric cyclone
又称"副热带气旋(subtropical cyclone)"。出现在纬度15°~35°间对流层中层气旋性涡旋,在500~700 hPa最为明显。

06.144 科纳气旋 kona cyclone
又称"科纳风暴"。夏威夷地区的副热带气旋。

06.145 对流层顶漏斗 tropopause funnel
在某些深厚低压上空的对流层顶上形成的漏斗状或碗状变形大气结构。

06.146 对流层顶波动 tropopause wave
在对流层顶上形成的诱生波动,可能与气旋性活动的空气运动有关。

06.147 西南[低]涡 Southwest China vortex
形成于四川西部对流层中下部的气旋性涡旋。

06.148 高[气]压 high [pressure]
水平气压场上气压比四周高的区域。

06.149 冷高压 cold high
又称"冷性反气旋(cold anticyclone)"。水平温、压场上中心温度低于四周的高压。

06.150 暖高压 warm high
又称"暖性反气旋(warm anticyclone)"。水平温、压场上中心温度高于四周的高压。

06.151 热成高压 thermal high
因冷的下垫面使空气冷却而产生的在下垫面上几乎维持不动的反气旋。

06.152 高压脊 ridge

水平气压场上等压线向气压较低一方突出的脊状部分。

06.153 热成低压 thermal low
因低层加热,等压面抬升,高空大气辐散而造成的地表附近的大气低压区。

06.154 高空脊 upper-level ridge
高空存在的一种气压脊,特别是指那种在高空要比在地面附近更强的气压脊。

06.155 脊线 ridge line
高压脊中等压线或等高线反气旋性曲率最大各点的连线。

06.156 暖脊 warm ridge
与温度脊相结合的高压脊。

06.157 鞍形气压场 col pressure field
两个高压(脊)和两个低压(槽)交错排列组成的马鞍形区域。

06.158 高压坝 high pressure barrier
鞍形气压场中因气压升高,两侧高压打通而形成的高压带。

06.159 变形场 deformation field
有相交的压缩轴和膨胀轴的大气流场。

06.160 反气旋 anticyclone
在北(南)半球呈顺(反)时针方向旋转的大气涡旋。在气压场上表现为高气压。

06.161 反气旋环流 anticyclonic circulation
在大气流场中北(南)半球顺(反)时针方向的环行运动。

06.162 反气旋[性]曲率 anticyclonic curvature
水平面上空气微团运动的流线或轨迹在北(南)半球呈顺(反)时针方向弯曲的程度。

06.163 反气旋[性]切变 anticyclonic shear
与风矢量相垂直的水平方向上的一种风速空间变化。在北半球背风而立风速从左向

右减小;在南半球背风而立风速从右向左减小。

06.164 反气旋生成 anticyclogenesis
反气旋环流形成或加强的过程。

06.165 反气旋消散 anticyclolysis
反气旋环流减弱或消散的过程。

06.166 永久性高压 permanent high
在海平面气压图上一定地区内全年经常出现的高压,因而在年平均气压图上也表现为高压。

06.167 永久性反气旋 permanent anticyclone
在特定区域内全年高气压基本上占优势,因而在年平均气压图上有反气旋出现的地区。

06.168 半永久性高压 semi-permanent high
在海平面气压图上一定地区内在冬半年或夏半年经常出现并持续存在的高压。

06.169 副热带高压 subtropical high
又称"副热带反气旋(subtropical anticyclone)"。中心位于副热带地区的高压系统。地理学中称亚热带高压。

06.170 西伯利亚高压 Siberian high
冬半年中心位于西伯利亚地区的冷性高压。

06.171 南亚高压 South Asia high
夏季中心位于青藏高原及其附近地区对流层上部的高压。

06.172 阻塞高压 blocking high
在西风带上发展形成的缓慢移动或呈准静止状态的闭合高压。造成西风带分支,对天气系统的移动有阻碍作用。

06.173 阻塞形势 blocking situation
西风带中出现阻塞高压时的温压场形势。

06.174 乌拉尔山阻塞高压 Ural blocking high

中心常稳定于乌拉尔山地区的阻塞高压。

06.175 鄂霍次克海高压 Okhotsk high
中心常稳定于鄂霍次克海地区的高空暖高压。

06.176 雷暴高压 thunderstorm high
雷暴单体成熟阶段在地面形成的浅薄的冷空气堆。

06.177 雷暴活动源地 source of thunderstorm activity
雷暴发生频率比附近地区更为频繁的区域。

06.178 雷暴泄流 thunderstorm outflow
当雷暴中一股通常是冷性的下沉气流到达地面并向外扩散时所造成的空气由雷暴体向外的流动。

06.179 雷暴湍流 thunderstorm turbulence
在雷暴云内或雷暴云周围的湍流,通常很强。

06.180 雷雨云系 thundery cloud system
通常与低压无关,其形成主要是由于对流和不稳定性作用的一种云系。

06.181 太平洋高压 Pacific high
中心位于南、北太平洋副热带地区上空的高压系统。

06.182 亚速尔高压 Azores high
中心位于北大西洋亚速尔群岛附近的副热带高压。

06.183 偶极反气旋 dipole anticyclone
赤道南北两侧对称出现的反气旋,经常出现在厄尔尼诺盛期,赤道东太平洋 200 hPa 上空。

06.184 气团 air mass
水平方向上温度、湿度等物理属性的分布大致均匀的大范围空气。

06.185 稳定气团 stable air mass

在较低各层呈静力稳定的气团,其湿度直减率小于湿绝热直减率。

06.186 气团分析 air-mass analysis
对气团物理属性及其发展、演变进行的分析。

06.187 气团源地 air-mass source
能使大块空气获得均匀属性的广阔地区。

06.188 气团分类 air-mass classification
按照源地和属性对气团进行分类和定名。

06.189 气候形成分类法 genetic classification of climate
按照气候形成的条件,特别是按照大气环流进行的气候分类。

06.190 气团属性 air-mass property
气团所具有温度、湿度和层结稳定度等物理属性。

06.191 气团变性 air-mass transformation
由于热力或动力过程使气团属性逐步改变的现象。

06.192 气团保守性 conservative property of air mass
气团的某些物理属性(如位温、相当位温和比湿等)具有随时间变化很小或不变的特性。

06.193 变性气团 transformed air mass
移出源地后,由于下垫面的变化逐渐改变了原有物理属性的气团。

06.194 暖气团 warm air mass
比下垫面温度相对较高的气团,或比锋面两侧温度相对较高的气团。

06.195 冷气团 cold air mass
比下垫面温度相对较低的气团,或比锋面两侧温度相对较低的气团。

06.196 北极气团 arctic air mass

在北极圈内形成的气团。

06.197 极地气团 polar air mass
在高纬度地区形成的气团。

06.198 极地大陆空气 polar continental air
形成于中、高纬度大陆上的空气。

06.199 高空反气旋 upper-level anticyclone
在高空的一种反气旋性环流,常指那些在高空要比地面或地面附近明显得多的反气旋性环流。

06.200 热带气团 tropical air mass
在热带和副热带地区形成的气团。

06.201 赤道气团 equatorial air mass
赤道附近洋面上形成的气团。

06.202 大陆气团 continental air mass
大面积陆地上形成的气团。

06.203 海洋气团 maritime air mass
广大海洋面上形成的气团。

06.204 热带海洋气团 tropical marine air mass
在热带和副热带海洋上形成的气团。

06.205 锋面 frontal surface
两个不同性质气团间的倾斜界面。

06.206 锋区 frontal zone
两气团间的狭窄过渡区,在等压面图上表现为等温线密集区。

06.207 锋[线] front
锋面与地面的交线。

06.208 锋面坡度 frontal slope
锋面倾斜的程度,用锋面与地面交角的正切表示。

06.209 暖锋 warm front
暖空气前移取代冷空气位置时的锋。

06.210 冷锋 cold front
冷空气前移取代暖空气位置时的锋。

06.211 锢囚锋 occluded front
冷锋赶上暖锋而叠置时的地面锋。

06.212 后曲锢囚 back-bent occlusion, bent-back occlusion
在原锢囚锋低压后部象限所形成的一种锢囚。

06.213 锢囚点 point of occlusion
地面图上气旋中锢囚锋、冷锋、暖锋三者的交点。

06.214 冷性锢囚锋 cold occluded front
锋后冷空气冷于锋前冷空气的一种锢囚锋。

06.215 暖性锢囚锋 warm occluded front
锋后冷空气暖于锋前冷空气的一种锢囚锋。

06.216 中性锢囚锋 neutral occluded front
锋两侧的冷空气无显著温差的锢囚锋。

06.217 快行冷锋 rapidly moving cold front
又称"第二型冷锋"。移动较快的冷锋。

06.218 慢行冷锋 slowly moving cold front
又称"第一型冷锋"。移动较慢的冷锋。

06.219 长期气候趋势 secular trend in climate
对于通过相当长的时期观测到的气候要素值,在消除了较短的变化周期之后的气候变化倾向。

06.220 热引导 thermal steering
大气扰动在其临近的热成风方向上所受到的引导作用。

06.221 上滑锋 anabatic front
暖空气沿着界面相对做上滑运动的一种锋。

06.222 下滑锋 katabatic cold front
暖空气沿着界面相对做下滑运动的一种锋。

06.223 主锋 principal front
源地不同的两个气团之间的锋。

06.224 副锋 secondary front
同一气团内两部分之间由于热力特性的差异而形成的锋。

06.225 副冷锋 secondary cold front
冷锋后冷气团内部形成的锋。

06.226 干冷锋 dry cold front
无(或少)云、雨伴随的冷锋。

06.227 静止锋 stationary front
又称"准静止锋(quasi-stationary front)"。位置静止或少动的锋。

06.228 锋生 frontogenesis
锋或锋区水平温度梯度形成或加强的过程。

06.229 锋生函数 function of frontogenesis
表征水平运动、垂直运动、非绝热变化和摩擦诸因素对锋生作用的物理量。

06.230 锋消 frontolysis
锋或锋区水平温度梯度减弱或消失的过程。

06.231 地形锋生 orographic frontogenesis
因地形作用使锋新生或锋区加强的过程。

06.232 极锋 polar front
极地气团与热带气团之间形成的锋。

06.233 极锋理论 polar front theory
又称"极锋学说"。卑尔根学派(1918)根据极地气团与热带气团的相互作用以及分隔这两种气团的连续面的特征来描述温带低压的形成和发展的一种理论。

06.234 北极锋 arctic front
北极气团与极地气团之间形成的锋。

06.235 南极锋 antarctic front
南极气团与极地气团之间形成的锋。

06.236 地面锋 surface front
伸展高度离地不到 1.5 km 的锋。

06.237 高空锋 upper front
地面以上但不及地的锋。

06.238 信风锋 trade-wind front
常在暖季新爆发的海洋信风和来自大陆的暖空气之间形成的锋。

06.239 曳式锋 trailing front
沿其上可能发展气旋族的具有大的纬度范围的冷锋。

06.240 锋面分析 frontal analysis
根据气象要素分布及其变化特征对锋的存在、属性和强度及其发展等所作的分析。

06.241 锋面过境 frontal passage
锋面经过某地,此时地面气象要素发生急剧变化。

06.242 暖区 warm sector
在锋面气旋中地面冷锋和暖锋之间的扇形暖空气区。

06.243 锋面天气 frontal weather
与锋面活动相伴随的天气。

06.244 暖锋云系 warm front cloud system
与暖锋活动相伴随的云系。

06.245 冷锋云系 cold front cloud system
与冷锋活动相伴随的云系。

06.246 锋面降水 frontal precipitation
锋面活动产生的降水。

06.247 地形锢囚锋 orographic occluded front
冷锋移动中受山脉阻挡,其两端绕山相向而行形成的锢囚锋。

06.248 华北锢囚锋 North China occluded front

两个冷锋相向而行在华北地区形成的锢囚锋。

06.249　地形静止锋　orographic stationary front
冷锋行进中受地形阻挡而形成的静止锋。

06.250　华南准静止锋　South China quasi-stationary front
冬半年冷锋南下在华南形成的静止锋。

06.251　昆明准静止锋　Kunming quasi-stationary front
冬半年形成于中国云贵高原东侧的静止锋。

06.252　天山准静止锋　Tianshan quasi-stationary front
冷锋受天山山脉阻挡而形成的静止锋。

06.253　海风锋　sea breeze front
海风从海面向陆地推进的过程中遇到陆地上较热的空气层而形成的锋面。

06.254　天气分析　synoptic analysis
对天气图上各种气象要素的分布状况及其演变进行分析研究的过程。

06.255　云[层]分析　nephanalysis
在地图上对所分析的云资料进行图解描述。

06.256　天气形势　synoptic situation
天气图上温压场等配置所显示的大气综合状况。

06.257　天气过程　synoptic process
天气系统及其相伴天气的发生、发展和消失的全部历程。

06.258　天气系统　synoptic system
伴随一定天气的大气运动形式,诸如气旋、反气旋、锋面、切变线等的统称。

06.259　行星尺度系统　planetary scale system
水平尺度与地球半径同量级(3 000～10 000

km),时间尺度为 3 天以上的天气系统。

06.260　天气尺度系统　synoptic scale system
水平尺度为 1 000～3 000 km,时间尺度为 1 到 3 天的天气系统。

06.261　大尺度天气[过程]　large scale weather [process]
水平尺度约 1 000 km 以上的天气系统及相伴天气的发生、发展和消失的全部历程。

06.262　次天气尺度系统　subsynoptic scale system
又称"中间尺度天气系统"。水平尺度约为 200～2 000 km,时间尺度为 10 小时到 1 天的天气系统。

06.263　中尺度系统　mesoscale system
水平尺度为 10～300 km,时间尺度为 1 到 10 小时的天气系统。

06.264　小尺度系统　microscale system
水平尺度在 2～20 km,时间尺度为 10 分钟到 3 小时的天气系统。

06.265　环流型　circulation pattern
在规定地区根据波动的波数、振幅、位置等特点而划分的大气环流类型。

06.266　高空急流　upper-level jet stream
对流层顶附近出现的急流。

06.267　低空急流　low-level jet stream
对流层低层(850 hPa 附近)出现的急流。

06.268　边界层急流　boundary layer jet stream
大气边界层内出现的急流。

06.269　地形[障碍]急流　barrier jet
山脉障碍向风面上的急流平行于障碍面流动。

06.270　寒潮　cold wave
冬半年引起大范围强烈降温、大风天气,常

伴有雨、雪的大规模冷空气活动，使气温在24小时内迅速下降达8℃以上的天气过程。

06.271 寒潮爆发 cold outburst
较高纬度的冷空气堆突然向较低纬度做扇形扩展的现象和过程。

06.272 热带气象学 tropical meteorology
研究热带地区气象状况及大气过程的学科。

06.273 热带辐合带 intertropical convergence zone, ITCZ
又称"赤道辐合带（equatorial convergence belt）"。南、北半球副热带高压之间的信风汇合带。

06.274 热带东风急流 tropical easterlies jet
夏季盛行于南亚南端和北非对流层上部的偏东强风带。

06.275 热带高压 tropical high
活动于热带地区的对流层下部的高压。

06.276 热赤道 heat equator
围绕地球且连接每条经线上年平均温度最高点的线。

06.277 热带环流 tropical circulation
热带地区的大气运动状况或平均大气流型。

06.278 墨西哥湾流 Gulf Stream
北大西洋西部一支强盛的暖流。

06.279 热带季风 tropical monsoon
由于副热带高压及赤道低槽交替控制而在热带引起的风向季节性变化。

06.280 赤道缓冲带 equatorial buffer zone
在信风气流由一个半球越过赤道进入另一个半球的情况下，气流发生明显变化的转换带区。

06.281 东风波 easterly wave
低纬地区稳定深厚东风带内向西移动的波状扰动。

06.282 副热带东风带 subtropical easterlies
又称"热带东风带（tropical easterlies）"。具有明显垂直切变的浅层偏东信风。

06.283 马纬度 horse latitudes
在纬度大约30°～35°之间伴随着副热带反气旋的好天气和微弱不定的风的纬度带。

06.284 副热带无风带 subtropical calms
南、北半球副热带高压中心附近的无风或风向多变的地区。

06.285 无风带 calm belt
通常指小风或静风的纬度带。著名的海洋上的马纬度(30°～35°N,S)就是无风带。

06.286 副热带西风带 subtropical westerlies
位于副热带高压极地一侧的偏西风地带。

06.287 热带气旋 tropical cyclone
发生在热带或副热带洋面上，具有有组织的对流和确定气旋性环流的非锋面性涡旋的统称。包括热带低压、热带风暴、强热带风暴、台风(强台风和超强台风)的统称。

06.288 同心眼壁 concentric eyewalls
强热带气旋(例如台风和飓风)在风暴中心附近有时具有两个几乎同心的眼壁,外眼壁围绕着内眼壁。

06.289 热带扰动 tropical disturbance
（1）热带地区有组织的对流单体群。
（2）南半球洋面上的热带气旋。

06.290 滚轴涡旋 roll vortex
在行星边界层内水平轴接近沿平均风速排列的环流。在相邻的环流单体内空气以相反的方向旋转。

06.291 热带低压 tropical depression
(1)发生在热带的低压。(2)中心附近最大风速小于6～7级的热带气旋。

06.292 热带风暴 tropical storm

中心附近最大风力达8~9级的热带气旋。

06.293 强热带风暴 severe tropical storm
中心附近最大风力达10~11级的热带气旋。

06.294 台风 typhoon
发生在西太平洋和南海,中心附近最大风力达12~13级(1988年底以前,我国曾规定中心附近最大风力达8级或以上)的热带气旋。

06.295 强台风 severe typhoon
中心附近风力等级达到14~15级的台风。

06.296 超强台风 super typhoon, super TY
中心附近风力等级大于16级或以上(风速≥51.1m/s)的台风。

06.297 双台风 binary typhoons
相距较近且相互影响的两个台风。

06.298 飓风 hurricane
发生在大西洋、墨西哥湾、加勒比海和北太平洋东部,中心附近最大风力达12级或以上的热带气旋。美国国家飓风中心根据飓风中心每小时推进的距离,将飓风分为五级;一级飓风119~153km/h,二级飓风154~177km/h,三级飓风178~209km/h,四级飓风210~249km/h,五级飓风249km/h以上。

06.299 双气旋 binary cyclones
由于环流的相互作用而靠得足够近的两个热带气旋。

06.300 台风眼 typhoon eye
在台风中心风微云少的核心区。

06.301 风暴中心 storm center
伴有强风、降水等强烈天气的天气系统的中心所在。

06.302 风暴潮 storm surge
由于风暴的强风作用而引起港湾水面急速异常升高的现象。

06.303 孟加拉湾风暴 storm of Bay of Bengal
发生在或经过孟加拉湾海域的热带气候。

06.304 预报责任区 responsible forecasting area
各级气象台站按服务责任或行政责任区划规定而制作、发布热带气旋预报和警报的区域。中国预报责任区指105°~180°E赤道以北的区域。

06.305 梅雨 Meiyu, plum rain
初夏中国江淮流域或日本一带经常出现的一段持续时间较长的阴沉多雨天气。

06.306 克拉香天气 Crachin
又称"潺雨天气"。常出现于中国南部沿海和越南东部沿海等地区1月底至4月初期间,能持续2~5天的连续毛毛雨天气,能见度很差并伴有雾,是冬季大陆冷气团移到海上变性后形成的。

06.307 梅雨锋 Meiyu front
梅雨期稳定于江淮流域或日本一带的准静止锋。

06.308 入梅 onset of Meiyu
梅雨期的开始。

06.309 出梅 ending of Meiyu
梅雨期的结束。

06.310 梅雨期 Meiyu period
梅雨天气持续的时段。

06.311 回流天气 returning flow weather
在亚洲大陆东岸冷高压(或脊)东移入海后流回的偏东潮湿气流在沿海地区形成的阴雨(雪)天气。

06.312 下击暴流 downburst

在地面或地面附近由对流性下沉气流引起的灾害性强风,水平尺度从 1 km 到 10 km。

06.313 微下击暴流 microburst
持续时间短、横向范围小(约 1 ~ 4 km)的下击暴流。

06.314 厄尔尼诺 El Niño
赤道太平洋冷水域中海温异常升高的现象。

06.315 恩索 ENSO
研究表明厄尔尼诺与南方涛动现象有很好的相关关系,是大尺度海气相互作用的突出反映,通常将二者合称为恩索。

06.316 拉尼娜 La Niña
又称"反厄尔尼诺(anti El Niño)"。与厄尔尼诺相反的现象,即赤道东太平洋秘鲁洋流冷水域中海温异常降低的现象。

06.317 南方涛动 southern oscillation,SO
热带太平洋气压与热带印度洋气压的升降呈反相相关联系的振荡现象。

06.318 北太平洋涛动 North Pacific Oscillation
北太平洋地区海平面气压场上南北方向的持续反振动。

06.319 半年振荡 semiannual oscillation
具有双峰结构年变程的大气环流变化。

06.320 准两年振荡 quasi-biennial oscillation,QBO
赤道附近平流层内出现的约以 24 ~ 30 个月为周期的东西风交替变化现象。

06.321 振荡 oscillation
又称"振动"。某系统或某现象沿同一路线在其两个极限状态之间的周期或准周期的来回运动或变化。

06.322 半日波 semi-diurnal wave
气压日变化的傅氏展开中具有 12 小时周期的一种正弦波。

06.323 气象赤道 meteorological equator
赤道槽的年平均位置,它位于 5°N 附近而不是在地理赤道上。

06.324 赤道低压 equatorial low
活动于热带辐合带内的低压。

06.325 赤道槽 equatorial trough
南、北半球副热带高压之间的一个宽广(准连续的)低压带。

06.326 赤道东风带 equatorial easterlies
南、北半球信风在赤道附近汇合带内出现的东风。

06.327 东风带 easterly belt,easterlies
具有东风分量的风区,常用于具有持续东风的广大地区。如赤道东风带、热带东风带等。

06.328 赤道西风带 equatorial westerlies
在热带辐合带附近有时出现的西风。

06.329 赤道无风带 equatorial calms
在南、北半球信风之间无风或风向多变的地区。

06.330 极地气象学 polar meteorology
研究极区气象状况及大气过程的学科。

06.331 极涡 polar vortex
又称"绕极环流(circumpolar circulation)","绕极涡旋(circumpolar vortex)"。绕南极或北极的高空气旋性大型环流。

06.332 印度低压 Indian low
中心位于印度北部至巴基斯坦一带内陆的夏季南亚大陆低压。

06.333 绕极西风带 circumpolar westerlies
极涡外围的偏西风区。

06.334 北极反气旋 arctic anticyclone

又称"极地高压(polar high)"。夏半年在北极冷源上出现的地面弱高压。

06.335 极地低压 polar low
冬季高纬洋面上形成的小而浅的低压。

06.336 极地反气旋 polar anticyclone
从高纬向东大陆东南移动的高压系统。

06.337 极地气旋 polar cyclone
一年四季维持在北极地区上空的低气压环流系统。

06.338 天气预报 weather forecast
对未来某时段内某一地区或部分空域可能出现的天气状况所作的预测。

06.339 气象报告 meteorological report
对一定时间和地点观测的气象状况的陈述。

06.340 随机预报 random forecast
从一系列气象上可能发生的事件中随机选择其一所做的天气预报。

06.341 天气服务 weather service
提供天气预报和危险天气警报以及气象资料和产品的收集、质量控制、验证、归档和传送等过程。

06.342 危险天气警报 severe weather warning
当预测到天气状况对某项活动有危险时所发布的一种天气警报。

06.343 风暴警报 storm warning
(1)对有关服务对象发出在规定地区内出现或预计出现10级以上大风的警告信息。
(2)灾害性天气状况的预报。

06.344 台风警报 typhoon warning
受台风影响的国家或地区当台风接近其预报责任区时,通过媒体或其他方式向公众和用户发布警告性的台风信息。

06.345 城市天气 urban weather
由于城市影响所产生的局地性的天气。

06.346 单站[天气]预报 single station [weather] forecast
根据当地气象要素变化情况及有关资料所做出的天气预报。

06.347 补充[天气]预报 supplementary [weather] forecast
气象站、哨根据当地气象信息对气象台、站所发布的天气预报进行修正补充后发布的当地天气预报。

06.348 定量降水预报 quantitative precipitation forecast, QPF
对未来降水具体数量值的预报。

06.349 焚风效应 foehn effect
气流越山后绝热下沉引起的气温上升和相对湿度降低的现象。

06.350 热浪 heat wave
大范围异常高温空气入侵或空气显著增暖的现象。

06.351 高原气象学 plateau meteorology
研究高原地区气象状况及大气过程的学科。

06.352 青藏高压 Qinghai-Xizang high
夏季活动于青藏高原上空的高压系统。

06.353 山地气象学 mountain meteorology
研究山地气象状况及大气过程的学科。

06.354 临近预报 nowcast
曾称"现时预报","短时预报"。未来2小时内的天气预报。

06.355 甚短期[天气]预报 very short-range [weather] forecast
未来6小时内的天气预报。

06.356 短期[天气]预报 short-range [weather] forecast
未来1~3天内的天气预报。

06.357　形势预报　prognosis
对天气形势(包括大尺度环流型、长波槽脊、高低压中心和锋面系统等)未来发展的预报。

06.358　中期[天气]预报　medium-range [weather] forecast
未来3~10天的天气预报。

06.359　长期[天气]预报　long-range [weather] forecast
未来一个月或更长时段的天气预报。

06.360　超长期[天气]预报　extra long-range [weather] forecast
又称"短期气候预报"。未来1年以上旱涝、冷暖、雨量、气温等趋势的预测。

06.361　延伸预报　extended forecast
将短期天气预报延伸到10天以上的天气预报。

06.362　持续性预报　persistence forecast
根据现有天气状况持续的趋势所作的预报。

06.363　相关预报　correlation forecasting
以从过去资料中推导出来的气象要素之间的数值相关关系为基础的预报方法。

06.364　外推法　extrapolation method
(1)根据气象演变在短时间内具有一定连续性的原则,而把当前的趋势外延到以后一段时间的方法。(2)两个或多个变量在一定范围内生效的函数关系延伸到生效范围之外,或用来计算生效范围之外的函数值。

06.365　持续性　persistence
气象要素的距平或异常维持不变的现象。

06.366　持续性趋势　persistence tendency
当前天气状况持续的(有限)趋势。它可以用按出现的时间顺序排列的大多数气象要素的相继值之间的正相关关系来表示。

06.367　季节预报　seasonal forecast
未来三个月或以上的预报。

06.368　统计预报　statistical forecast
根据统计学原理用概率论和数理统计的方法所作的天气预报。

06.369　集合预报　ensemble forecast
对同一有效预报时间的一组不同的预报结果。各预报间的差异可提供有关被预报量的概率分布的信息,在集合预报中的各个预报可具有不同的初始条件、边界条件、参数设定,甚至可用完全独立的数值天气预报模式生成。

06.370　集合平均　ensemble average
预报量或预报场在集合预报中的平均。即通过考虑同一区域和时间段的,但初始条件略有不同,或使用不同数值模式或参数化方法的许多不同预报结果而得到的平均结果。

06.371　极值分析　extreme value analysis
为了估计罕发事件概率而做的随机过程分析。它常常是为了预测灾害性天气,如暴雨、强风、严霜等的发生概率。

06.372　客观预报　objective forecast
应用动力学、热力学和统计学方法所做的天气预报。

06.373　惯性预报　inertial forecast
依据天气系统和气象要素的初始状态在整个预报时段内维持不变的假设所做的预报。

06.374　完全预报　perfect prediction
根据天气形势与预报量的同时关系建立预报方程,然后用数值预报结果作为预报因子代入方程所作的天气预报。

06.375　经验预报　subjective forecast
根据天气学图以预报员的经验、技巧和判断为主所作的天气预报。

06.376　专家系统　expert system

根据人们在某一领域内的知识、经验和技术而建立的解决问题和做决策的计算机软件系统,它能对复杂问题给出专家水平的结果。

06.377　区域预报　regional forecast
对某一地理区域所作的天气预报。

06.378　面降水[量]　areal precipitation
特定时段内(一个雷暴、一个季节或一年)在特定面积上的平均降水量。

06.379　订正预报　forecast amendment
在原定的预报时效内对已发布的天气预报进行修正后的预报。

06.380　局地预报　local forecast
对某一地方所作的天气预报。

06.381　可预报性　predictability
利用一个给定的观测网能够预报未来大气状况的程度。通常用一个时段来表示,这个时段的预报是可信的。

06.382　确定性预报　deterministic prediction
预报结果是确定的非概率性的天气预报。

06.383　预报准确率　forecast accuracy
用数值表示预报量与实况的接近程度。

06.384　业务预报　operational forecast
定时操作和按时发布的投入服务业务的天气预报。

06.385　预报因子　predictor
天气预报方案中与预报量建立统计关系的气象变量。

06.386　预报图　forecast chart
给定时间或时段内在给定的面上或空间中对某一个(或几个)规定的气象要素用图解法在图上做出的预报。

06.387　灾害性天气征兆指数　severe weather threat index
用于预报雷暴和龙卷的对流指标。

06.388　预报量　predictand
天气预报中所预报的要素值或概率值。

06.389　预报区　forecast area
天气预报中预报有效的特定区域。

06.390　天气展望　weather outlook
对未来天气趋势的估计。

06.391　天气电码　synoptic code
传输地面实时观测气象信息供天气工作专用的电码。

06.392　预报评分　forecast score
根据某一规定方法对预报准确率予以评分。

06.393　预报检验　forecast verification
用统计学方法将天气预报结果与实况进行比较和评定。

06.394　地方性天气　local weather
受局地条件影响所特有的天气表现。

06.395　自然天气周期　natural synoptic period
天气过程的发展按主要气压系统的配置及变化所区分的天气特征相对稳定的阶段。

06.396　自然天气季节　natural synoptic season
按盛行天气过程的特征所划分的季节。在中国一年常分为5~6个季节,如春、初夏、盛夏、秋、前冬、隆冬等。

06.397　自然天气区　natural synoptic region
经常受相同大气活动中心影响的地区。一般北半球分为大西洋欧洲区、亚洲西太平洋区及东太平洋北美区三个区。

07. 气 候 学

07.001　气候学　climatology
研究气候的形成、分布、特征和变化的学科。

07.002　海洋气候学　marine climatology
研究海洋上的气候形成、分布、特征和变化的学科。

07.003　航空气候学　aviation climatology
研究与航空活动有关气候特征的学科。

07.004　高空气候学　aeroclimatology
研究自由大气气候形成、分布、特征和变化的学科。

07.005　热带气候学　tropical climatology
研究热带地区气候的形成、分布、特征和变化的学科。

07.006　天气气候学　synoptic climatology
用天气学的观点和方法来研究气候形成及其变化规律的学科。

07.007　统计气候学　statistical climatology
用统计学方法分析气候资料,揭示气候特征及变化规律的学科。

07.008　气候统计学　climatological statistics
研究气候学中应用的各种数理统计方法的学科。

07.009　卫星气候学　satellite climatology
利用气象卫星资料研究气候问题的学科。

07.010　物理气候学　physical climatology
用数学、物理学方法研究气候形成及其变化的学科。

07.011　动力气候学　dynamic climatology
根据动力学及热力学原理研究气候形成、气候预测的学科。

07.012　山地气候学　mountain climatology
研究山地气候的学科。

07.013　地形小气候　contour microclimate
由于地表高度的小尺度变化(如海拔高度、山坡坡度及朝向等)而造成的一类小气候。

07.014　地形气候学　topoclimatology
研究地形对气候的影响以及由此而形成的气候的学科。

07.015　大气候学　macroclimatology
研究大气候的形成、分布特征和变化的学科。

07.016　小气候学　microclimatology
研究小气候的形成、分布特征和变化的学科。

07.017　室内小气候　cryptoclimate, krypto-climate
有限空间内的气候。如居室内、牲畜棚内,温室内以及自然或人造洞穴内。

07.018　室内气候学　cryptoclimatology
有限空间的小气候的研究。

07.019　应用气候学　applied climatology
适用气候学原理和方法研究气候条件与有关专业的相互关系而形成的各专业气候学的统称。

07.020　环境气候学　environment climatology
研究人类生存环境中气候问题的学科。

07.021　古气候学　paleoclimatology
研究古代气候形成、分布特征及变化的学科。重点是根据地质学上的证据,研究时间尺度在万年以上的冰期与间冰期气候。

07.022 气候 climate

以对某一地区气象要素进行长期统计(平均值、方差、极值概率等)为特征的天气状况的综合表现。

07.023 气候系统 climate system

由大气圈、水圈、冰雪圈、岩石圈和生物圈五大圈层构成的系统。各圈层之间有密切而复杂的相互作用,在地球接收的太阳辐射的作用下共同决定了地球的气候。

07.024 水圈 hydrosphere

地球表层水体的总和。

07.025 冰雪圈 cryosphere

又称"冰冻圈"。地球上的水和土壤以冻结形式出现的那部分,通常包括大陆冰原、高山冰川、海冰和地面雪盖、冻土层等。

07.026 岩石圈 lithosphere

地球表面的固体部分。

07.027 生物圈 biosphere

地球上的动物、植物和微生物等一切生物组成的总体。又指生物可以自然生存的部分。

07.028 一般气候站 ordinary climatological station

每天至少观测一次(包括读取极端气温和降水量)的气候站。

07.029 物理气候 physical climate

气候学的主要分支,它解释气候而不是描述气候(气候志)。

07.030 数理气候 mathematical climate

一种理想的地球气候分布,是在假设地球上不存在大气圈,仅依赖于地球与太阳的相对位置所决定的太阳辐射条件下的气候条件。

07.031 气候要素 climatic element

表征气候特征或状态的参数。如气温、降水量、风等。

07.032 气候形成因子 factors for climatic formation

形成气候基本特征的主要因子。如太阳辐射、下垫面性质、大气环流和人类活动等。

07.033 气候观测 climatological observation

以监测气候为目的的常规地面气象观测(制度)。

07.034 气候监测 climatic monitoring

通过各种气象仪器对全球气候系统进行动态观测。不仅包括常规观测,也包括各种特殊项目观测,如海冰、太阳常数等项的观测。

07.035 基准[气候]站 benchmark station

在观测环境变化极小情况下能获得某一地点长时间序列气象资料的气候站。

07.036 太阳气候 solar climate

不计大气和下垫面的影响,只考虑达到地球表面的太阳辐射而形成的地球上的假想气候。

07.037 理想气候 ideal climate

假定地球表面没有海陆差别和地形起伏,而仅由于太阳辐射的季节变化所形成的气候。

07.038 全球气候 global climate

又称"世界气候(world climate)"。整个地球的气候状况。

07.039 全球气候系统 global climate system

决定整个地球气候的形成、分布、特征和变化有直接和间接影响的多个环节组成的子系统,包括大气、海洋、陆面、冰雪及生物圈等。

07.040 大气候 macroclimate

大区域、大洲甚至更大范围的气候。

07.041 中气候 mesoclimate

水平尺度在几十千米到几百千米范围自然

区域(如谷地、森林、种植园等)的气候。

07.042　小气候　microclimate
由于下垫面性质以及人类和生物活动的影响而形成的近地层大气的小范围气候。

07.043　区域气候　regional climate
某一自然区域或行政区的气候。

07.044　辐射气候　radiation climate
由一个地点或区域的辐射平衡所确定的气候。

07.045　局地气候　local climate
某个特殊地理单元的气候。

07.046　地形气候　topoclimate
受地形影响而形成的局地气候和小气候。

07.047　城市气候　urban climate
在城市受其下垫面和人类活动影响而形成的局地气候。

07.048　室内气候　indoor climate
建筑物内的气候。

07.049　古气候　paleoclimate
史前气候,其主要特征可从地质学和古生物学证据等推知。

07.050　大陆性气候　continental climate
中纬度大陆腹地受海洋影响较小的气候,以降水较少、温度变化剧烈为其特征。

07.051　大陆度指数　continentality index
衡量一地气候受大陆影响程度的指数,常用消除纬度影响后的温度年较差来表征。

07.052　海洋性气候　marine climate
受海洋影响显著的岛屿和近海地区,以降水较多、温度变化和缓为特征的气候。

07.053　地中海气候　Mediterranean climate
以夏季温暖干燥,冬季多雨为特征的气候。

07.054　中温气候　mesothermal climate
以温度温和为特征的气候。

07.055　干旱气候　arid climate
降水量很少,不足以供一般植物生长的气候。我国干旱气候区指降水量小于 200 mm 的气候。

07.056　半干旱气候　semi-arid climate
自然景观以草原为主,我国年降水量在 200 ~ 400 mm 之间的气候。

07.057　湿润气候　humid climate
以降水丰沛、空气湿润为特征的气候。

07.058　湿热气候　warm-wet climate
以降水丰沛、空气炎热为特征的气候。

07.059　滨海气候　coastal climate
又称"海岸带气候"。海岛和沿海陆地具有海陆风特征的气候。

07.060　冰雪气候　nival climate
下垫面终年为冰雪覆盖地区的气候,其最暖月平均气温低于0℃。

07.061　草原气候　prairie climate
沙漠气候与湿润气候之间的过渡带。

07.062　冰川气候　glacioclimate
特指中、低纬度高原或高山的冰川所形成的局地气候。

07.063　南极气候　antarctic climate
南极圈内(南纬 66°33′以南)终年寒冷,极夜和极昼最长可达半年的气候。

07.064　北极气候　arctic climate
北极圈内(北纬 66°33′以北)终年寒冷,极昼和极夜最长可达半年的气候。

07.065　山地气候　mountain climate
在地面起伏很大,山峰与谷底相间的山区所形成的局地气候,以类型繁多、地区差异大、垂直地带性强为其特征。

07.066 高原气候 plateau climate
在海拔高、地面广、起伏平缓的高原地面上所形成的气候。

07.067 垂直气候带 vertical climatic zone
因海拔高度的差异，使高山地区气候呈大致水平的带状分布。

07.068 赤道雨林 equatorial rain forest
又称"热带雨林(tropical rain forest)"。热带气候终年湿润地区的常绿植被群落。

07.069 森林气候 forest climate
由于森林影响而形成的气温变化较和缓、湿度增大、风速减小的局地气候。

07.070 日变化 diurnal variation
气象要素一昼夜间的变化。

07.071 距平 departure
气候要素值与多年平均值的偏差。高于平均为正距平，低于平均为负距平。

07.072 日较差 diurnal range
气象要素在一昼夜间最高值与最低值之差。

07.073 温度日较差 daily range of temperature
在连续24小时时间段内的最高温度与最低温度的差值。

07.074 年较差 annual range
气象要素在一年中月平均最高值与最低值之差。

07.075 绝对极值 absolute extreme
在整个观测期间所测得的最高或最低气象要素(如温度、气压等)值。

07.076 绝对月最高温度 absolute monthly maximum temperature
在给定的若干年时间内，对某一给定月份期间所观测得到的最大的一个日最高温度。

07.077 绝对月最低温度 absolute monthly minimum temperature
在给定的若干年时间内，对某一给定月份期间所观测得到的最小的一个日最低温度。

07.078 日最高温度 daily maximum temperature
在连续24小时时间段内(通常为地方时夜间12时至次夜12时)所观测到的最高温度。

07.079 日最低温度 daily minimum temperature
在连续24小时时间段内(通常为地方时夜间12时至次夜12时)所观测到的最低温度。

07.080 平均年温度较差 mean annual range of temperature
一年中最热月份和最冷月份的平均温度之差。

07.081 年平均 annual mean
某一气象要素在一年内的平均状况，即将该气象要素的月平均值逐月相加取算术平均值。

07.082 月平均 monthly mean
某一气象要素在一个月内的平均状况，即将该月某气象要素的日平均值逐日相加取算术平均值。

07.083 日平均 daily mean
一日内各定时观测的某气象要素值的总和除以观测次数所得的值。

07.084 长期平均 period average
从一年的1月1日开始至少10年以上的任何时期内计算得到的气候数据的平均，其数值精确到个位。

07.085 年总量 annual amount
某个气候要素(如降水量)的12个月总和。

07.086 季节 season

一年内气候有明显差异的几个不同阶段。一般划分为春、夏、秋、冬四季。在四季不明显的地区，则划分成二季或三季，如干季、雨季、凉季等。

07.087　季节性　seasonality

各季间气候的差异程度，常用气候要素的振幅表示，振幅大表示季节性强。

07.088　印第安夏　Indian summer

在北美洲的中、晚秋季（在白天）出现的一段平静而异常温暖的天气的时期。

07.089　过渡季节　transition season

冬、夏之间交替的季节，一般以春、秋两季为过渡季节。

07.090　霜期　frost peroid

一年中初霜至次年终霜间的时段。

07.091　霜日　frost day

出现霜的日子。有时也指霜冻日（白霜和黑霜），即百叶箱最低气温小于等于0℃的日子（有时也指地面最低温度不高于0℃的日子）。

07.092　雨季　rainy season

一年中降水相对集中的季节。

07.093　多雨期　pluvial period

长时期出现大范围高水位（积洪时期）的一段时间。这时期的特征为原来相对干旱的地区可能由于气候振动和降水增多使得所有陆地上干旱地区的湖泊扩大了。

07.094　热季　hot season

热带地区一年中气温较高、天气炎热的季节。

07.095　凉季　cool season

热带地区一年中气温较低、天气凉爽的季节。

07.096　干季　dry season

热带和某些副热带地区一年中几乎不下雨的少雨季节。

07.097　大陆度　continentality

表征某地气候受大陆影响程度的指数。

07.098　海洋度　oceanity

表征某地气候受海洋影响程度的指数。

07.099　海气相互作用　air-sea interaction

海洋与大气之间互相影响、互相制约、彼此适应的物理过程。如动量、热量、质量、水分的交换，以及海洋环流与大气环流之间的联系等。

07.100　水循环　water cycle

又称"水文循环（hydrologic cycle）"。地球上的水从地表蒸发，凝结成云，降水到径流，积累到土中或水域，再次蒸发，进行周而复始的循环过程。

07.101　水循环系数　water circulation coefficient

降落在大陆某一指定区域上总降水量与该区域上主要由海面输送来的水汽凝结造成的外来降水之比。

07.102　干旱频数　drought frequency

某一时期内干旱年份所占的年数。

07.103　干旱指数　drought index

表征气候干旱程度的指标。一般用潜在蒸发量与降水量之比或之差计算。

07.104　干期　dry spell

连续无雨或少雨的时段。

07.105　干燥度　aridity

表征自然植被需水量超过有效降水量程度的一种指标。

07.106　干燥度指数　aridity index

用某些气候因子构成函数表示某一地区干燥程度（降水与蒸散量的差值）的数字指

标。

07.107 湿润度 moisture index
表示有效降水量超过自然植被需水量程度
的一种指标。

07.108 温室效应 greenhouse effect
低层大气由于对长波和短波辐射的吸收特
性不同而引起的增温现象。

07.109 热岛效应 heat island effect
城市因其下垫面和人类活动的影响,气温
比其周围地区偏高的现象。

07.110 热岛 heat island
覆盖城区的受污染的暖空气堆,其温度高于
周围地区。在地面图上,它表现为"岛"状的
等温线分布。

07.111 热汇 heat sink
大气系统中由周围获得热量并不断地消耗
热量的地区。

07.112 热源 heat source
大气系统中不断产生热量并向周围传递热
量的地区。

07.113 热量平衡 heat balance
一个地区或系统热量收支之间的关系。

07.114 热量收支 heat budget
某系统其热量的进出通量与该系统所存储
的热量之间的关系。

07.115 热通量 heat flux
单位面积单位时间的热输送量。

07.116 热量输送 heat transfer
由于温度差异而造成的能量输送。

07.117 气候志 climatography
以图、表、文字等形式记载,描述和分析某一
特定地区、专业或专题的气候特征、形成、变
化、影响等的志书。

07.118 周期图 periodogram
比较某一要素不同长度的周期、振幅或其平
方的图,用以判断该要素变化的周期性及
占优势的周期。

07.119 周期 period
完成一次振动所需的时间。

07.120 气候图 climatic map
气候要素空间分布、时间变化及影响因子关
系的形象化表达形式。包括平面图、剖面
图、单站要素剖面图、要素变化曲线图、概率
分布直方图等。

07.121 气候图集 climatic atlas
系统地表征气候特征的图册。可分综合性
图集和单项要素图集等。

07.122 候 pentad
连续五日为一候。是气候学上的一种基本
时间单位。

07.123 风玫瑰[图] wind rose
用极坐标表示各方位风向频率或风速大小
的图。

07.124 风矢量 wind vector
又称"风向量"。表示风向和风速的矢量。

07.125 平均风速 average wind velocity
(1)一个时段内,不考虑风向的情况下风速
大小的平均值(标量值)。(2)合成风的平
均风速。

07.126 合成风 resultant wind
(1)某一时段(如月、旬、候)风的矢量和。
(2)同一时刻不同高度风的矢量和。

07.127 永久积雪 firn
在高纬或高山降雪量多于融雪量的地区所
长期积存的雪。

07.128 冰积[作用] accumulation
由于增加冰川或雪原质量的各种过程(雪的

淀积、降水、凝华等)而增加到冰川或雪原上的雪或其他任何形式的固态水的数量。

07.129 冰消作用 ablation
冰或雪由冰川或雪原移除的各种过程(如升华、融化、蒸发等),是冰积的逆过程。

07.130 冰积区 accumulation area
在永久雪线(冰积超过冰消的地方)之上的那部分冰川。

07.131 雪盖 snow cover
降雪形成的覆盖在陆地、海冰表面的积雪层。

07.132 永久雪线 firn line
永久积雪的下界。

07.133 雪线 snow-line
高纬度和高山地区永久积雪区的下部界限地带,沿此地带年固体降水量和消融量处于平衡。

07.134 等云量线 isoneph
某一区域某一时段平均云量相等各点的连线。

07.135 等雪量线 isochion
某一区域某一时段平均积雪深度相等各点的连线。

07.136 等日照线 isohel
表示在一定参考面上某段时间内日照时数或日照百分率相等各点的连线。

07.137 气候锋 climatological front
锋面出现频率最高的地理位置。

07.138 行星风系 planetary wind system
又称"行星风带"。在不考虑地形和海陆影响下全球范围盛行风带的总称。

07.139 信风 trade winds
又称"贸易风"。低层大气中南、北半球副热带高压近赤道一侧的偏东风。北半球盛行东北风,南半球盛行东南风。

07.140 信风带 trade-wind belt
信风(北半球为东北风,南半球为东南风)所占据的纬度带,它随季节由赤道附近向南、北各延伸30°~35°。

07.141 反信风 anti-trade
低纬度地面信风之上的高空偏西风。北半球为西南风,南半球为西北风。

07.142 西风带 westerlies
大约位于南、北半球的纬度35°~65°之间的区域,该区域的空气运动主要是由西向东,在对流层中上部和平流层下部尤其如此。地表附近,西风带在南半球更为明显。

07.143 温带西风带 temperate westerlies
中纬度地区环绕地球的盛行西风风带。该风带在对流层中上层最为明显。

07.144 极地东风[带] polar easterlies
位于副极地低压带靠近极地一侧的低层东风扩散带。

07.145 季风 monsoon
大范围区域冬、夏季盛行风向相反或接近相反的现象。如中国东部夏季盛行东南风,冬季盛行西北风,分别称夏季风和冬季风。

07.146 周年风 anniversary wind
又称"季节风"。以年为周期循环的局地风或大尺度风系(如季风)。

07.147 印度季风 Indian monsoon
盛行于阿拉伯海、印度半岛一带的季风。

07.148 夏季风 summer monsoon
季风区夏季盛行的风。如印度半岛的西南季风,我国东部的东南季风。

07.149 冬季风 winter monsoon
季风区冬季盛行的风。如我国南部和日本北部的东北风。

07.150 东亚季风 East Asian monsoon
东亚地区出现的季风统称。如中国季风、日本季风等。

07.151 高原季风 plateau monsoon
由于高原冬、夏季热力作用相反而形成的季节性环流与风。青藏高原的季风最为典型。

07.152 季风爆发 monsoon burst
常指印度夏季风的突然来临。

07.153 活跃季风 active monsoon
指季风加强和活动增多的现象。

07.154 季风潮 monsoon surge
季风建立后并不是常定不变的,而是有时强有时弱。每当风速明显加强,天气现象也随之发生明显变化时称作一次季风潮。

07.155 季风建立 monsoon onset
夏季风或冬季风的稳定出现。如印度以西南风达稳定状态时为夏季风的建立。

07.156 季风低压 monsoon depression
常指西南季风盛行时发生于孟加拉湾的低压。

07.157 季风环流 monsoon circulation
冬季风或夏季风期间低层风与高层风组成的环流。

07.158 季风气候 monsoon climate
季风地区的气候。其特征因地理位置不同而异,如中国东部冬季干冷,夏季湿热。

07.159 季风区 monsoon region
又称"季风气候区"。季风盛行的地区。常用季风指数来划定。

07.160 季风指数 monsoon index
表征一个地区季风现象明显程度的量。通常以1月及7月地面盛行风的频率表示。

07.161 季风中断 break monsoon
印度夏季盛行西南季风季节中发生西南风中断一次至数次持续2天以上的现象。此概念已被推广到其他季风区。

07.162 气候型 climatic type
气候分类中按照气温、降水量及其他气象要素来划分的基本单元。

07.163 气候分类 climatic classification
将全球气候按某种标准划分为若干不同类型,借以区别和比较各地气候。

07.164 气候分界 climate divide
两种不同气候区之间的界线。山脊是常见的气候分界。

07.165 气候区划 climate regionalization
选用有关指标对全球或某一地区的气候进行逐级区域划分。

07.166 气候区 climatic region
气候区划中所划分的区域。每一气候区的气候特征和其他气候区有所不同。

07.167 气候带 climatic belt, climatic zone
根据气候要素或气候因子的带状分布特征而划分的纬向带。

07.168 极地气候 polar climate
又称"寒带气候"。南极气候与北极气候的总称。

07.169 副极地气候 subarctic climate
北、南半球的副极地带(约在纬度50°至极圈之间)的气候,其特征为冬季长而冷,夏季短而凉。它是温带与寒带的过渡气候,地理学中称亚寒带气候。

07.170 温带气候 temperate climate
北(南)半球的温带所具有的气候。一年内各季温度、降水的季节变化较大,四季分明。大陆东岸、西岸和内陆的气候互不相同。

07.171 副热带气候 subtropical climate

在北、南半球位于热带和温带之间的副热带，以冷热和干湿的年变化都很明显为特征的气候。地理学中称"亚热带气候"。

07.172 热带气候 tropical climate
在北、南半球纬度较低的热带，气温较高，年变化不明显，但降水有湿季和干季之分的气候。

07.173 赤道气候 equatorial climate
位于北、南纬10°之间的赤道无风带终年高温多雨的气候。

07.174 柯本气候分类 Köppen's climate classification
德国气候学家(W. Köppen)创立的以气温和降水为指标，参照自然植被分布状况的气候分类。全球气候分为五类十二亚类。

07.175 热带气候类 tropical climate
柯本气候类之一，各月平均气温不低于18℃，年雨量不少于 750 mm，其符号为"A"。

07.176 热带常湿气候亚类 tropical rainy climate
又称"热带雨林气候 (tropical rainforest climate)"。柯本气候亚类之一，各月雨量不少于 60 mm，其符号为"Af"。

07.177 热带冬干气候亚类 tropical winter dry climate
又称"热带[稀树]草原气候 (tropical steppe climate)"。柯本气候亚类之一，最干月雨量少于 60 mm，其符号为"Aw"。

07.178 热带季风雨气候亚类 tropical monsoon rain climate
为柯本气候亚类中的热带常湿气候 Af 与热带冬干气候 Aw 之间的混合型，最干月雨量较热带冬干气候略多，其符号为"Am"。

07.179 干燥气候类 arid climate

柯本气候类之一，年蒸发量大于年降水量，最暖月平均温度不低于 10℃，其符号为"B"。

07.180 草原气候亚类 steppe climate
干燥气候类的亚类之一，冬季多雨地区 r 小于等于 $2t$；夏季多雨地区 r 小于等于 $2(t+14)$；全年雨量均匀地区 r 小于等于 $2(t+7)$。r 为年雨量(单位为 cm)；t 为年平均温度(℃)，其符号为"BS"。

07.181 沙漠气候亚类 desert climate
干燥气候类的亚类之一，冬季多雨地区 r 小于等于 t；夏季多雨地区 r 小于等于 $(t+14)$；全年雨量均匀地区 r 小于等于 $(t+7)$，其符号为"BW"。

07.182 冬温气候类 winter moderate climate
柯本气候类之一，最冷月平均气温 3～18℃，冬季没有稳定积雪，其符号为"C"。

07.183 冬温冬干气候亚类 winter moderate and winter dry climate
冬温气候类的亚类之一，热季最湿月降水量大于或等于冷季最干月降水量的 10 倍，其符号为"Cw"。

07.184 冬温夏干气候亚类 winter moderate and summer dry climate
又称"地中海型气候(Mediterranean type climate)"。冬温气候类的亚类之一，冷季最湿月降水量大于或等于热季最干月降水量的 3 倍，其符号为"Cs"。

07.185 冬温常湿气候亚类 winter moderate and rainy climate
冬温气候类的亚类之一，年降水分配的比小于冬温夏干气候和冬温冬干气候，其符号为"Cf"。

07.186 冬寒气候类 winter cold climate
柯本气候类之一，最冷月平均气温低于 -3℃，冬季有稳定积雪，最暖月平均气温高于 10℃，其符号为"D"。

07.187 低温气候 microthermal climate
年平均气温较低（0～14℃）的一类气候，相当于柯本气候分类中的冬寒气候类。

07.188 冬寒常湿气候亚类 winter cold and rainy climate
冬寒气候类的亚类之一，全年降水分布均匀，其符号为"Df"。

07.189 冬寒冬干气候亚类 winter cold and winter dry climate
冬寒气候类的亚类之一，热季最湿月降水量大于或等于冷季最干月降水量的 10 倍，其符号为"Dw"。

07.190 极地气候类 polar climate
柯本气候类之一，最热月平均气温低于10℃，其符号为"E"。

07.191 苔原气候亚类 tundra climate
极地气候类的亚类之一，最热月平均气温在0～-10℃，植被为苔藓、地衣之类，其符号为"ET"。

07.192 永冻气候亚类 perpetual frost climate
极地气候类的亚类之一，最热月平均气温低于0℃，其符号为"EF"。

07.193 桑思韦特气候分类 Thornthwaite's climatic classification
美国气候学家桑思韦特（C. W. Thornthwaite）创立的以反映热量高低和水分多寡的潜在蒸散量为主要指标所进行的气候分类。

07.194 气候分析 climatic analysis
根据气候资料对气候特征及其变化规律所进行的分析研究。

07.195 气候资料 climatic data
经过整编用来描述气候特征的数据，包括观测资料及代用资料。

07.196 气候统计 climatic statistics
气候分析中进行的数据统计及采用的统计方法。

07.197 自回归滑动平均模型 autoregressive and moving average model，ARMA model
由自回归模型与滑动平均模型综合而成的模型，它可在最小方差意义下对平稳时间序列进行逼近预报和控制。

07.198 自回归模型 autoregressive model
利用前期若干时刻的随机变量的线性组合来描述以后某时刻随机变量的线性回归模型。

07.199 自相关 autocorrelation
一个要素的时间序列，其后期与前期要素的取值之间的相关性。

07.200 二项分布 binomial distribution
描述随机现象的一种常用概率分布形式，因与二项式展开式相同而得名。

07.201 χ^2 检验 Chi-square test
根据事件出现频率而进行的一种统计显著性检验，最常用于方差检验、分布曲线拟合优度检验等方面。

07.202 列联表 contingency table
又称"相关概率表"。以列表方式表示两个（或多个）变量或属性共同出现的频率。

07.203 置信度 confidence degree
评估某要素可靠性的指标，通常用百分数概率表示，例如 95%。

07.204 协方差 covariance
变量 x_k 和 x_l 如果均取 n 个样本，则它们的协方差定义为 $S_{kl} = \sum_{i=1}^{n}(x_{ki} - \bar{x}_k)(x_{li} - \bar{x}_l)$，这里 $\bar{x}_k$ 和 $\bar{x}_l$ 分别表示两变量系列的平均

值。协方差可记为两个变量距平向量的内积,它反映两气象要素异常关系的平均状况。

07.205 置信区间 confidence interval
达到某一置信度(如 95%)时,预报量可能出现的范围(如 $E(y) \pm 1.96\sigma$,这里 σ 是标准差)。

07.206 置信水平 confidence level
置信度的互补概率。例如 95% 置信度,其置信水平为 0.05;99% 置信度,其置信水平为 0.01。

07.207 显著性水平 significance level
通常以 α 表示,是一个临界概率值。它表示在"统计假设检验"中,用样本资料推断总体时,犯拒绝"假设"错误的可能性大小。α 越小,犯拒绝"假设"的错误可能性越小。

07.208 动态平均 consecutive mean
又称"滑动平均"(running average)"。通过时段平滑而重新建立时间序列的方法,用选择时段(常用的有 5 天、10 天、5 年、10 年等)内的平均观测值代换相应的原观测值而构成新的观测序列(可以滤去高频不规则变化)。

07.209 相关 correlation
指两个不同气象要素或同一气象要素在不同时间和空间的相互关联。

07.210 相关系数 correlation coefficient
衡量两个变量线性相关密切程度的量。对于容量为 n 的两个变量 x, y 的相关系数 r_{xy} 可写为 $r_{xy} = \sum_{i=1}^{n} (x_i - \bar{x})(y_i - \bar{y}) / [\sum_{i=1}^{n} (x_i - \bar{x})^2 \sum_{i=1}^{n} (y_i - \bar{y})^2]^{1/2}$,式中 $\bar{x}, \bar{y}$ 是两变量的平均值

07.211 协谱 cospectrum
又称"共谱"。交叉谱的实部谱,反映两序列的同相变化部分。

07.212 交叉谱 cross spectrum
反映两个不同的随机序列在频率域变化上的相互关系,它等于两函数交叉相关的傅里叶变换。

07.213 交叉相关 cross-correlation
又称"互相关"。它表示两个变量的时间序列 $x(t)$ 和 $y(t)$ 之间同时及非同时的相关。这里 x 和 y 可以代表在不同地点测得的同一个变量,也可以代表在同一地点不同时间测得的单一变量。

07.214 曲线拟合 curve fitting
推求一个解析函数 $y = f(x)$ 使其通过或近似通过有限序列的资料点 (x_i, y_i),通常用多项式函数通过最小二乘法求得此拟合函数。

07.215 气候持续性 climatic persistence
某种气候状况连续出现的统计特性。

07.216 气候非周期变化 climatic non-periodic variation
气候要素的无周期性变化。

07.217 准周期性 quasi-periodic
气候要素时间序列变化的一种循环特点。

07.218 气候周期性变化 climatic periodic variation
通览整个气候记录,某气候要素其相邻的极大值和极小值之间的时间间隔是相同的或近似相同的变化。

07.219 气候敏感性 climatic sensitivity
气候对形成因子或影响因子的变化作出反应的灵敏程度。

07.220 气候资源 climate resources
生产和生活活动中可利用的气候条件,是自然资源的一部分。

07.221 气候概率 climatic probability

表示某气候要素在一定取值范围内出现的可能性。

07.222 气候变率 climatic variability
反映气候要素变化的大小的量,可用该要素的均方差或平均绝对偏差等作为指标。

07.223 年际变率 interannual variability
常指年际的气候振荡。

07.224 月际变率 inter-monthly variability
描述某气象要素的日或月平均在不同月之间变化的量,一般表示为方差与平均值的比,用百分数表示。

07.225 气候标准平均值 climatological standard normals
气候要素连续30年的平均值。近来世界气象组织曾建议采用1951~1980年平均,以便于比较。

07.226 能量平衡模式 energy balance model
根据气候系统能量平衡方程所建立的气候模式,常用于模拟古气候的形成,以及大气中 CO_2 增加或太阳常数变化等可能产生的气候变化。

07.227 统计模式 statistical model
(1)基于有关气象变量的统计分析而建立的数学模型。(2)常指大气环流的一种数值模式,它能预报大气的某些统计性质而不是各个变量的整个三维分布和时间演变。

07.228 统计动力模式 statistical-dynamic model
用统计方法对某些物理过程做参数化而建立的气候模式。

07.229 核冬天 nuclear winter
假设热核战争后烟尘阻挡太阳辐射到达地面,使地面气温降至-15~-25℃而形成类似冬天的严寒气候。

07.230 气候变迁 climatic variation
气候要素30年或更长时间平均值的变化。

07.231 气候变化 climatic change
气候演变、气候变迁、气候振动与气候振荡的统称。

07.232 照常排放情景 business as usual
在进行气候变化预测和评估其影响时,经常采用的一种可能情景:政府、公司或个人针对温室气体限排不采取专门措施。

07.233 气候振荡 climatic oscillation
时间尺度为几年的高频气候变化,如准两年振荡。

07.234 气候振动 climatic fluctuation
除去趋势与不连续以外的规则或不规则气候变化,至少包括两个极大值(或极小值)及一个极小值(或极大值)。

07.235 气候演变 climatic revolution
由于地壳构造的活动(如大陆漂移、造山运动、陆海分布的大尺度变化等)和太阳变化引起的很长时间尺度(超过 10^6 年的气候变化)。

07.236 气候重建 climatic reconstruction
根据冰岩心、树木年轮、孢粉、纹泥、珊瑚及史料等代用资料建立的主气候序列的研究。

07.237 气候周期性 climate periodicity
在气候变化中出现的准周期现象。

07.238 气候模拟 climatic simulation
通过数值计算模拟气候,用以研究气候形成和气候变化的原因与展望。

07.239 气候敏感性实验 climate sensitivity experiment
在气候模拟中模拟边界条件改变对气候的影响,以研究气候对边界条件响应的敏感程度。

07.240 气候诊断 climatic diagnosis

根据气候监测结果,对气候变化、气候异常的特点及成因进行分析。

07.241 遥相关 teleconnection
相距数千千米以外两地的气候要素之间达到较高程度的相关性。如南方涛动系统中南太平洋塔希提站气压与澳大利亚达尔文站气压之间的负相关。

07.242 概率预报 probability forecast
对未来某气候要素或天气要素在一定取值范围内出现的概率所作的预报。

07.243 概率 probability
表征随机事件发生可能性大小的量,是事件本身所固有的不随人的主观意愿而改变的一种属性。

07.244 概率分布 probability distribution
随机变量 X 小于任何已知实数 x 的事件可以表示成的函数。

07.245 气候突变 abrupt change of climate
气候从一种稳定状态跳跃到或转变为另一种稳定状态的现象。

07.246 气候恶化 climatic deterioration
因自然环境变化或人类活动而造成的气候环境向不利于人类生存方向的变化。

07.247 人致气候变化 anthropogenic climate change
又称"人类活动造成的气候变化"。由于人类活动的结果(如森林砍伐,飞机飞行、汽车排放、工农业生产)而造成的气候变化。

07.248 荒漠化 desertization, desertification
由气候变化、人类活动或两者共同作用所引起的荒漠环境向干旱或半干旱地区延伸或侵入的过程。

07.249 气候趋势 climatic trend
气候多年变化的倾向,如近百年的气候变暖。

07.250 气候适应 climatic adaptation, acclimatization
动物及人类生活、生产活动对气候环境变化的主动适应。

07.251 气候影响 climatic impact
气候变化对自然环境、人类生活、生产的影响。

07.252 气候驯化 climatic domestication
动、植物对新的环境气候条件的适应。

07.253 气候异常 climatic anomaly
气候要素的距平达到一定数量级(如 1 ~ 3 个均方差以上)的气候状况。

07.254 气候预测 climatic prediction
对气候状况所做 1 个月以上的预测,如季度预测、年度预测,为第一类气候预测。利用气候模式对边界条件(如大气中 CO_2 浓度增加)改变引起气候变化所做的气候预测,称为平衡气候预测,为第二类气候预测。

07.255 气候噪声 climate noise
对气候状态(气候要素平均值)未能造成影响的短期天气过程和其他扰动。

07.256 气候灾害 climate damage
对人类生活和生产造成灾害的气候现象。

07.257 气候反馈机制 climatic feedback mechanism
气候系统中一个分量受另一个分量影响而变化,这种变化反过来又影响这一个分量的过程。

07.258 数值气候分类 numerical climatic classification
用数值分析方法进行气候分类。

07.259 气候评价 climatic assessment
对气候、气候异常和气候变化产生的经济与社会影响做出评价。

07.260　树木年轮气候学　dendroclimatology
根据树木年轮变异重建的过去气候序列研究气候变化的学科。

07.261　树木年轮气候志　dendroclimatography
根据树木年轮重建的过去气候序列而得到的气候志。

07.262　历史气候　historical climate
人类文明出现后至仪器观测开始前的历史时期的气候。在中国约有五千年。

07.263　世　Epoch
正规的地质年代单位，比一个地质"期"（Age）长，比一个地质"纪"（Period）短，在"世"期间，相应统（Series）的岩石已经形成。

07.264　冰期　ice age
地质史上气候寒冷、冰川广泛发育的时期。每次大冰期又可包括若干次冰期。

07.265　小冰期　little ice age
全新世以来气温最低的一段时期，一般指公元 1430 ~ 1850 年。

07.266　间冰期　interglacial period
介于两次冰期之间的气候较为温暖的地质时期。

07.267　冰后期气候　post-glacial climate
晚更新世冰期结束之后的温暖气候。一般指 10 000 ~ 11 000 年以前开始至今的全新世气候。

07.268　日本海流　Japan current
又称"黑潮（Kuroshio）"。北太平洋西部流势最强的一支暖流。

07.269　第四纪气候　Quaternary climate
约 240 万年前以来第四纪的气候，其中包括几次冰期和间冰期的循环。

07.270　第三纪气候　Tertiary climate
地质时期第三纪的气候，通常认为在距今 7 000 万年至 240 万年之间。

07.271　人工影响气候　climate modification
人为改变某个气候形成因子而造成的气候变化。

07.272　人工小气候　artificial microclimate
采取各种人为措施控制或改变局地环境所形成的小气候。

07.273　温室气候　greenhouse climate
温室内的大气状况，其特征是由于玻璃遮盖对入射的短波辐射的透明度比对温室内的长波辐射的透明度要大，因而导致温室白天温度较高。

07.274　物候分区　phenological division
依据物候资料划分的物候区。

07.275　物候观测　phenological observation
对动、植物随天气、气候变化而受到影响的生长、发育及活动情况进行的观测。

07.276　物候日　phenodate
动、植物随季节变化而开始或终止出现某种生命活动现象的日期。

07.277　物候谱　phenospectrum
形象地表示植物在一年内发育过程的图谱。

07.278　物候图　phenogram
用气象因子表示物候特点的各种图的统称。

07.279　等物候线　isophene
某一地区某一物候现象同时出现的各点的连线。

07.280　无霜期　duration of frost-free period
一年内终霜（包括白霜和黑霜）日至初霜日之间的持续日数。终（初）霜日通常指地面最低温度大于 0℃ 的最后（最初）的一日。

08. 应用气象学

08.001 应用气象学 applied meteorology
研究有关专业与气象条件的相互关系及气象学应用于有关专业所形成的各专业气象学的统称。

08.002 人类生物气候学 human bioclimatology
是生物气象的分支学科,研究与人类有关的生物气候学内容。

08.003 人类生物气象学 human biometeorology
是生物气象的分支学科,研究与人类有关的生物气象学内容。

08.004 农业气象学 agricultural meteorology, agrometeorology
研究气象条件与农业生产相互关系的学科。

08.005 地理信息系统 geographic information system, GIS
在计算机软硬件支持下,把各种地理信息按照空间分布及属性以一定的格式输入、存储、检索、更新、显示、制图、综合分析和应用的技术系统。

08.006 地貌学 geomorphology
研究地貌分布状况、发展演变及其成因与形态类型的科学。

08.007 地球物理学 geophysics
研究地球大气圈、水圈及固体部分物理性质和变化过程的科学。

08.008 蒸散 evapotranspiration
农田土壤蒸发和植物蒸腾的总称。

08.009 有效蒸散 effective evapotranspiration
在土壤—植物系统中,由于植物生长而消耗在蒸散上的实际水量。

08.010 农谚 farmer's proverb
农业生产活动与天气气候条件关系的经验概括,常以通俗谚语或歌谣等形式广泛流传。

08.011 蒸腾 transpiration
植物体内水分通过表面以气态向外界大气输送的过程。

08.012 潜在蒸散 potential evapotranspiration
曾称"蒸散势","可能蒸散"。土壤充分湿润情况下全部被矮秆植物覆盖的平坦地面的蒸散量。

08.013 土壤水分平衡 soil water balance
某时段某土层的水分进入量（降水、灌溉、地下水补给等)和移出量(蒸散、渗漏等)之差。

08.014 渗透作用 percolation
水分通过土壤或覆盖层的向下运动。

08.015 土壤含水量 soil water content
存在于土壤孔隙和束缚在土壤固体颗粒表面的液态水量。

08.016 有效降水 effective precipitation
自然降水中实际补充到植物根分布层可被植物利用的部分。

08.017 [作物]需水临界期 critical period of [crop] water requirement
又称"需水关键期"。作物对水分胁迫特别敏感的生长发育阶段。

08.018 降水逆减 precipitation inversion
山区降水量随高度增加到某一高度之后,再

向上就开始减少的现象。

08.019 饱和持水量 saturation moisture capacity
土壤孔隙全部被液态水充满时的土壤含水量。

08.020 入渗 infiltration
水自地表进入土壤的运动。

08.021 入渗量 infiltration capacity
(1)一定土壤在具体条件下所能吸收的最大雨水量。(2)在具体条件下每单位地表面积的土壤吸收水分所能达到的最大速率。入渗量等于总降水量减去植被的截获量、地面洼地中的滞留量、蒸发量和地面径流量。

08.022 土壤[绝对]湿度 [absolute] soil moisture
表示土壤湿润程度的度量。以土壤中水分的重量占干土重的百分比来表示。

08.023 土壤相对湿度 relative soil moisture
土壤绝对湿度值占田间持水量的百分率。

08.024 田间持水量 field capacity
在不受地下水影响时,土壤所能保持的毛管悬着水的最大量。

08.025 鲍恩比 Bowen ratio
潮湿表面或水面由于湍流交换而散失的热量(感热)与蒸发所消耗的热量(潜热)之比。在半干旱地表上为5,在海上为0.1。

08.026 凋萎湿度 wilting moisture
土壤水分减少到使植物叶片开始呈现萎蔫状态时的土壤湿度。

08.027 土壤蒸发 soil evaporation
土壤水分通过土壤表面以气态逸散到大气中的过程。

08.028 土壤水势 soil water potential
土壤水受土壤颗粒的吸附力、重力和溶质渗透力作用而产生的势能总和。

08.029 作物需水量 crop water requirement
水肥条件最佳、生长发育正常的情况下,作物整个生长发育期的蒸散量。

08.030 萎蔫点 wilting point
不能被植物吸收和利用的土壤含水量。低于此土壤水分含量时植物将会萎蔫而死。

08.031 有效水分 available water
现有土壤水分含量与萎蔫点水分含量之差。

08.032 地面温度 surface temperature
土壤与大气界面的温度。

08.033 土壤表面温度 temperature of the soil surface
与土壤直接接触的温度表上记录的温度。

08.034 地温 ground temperature
地面和不同深度土层的温度的统称。

08.035 土壤温度 soil temperature
不同深度土壤的温度。

08.036 活动温度 active temperature
植物能够进行生长发育的高于生物学下限温度的日平均温度。

08.037 有效温度 effective temperature
活动温度减去生物学下限温度和超过上限温度部分的差值。

08.038 温度较差 temperature range
某一给定的时段内某地最高和最低气温之间的差值,或平均最高和最低温度之间的差值。

08.039 最适温度 optimum temperature
最有利于作物生长发育的环境温度。

08.040 积温 accumulated temperature
某一时段内逐日平均气温的累积值。

08.041 活动积温 active accumulated temperature

某时段内大于或等于生物学下限温度的日平均气温的累积值。

08.042 有效积温 effective accumulated temperature

某时段内有效温度的逐日累积值。

08.043 农业界限温度 agricultural threshold temperature

对农作物生长发育、农事活动以及物候现象有特定意义的日平均温度值。

08.044 叶温 leaf temperature

植物叶片表面的温度。

08.045 林冠层 canopy

简称"冠层"。地面上覆盖的植物外表面层，常常考虑植物的高度、分布和取向等。

08.046 冠层温度 canopy temperature

地表植物及(或)植被的温度，常用来表示地表植被的热力与水分状态。

08.047 冻土 frozen soil

土壤温度下降到 0℃ 以下，其水分和基质冻结的状态。

08.048 永冻土 pergelisol, permafrost

地面以下一定深度的土壤层或岩石层，这一层的温度至少在一些年内持续在 0℃ 以下。永冻土存在于夏季的加热不能达到冻结土层底部的地区。

08.049 最大冻土深度 maximum depth of frozen ground

土壤冻结达到的最大深度。

08.050 光周期[性] photoperiodism

影响植物发育，特别是开花期的光照与黑暗的交替及其时间长度。

08.051 温周期[性] thermoperiodism

植物生长发育要求昼夜间有一定的变温幅度。

08.052 光合有效辐射 photosynthetically active radiation，PAR

太阳辐射光谱中可被绿色植物的质体色素吸收、转化并用于合成有机物质的一定波段的辐射能。

08.053 光照长度 illumination length

白昼光照的持续时间，包括太阳光直射、漫射和曙暮光时段。

08.054 临界光长 critical day-length

植物通过光周期而开花结实的光照时间界限值。

08.055 光化学 photochemistry

研究物质化学变化与辐射之间关系的学科。

08.056 光合作用 photosynthesis

绿色植物利用光能将其所吸收的二氧化碳和水同化为有机物。

08.057 光照阶段 photophase

植物完成某一发育过程所需的一定光长影响的阶段。在此阶段内，长日照植物需要较长的白昼，短日照植物需要较长的黑暗。

08.058 光资源 light resources

农业生产可以利用的太阳辐射能。

08.059 热量资源 heat resources

农业生产可以利用的热量条件。

08.060 农业气象观测 agrometeorological observation

对农业生物的生长发育动态，农业生产过程及其气象、土壤、生物环境所进行的观测。

08.061 农业气象站 agricultural meteorological station

进行农业气象观测，开展农业气象实验和农业气象服务的专业气象站。

08.062 农业气象模式 agrometeorological model
表示农业生产对象或过程与气象条件关系的数学表达式或文字逻辑图式。

08.063 二十四节气 twenty-four solar terms
根据视太阳在黄道上的位置,划分反映我国一定地区(以黄河中下游地区为代表)一年中的自然现象与农事季节特征的二十四个节候。即:立春、雨水、惊蛰、春分、清明、谷雨、立夏、小满、芒种、夏至、小暑、大暑、立秋、处暑、白露、秋分、寒露、霜降、立冬、小雪、大雪、冬至、小寒、大寒。

08.064 立春 Beginning of Spring, Spring Beginning
二十四节气之第一节气,在 2 月 4 日或 5 日;表示春季开始。

08.065 雨水 Rain Water
二十四节气之第二节气,在 2 月 19 日或 20 日;表示天渐回暖,雨量增多。

08.066 惊蛰 Awakening from Hibernation
二十四节气之第三节气,在 3 月 5 日或 6 日;表示冬眠动物开始苏醒。

08.067 春分 Vernal Equinox, Spring Equinox
二十四节气之第四节气,在 3 月 20 日或 21 日;表示春季中间,昼夜等长。

08.068 清明 Fresh Green
二十四节气之第五节气,在 4 月 4 日或 5 日;表示天气晴朗温暖,草木返青。

08.069 谷雨 Grain Rain
二十四节气之第六节气,在 4 月 20 日或 21 日;表示降水明显增多,有利谷物生长。

08.070 立夏 Beginning of Summer
二十四节气之第七节气,在 5 月 5 日或 6 日;表示夏季开始。

08.071 小满 Lesser Fullness
二十四节气之第八节气,在 5 月 21 日或 22 日;表示麦类作物籽粒开始饱满。

08.072 芒种 Grain in Ear
二十四节气之第九节气,在 6 月 5 日或 6 日;表示夏收(麦类有芒作物成熟)夏种大忙季节。

08.073 夏至 Summer Solstice
二十四节气之第十节气,在 6 月 21 日或 22 日;表示炎热将至,该日昼最长,夜最短。

08.074 小暑 Lesser Heat
二十四节气之第十一节气,在 7 月 7 日或 8 日;表示开始炎热。

08.075 大暑 Greater Heat
二十四节气之第十二节气,在 7 月 23 日或 24 日;表示天气酷热,最炎热时期到来。

08.076 立秋 Beginning of Autumn
二十四节气之第十三节气,在 8 月 7 日或 8 日;表示秋季开始。

08.077 处暑 End of Heat
二十四节气之第十四节气,在 8 月 23 日或 24 日;表示炎热暑期即将过去。

08.078 白露 White Dew
二十四节气之第十五节气,在 9 月 7 日或 8 日;表示夜凉,出现露水。

08.079 秋分 Autumn Equinox
二十四节气之第十六节气,在 9 月 23 日或 24 日;表示秋季中间,昼夜等长。

08.080 寒露 Cold Dew
二十四节气之第十七节气,在 10 月 8 日或 9 日;表示气温下降,露水更凉。

08.081 霜降 First Frost
二十四节气之第十八节气,在 10 月 23 日或 24 日;表示天气渐寒,出现霜冻机会增多。

08.082 立冬 Beginning of Winter
二十四节气之第十九节气,在 11 月 7 日或 8 日;表示冬季开始。

08.083 小雪 Light Snow
二十四节气之第二十节气,在 11 月 22 日或 23 日;表示开始降雪,雪量小。

08.084 大雪 Heavy Snow
二十四节气之第二十一节气,在 12 月 7 日或 8 日;表示降雪机会增多,雪渐大。

08.085 冬至 Winter Solstice
二十四节气之第二十二节气,在 12 月 21 日或 22 日;表示寒冬到来,该日昼最短、夜最长。

08.086 小寒 Lesser Cold
二十四节气之第二十三节气,在 1 月 5 日或 6 日;表示天气开始寒冷,且越来越冷。

08.087 大寒 Great Cold
二十四节气之第二十四节气,在 1 月 20 日或 21 日;表示天气严寒,最寒冷的时期到来。

08.088 二分点 Equinoxes
黄道和天赤道的两个交点,即春分点和秋分点的总称。

08.089 农业气象灾害 agrometeorological hazard
不利的气象条件对农业生产造成的危害。

08.090 干热风 dry hot wind
高温、低湿和一定风力的天气条件影响作物生长发育造成减产的灾害性天气。

08.091 倒春寒 late spring cold
在春季天气回暖过程中出现温度明显偏低,对作物造成损伤的一种冷害。

08.092 寒露风 low temperature damage in autumn
秋季冷空气入侵引起明显降温而使水稻减产的一种冷害。

08.093 黑霜 dark frost
曾称"杀霜"。生长季内温度降至 0℃ 以下,植物表面没有结霜,但已使植物受冻害或枯死的现象。

08.094 冻害 freezing injury
越冬期间冬作物和果树林木因遇到极端低温或剧烈降温所造成的灾害。

08.095 霜冻 frost injury
生长季节里因气温降到 0℃ 或 0℃ 以下而使植物受害的一种农业气象灾害,不管是否有霜出现。

08.096 湿害 wet damage
又称"渍害"。土壤中含水量长期处于饱和状态使作物造成损害。

08.097 热害 hot damage
高温对农业生物的生长发育和产量造成的危害。

08.098 冷害 cool damage
植物生长季节里,0℃ 以上的低温对作物造成的损害。

08.099 风害 wind damage
大风对农牧林业造成的危害。

08.100 寒害 chilling injury
热带作物受低温侵袭造成的灾害。

08.101 雪灾 snow damage
降雪过多、积雪过厚和雪层维持时间过长造成的灾害。

08.102 雹灾 hail damage
降雹造成的灾害。

08.103 旱灾 drought damage
干旱对农牧林业生产造成的灾害。

08.104 干旱 drought
长期无雨或少雨导致土壤和空气干燥的现象。

08.105 绿洲效应 oasis effect
干旱区内有水源存在时由于热平流面造成的蒸发冷却。

08.106 农业气象预报 agrometeorological forecast
针对农业生产需要而编发的专业气象预报。

08.107 农业气象信息 agrometeorological information
分析过去和当前气象条件对农业生产影响情况的报导材料。

08.108 农业气象指标 agrometeorological index
反映气象条件对农业生产影响的特征量。

08.109 农业气候学 agricultural climatology, agroclimatology
研究农业生产与气候条件之间相互关系的学科。

08.110 农业气候评价 agroclimatic evaluation
曾称"农业气候鉴定"。根据农业气候指标评价气候条件影响农业生产的利弊程度。

08.111 农业气候分析 agroclimatic analysis
对农业与气候条件的相互关系及其规律的分析。

08.112 农业气候图集 agroclimatic atlas
表示农业气候要素的空间、时间分布规律或相互关系的图表集。

08.113 农业气候区划 agroclimatic demarcation, agroclimatic division
根据一定的农业气候指标将一较大地区划分成农业气候特征有明显差异的若干区域。

08.114 农业气候资源 agroclimatic resources
对农业生产可能提供物质和能量的光、热、水等气候要素的数量、组合及分配状况。

08.115 二氧化碳施肥 carbon dioxide fertilization
由于 CO_2 浓度增加而在植物或作物周围引起的大气增肥作用。

08.116 气候风险分析 climatic risk analysis
在评估气候条件对国民经济各部门的影响时,具有一定风险程度的决策分析。

08.117 农业气候相似 agroclimatic analogy
不同地区间农业气候条件的相似程度。

08.118 [农业]气候生产潜力 agroclimatic potential productivity
在作物品种、肥力、耕作技术等都充分满足需要时,在自然的光、热、水等气候因素综合影响下作物可能达到的最高单产。

08.119 农业气候指标 agroclimatic index
反映农业生产与气候条件相互关系的特征值。

08.120 农业气候分类 agroclimatic classification
根据农业气候指标和农业气候相似的原理划分出不同的农业气候类型。

08.121 高温带 thermal zone
(1)由于温度垂直变化,在山区地带所发现的几种可能的植被型水平带中的任何一种。如无霜带、森林线等。(2)通常是指由相对高而均匀的温度特征所确定的一部分地表,因而它经常被对应于某些度量温度或温度效应的选定值的线所界定。

08.122 气象谚语 meteorological proverb
概括反映天气气候变化特点的群众经验的谚语。

08.123 农业气候志 agroclimatography

描述农业气候基本状况的志书。

08.124 物候学 phenology
研究自然界动植物生命各阶段与天气气候有关的各种现象在周年中循环出现的时间序列的学科。

08.125 物候期 phenophase
某种物候现象出现的日期。

08.126 植物气候学 phytoclimatology
研究植物群落间、植物表面甚至植物体内的小气候的学科。

08.127 农业小气候 agricultural microclimate
农田、森林、果园、草场以及各种农业设施中的贴地气层和土壤上层气候的统称。

08.128 农田小气候 microclimate in the fields
农田贴地气层、土层与作物群体之间生物学和物理学过程相互作用而形成的小气候。

08.129 生物气象学 biometeorology
研究大气及空间环境对生命有机体直接或间接影响的学科。

08.130 生物学零度 biological zero point
在其他条件适宜的情况下,植物生长发育需要的下限温度。

08.131 畜牧气象学 animal husbandry meteorology
研究畜牧业生产与气象条件相关的学科。

08.132 土壤气候 soil climate
土壤中的水、热、气状况及其变化规律。

08.133 植物[小]气候 phytoclimate
植物生长环境中的自然气候或人造气候。

08.134 边际效应 marginal effect
作物群体的边缘地带由于辐射、通风、养分等条件较作物群体内优越而产生的一种增产效应。

08.135 植被指数 vegetation index
将遥感地物光谱资料经数学方法处理,以反映植被状况的特征量。

08.136 作物气象 meteorology of crops
研究农作物生长发育、产量形成及其生产过程与气象条件关系的学科。

08.137 生态系统 ecosystem
生物群落及其地理环境相互作用的自然系统,由无机环境生物的生产者(绿色植物)、消费者(草食动物和肉食动物)以及分解者(腐生微生物)4部分组成。

08.138 大气生物学 aerobiology
研究大气中自由悬浮的生命有机体(如微生物、昆虫、种子、花粉等)的传播、分布和习性,以及它们造成的后果和影响的学科。

08.139 生态学 ecology
研究生物之间及生物与非生物环境之间相互关系的学科。

08.140 生态环境 ecological environment
影响人类与生物生存和发展的一切外界条件的总和,包括生物因子(如植物、动物等)和非生物因子(如光、水分、大气、土壤等)。

08.141 生态气候学 ecoclimatology
研究动植物生理生态的气候适应性,以及气候条件对动植物的地理分布影响等的学科。

08.142 生物气候学 bioclimatology
研究生命有机体与气候环境条件相互关系的学科。

08.143 医疗气候学 medical climatology
研究气候对人类健康的影响的一门学科。

08.144 医疗气象学 medical meteorology
研究气象条件对人类健康的影响的一门学科。

08.145 气象病 meteorotropic disease, meteoropathy

其起因及发展和气象现象紧密相关的一种疾病。

08.146 航空气象学 aeronautical meteorology

研究气象条件对航空活动和航空技术装备的影响,以及如何实施航空气象保障的学科。

08.147 航空气象观测 aviation meteorological observation

根据飞行需要,定时或不定时进行的气象观测。

08.148 航空区域[天气]预报 aviation area [weather] forecast

为指挥责任区、空域或执行任务地区所制作的航空天气预报。

08.149 航空气象信息 aviation meteorological information

为航空服务的各种气象观测资料、天气报告、航空天气预报和航空危险天气警报、通报等。

08.150 航空气候区划 aeronautical climate regionalization

根据航空需要按一定气候指标进行的区域性划分。

08.151 飞机气象探测 airplane meteorological sounding

用飞机携带气象仪器对大气进行的专门探测。

08.152 重要气象信息 significant meteorological information

国际民航采用的一种术语。由气象监视哨所(台、站)发出的有关影响飞行安全的天气现象发生或预期发生的气象信息。

08.153 危险天气通报 hazardous weather message

出现一项或几项危险天气时及时按规定格式编发的天气实况报告。

08.154 天气警报 weather warning

为了提供危险天气状况的适时警报而发布的气象消息。

08.155 机场危险天气警报 aerodrome hazardous weather warning

发现或预计机场有危险天气出现时发布的警报。

08.156 天气实况演变图 meteorogram

根据连续的天气实况制作的用以掌握短时天气变化的辅助图。

08.157 航空气象要素 aviation meteorological element

与航空活动有关的气象要素。

08.158 国际民航组织标准大气 ICAO standard atmosphere

国际民航组织采用的标准大气。

08.159 表速 indicated air speed, IAS

飞机在飞行中速度表上指示的气流速度,在国际上常用符号 IAS 表示。

08.160 空中能见度 flight visibility

又称"飞行能见度"。飞行中能看清地面或空中最远目标物轮廓的距离。

08.161 跑道能见度 runway visual range

又称"跑道视程"。在跑道上沿起降方向能辨清目标物的最大距离。

08.162 跑道积冰 icing on runway

机场跑道上出现积冰的现象。

08.163 最低气象条件 meteorological minimum

为保证飞行安全或特定任务的顺利进行所规定的最低限度气象条件。

08.164 机场最低气象条件 aerodrome meteorological minimum

为保证飞机在机场的起降安全所规定的最低气象条件。

08.165 等效机场高度 equivalent altitude of areodrome

在标准大气中与机场所在高度上大气密度的季节平均值相等的空气密度所对应的高度。

08.166 禁飞天气 unflyable weather

低于飞行所必须的最低气象条件的天气。

08.167 明语气象报告 plain-language report

用明语编制的气象报告。

08.168 航空气象电码 aviation meteorological code

专门用于航空业务的气象电码。

08.169 飞行员气象报告 pilot meteorological report

飞行员飞行报告中有关气象的部分内容。

08.170 航空气象保障 aviation meteorological support

提供航空所需要的气象信息以及提出趋利避害的综合措施。

08.171 机场预约天气报告 appointed airdrome weather report

应有关机场气象台、站预约而提供的天气报告。

08.172 飞机天气侦察 aircraft weather reconnaissance

为获取气象信息的侦察飞行。

08.173 对空气象广播 VOLMET broadcast

向正在空中飞行的飞机播送气象信息。

08.174 航空[天气]预报 aviation [weather] forecast

专为航空服务的天气预报。

08.175 航线[天气]预报 air route [weather] forecast

从起飞机场到降落机场或目标区的整个航程的天气预报。

08.176 航空天气订正预报 amendment of aviation weather forecast

为修正航空天气预报而发布的补充预报。

08.177 着陆[天气]预报 landing [weather] forecast

为飞机着陆所提供的机场天气预报。

08.178 机场特殊天气报告 aerodrome special weather report

又称"机场突变天气报告"。常规观测时间外因机场区出现可能影响飞行安全的突变天气而作出的补充报告。

08.179 全天候机场 all weather airport

机场安装的设备可使合格的飞机和机组人员不受天气条件的限制而安全着陆。

08.180 重要天气 significant weather

在一定的航线上发生或可能发生的对飞行安全有影响的天气现象。

08.181 重要天气图 significant weather chart

又称"恶劣天气预报图"。标明在航线上可能出现的对飞行安全有显著影响的重要天气现象的天气图。

08.182 高度表拨定[值] altimeter setting

以场面气压值调节飞行器高度表副标尺的气压值以显示飞行器距场面的实际高度。

08.183 飞机积冰 aircraft icing

飞行中过冷水在飞机表面的某些部位(主要是迎风部位)冻结的现象。

08.184 晴空湍流 clear air turbulence, CAT

自由大气中与对流云无关的一种小尺度大

气湍流。多出现在 5000 m 以上的高空。

08.185 飞机颠簸 aircraft bumpiness
飞机在扰动气流中飞行时产生的振颤、上下抛掷、摇晃、摆头等现象。

08.186 飞机尾迹 aircraft trail
飞行中飞机后面形成的带状轨迹。

08.187 尾流 wake
相对于流体保持运动的固体物体后面的湍流。

08.188 尾流低压 wake depression
(1)雷暴高压快速前进时在其后部产生的低涡。(2)在紧临气流障碍物下游处所形成的低压区。

08.189 [废气]凝结尾迹 [exhaust] contrail
飞行中飞机排出的废气降温而凝成的云状条带。

08.190 [废气]蒸发尾迹 [exhaust] evaporation trail
飞机在云中飞行时,由于废气的影响,在其路径上留下的一条无云缝隙。

08.191 飞机尾流 aircraft wake
飞机飞行中绕过机翼和机身的气流所产生的低速低压区。

08.192 低空风切变 low-level wind shear
离地约 600 m 高度以下风的水平或垂直切变现象。

08.193 场面气压 airdrome pressure
飞机着陆区(跑道入口端)最高点处的气压。

08.194 顺风 tail wind
与物体相对于地表的运动方向一致的风。

08.195 侧风 cross wind
与物体相对于地表的运动方向有垂直分量的风。

08.196 逆风 head wind
与物体相对于地面的运动方向相反的风。

08.197 航行风 navigation wind
飞机在飞行中采用以风的去向作为风向,并以磁经线作为计算基准的一种风。

08.198 风向袋 wind sleeve
能绕垂直轴作水平旋转的用以指示风的去向的锥形布袋。通常用在机场上。

08.199 风暴信号 visual storm signal
悬挂在高杆上,从远处可以看到表示大风将要来临以及大风来向的大的圆锥形或旗形目视信号。

08.200 航空气候志 aeronautical climatography
反映某一地区与飞行活动有关的气候特征的专门志书。

08.201 军事气象学 military meteorology
研究气象条件对军事活动和武器装备使用的影响,以及对军事行动实施气象保障的学科。

08.202 军事气象保障 military meteorological support
应用大气科学和其他相关科学技术保障军事行动的气象专业勤务。

08.203 军事气候志 military climatography
论述某地区气候状况、特点及其与军事活动关系的志书。

08.204 军事气象信息 military meteorological information
为保障军事活动的需要所获取的各种气象资料。

08.205 弹道风 ballistic wind
在弹体所经整个气层范围内按弹道计算的加权平均风。

08.206 弹道温度 ballistic temperature
在弹体所经整个气层范围内按弹道计算的加权平均温度。

08.207 弹道空气密度 ballistic air density
在弹体所经整个气层范围内按弹道计算的加权平均空气密度。

08.208 气候病理学 climatopathology
病理学的一个分支,研究由气候影响引起的疾病。

08.209 生物气象指数 biometeorological index
评价小气候对生命机体活动影响的综合指标。

08.210 雪盲 snow blindness
由积雪表面反射的阳光所引起的视力减弱或暂时失明现象。

08.211 感觉温度 sensible temperature
在不同气温、湿度和风速的综合作用下,人体所感觉的冷暖程度。

08.212 风寒指数 wind-chill index
气温低于15℃时,表征人体失热量与风速、气温关系的指数。

08.213 舒适指数 comfort index
表征人体受环境温度和湿度综合影响而有舒适感觉的指标。

08.214 不适指数 discomfort index
表征人体受环境温度和湿度综合影响而有不舒适感觉的指标。

08.215 舒适气流 comfort current
在不同温度环境中使人感觉舒适的风速。

08.216 舒适温度 comfort temperature
人体感到舒适的环境温度。

08.217 工业气候 industrial climate
与工业生产密切相关的气候条件。

08.218 度日 degree-day
某一时段内每日平均温度和基准温度之差的代数和。是计算热状况的一种度量单位。

08.219 采暖度日 heating degree-day
用每日平均温度低于基准温度(例如18℃)的度数计算的度日。是表示燃料消耗的度量。

08.220 冷却度日 cooling degree-day
用每日平均温度高于基准温度(例如25℃)的度数计算的度日。是表示空调或致冷所需的能量消耗。

08.221 水资源 water resources
可供利用的大气降水、地表水和地下水的总称。

08.222 建筑气候 building climate
与建筑工程密切相关的气候条件。

08.223 风振 wind induced oscillation
脉动风对建筑结构产生振动的动力效应。

08.224 风化[作用] weathering
大气、水汽凝成物及悬浮杂质对暴露物质的形态、颜色或构成所产生的力学、化学或生物学作用。

08.225 气候应力荷载 climate stress load
由风压、雪压等对建筑表面所产生的荷载之和。

08.226 雪荷载 snow load
雪作用在建筑物或构筑物顶面上的重力。

08.227 风应力 wind stress
地表(或建筑物表面)单位面积上受到邻近运动空气层施加的曳力或切向力。

08.228 风荷载 wind load
风作用在建筑物或构筑物表面上的法向分力。

08.229 建筑气候区划 building climate de-

marcation

按不同地理区域气候条件对建筑工程影响的差异性所做的建筑气候分区。

08.230 主导风向 predominant wind direction

某地一年内平均风速最大的风向。

08.231 盛行风 prevailing wind

一个地区在规定的时间内出现风向频率最多的风。

08.232 风速脉动 wind velocity fluctuation

短时内风速随时间的变化,其值等于瞬时风速对平均风速的偏差。

08.233 风压 wind pressure

风作用在物体表面上的压力。

08.234 最大风压 maximum wind pressure

根据最大风速计算得到的风压值。

08.235 风压系数 coefficient of wind pressure

作用于建筑物迎风面上的有效风压与基准风压的比值。

08.236 风阻影响 windage effect

障碍物造成的气流涡区对建筑物或构筑物的影响。

08.237 稳定风压 steady wind pressure

在给定的时间间隔内不随时间改变的风压。

08.238 最大瞬时风速 maximum instantaneous wind speed

建筑设计中所规定的若干年一遇的最大瞬时风速。

08.239 最大设计平均风速 maximum design wind speed

建筑设计中所规定的若干年一遇的 10 分钟平均风速的最大值。

08.240 破坏风速 breaking wind speed

超过建筑物最大设计平均风速的风速。

08.241 雪压 snow pressure

单位水平面积上积雪的重量。

08.242 能源气象学 energy source meteorology

研究能源的勘探、开采、储存、运输和使用与气象条件之间的相互关系的学科。

08.243 风能 wind energy

近地层风产生的动能。

08.244 风能资源 wind energy resources

可供人类利用的风能。

08.245 有效风速 effective wind speed

风力机起动风速至破坏风速间的风速(3 ~ 20 m/s 或 3 ~ 25 m/s)。

08.246 有效风能 available wind energy

根据有效风速计算出的风能。

08.247 风能玫瑰[图] wind energy rose

用极坐标图表示某一地点某一时段内各方向风能值的统计图。

08.248 风能潜力 wind energy potential

风能密度与有效风速积累小时数的乘积。

08.249 风能区划 wind energy demarcation

根据不同地区风能分布特征所作的风能分区。

08.250 风能资源储量 wind energy content

全球或某一区域内的风能资源。

08.251 风能密度 wind energy density

单位时间内通过与风向垂直的单位截面积的风能。

08.252 风场评价 wind site assessment

对风力田所在位置风况好坏程度的估价。

08.253 风力田 wind farm

又称"风电场"。安装大中型风力发电机群的场地。

08.254 太阳能资源 solar energy resources
可转化成热能、机械能、电能以供人类利用的太阳能。

08.255 太阳能区划 solar energy demarcation
根据不同地区太阳能分布特征所作的分区。

08.256 污染气象学 pollution meteorology
研究大气污染与气象条件的相互关系的学科。

08.257 大气本底[值] atmospheric background
又称"本底浓度（background concentration）"。在未受到人类活动影响的条件下，大气各成分的自然含量。

08.258 大气污染 atmospheric pollution
自然或人为原因使大气中某些成分超过正常含量或排入有毒有害的物质，对人类、生物和物体造成危害的现象。

08.259 排放率 emission rate
由源地每秒钟排放出的空气污染物的质量。如由某烟囱口 SO_2 的排放率为 $1 kg \cdot s^{-1}$。

08.260 空气污染 air pollution
一般指近地面或低层的大气污染，有时仅指室内空气的污染。

08.261 热污染 thermal pollution
由于人为原因，特别是由于发电厂排出的热水而造成的气温或水温上升。

08.262 采样间隔 sampling interval
两次采样之间的时间间隔。

08.263 大气品位标准 atmospheric quality standard
又称"大气质量标准"。评价大气环境状态品质优劣程度的法定准则。现多用污染物的容许浓度表示。

08.264 大气污染源 atmospheric pollution sources
排放大气污染物的自然源（火山喷发、森林火灾、土壤风化等）和人工源（工业废气、生活燃煤、汽车尾气等）。

08.265 原生污染物 primary pollutant
又称"原发性污染物"。从源直接排出且物理和化学性质未发生变化的污染物。

08.266 次生污染物 secondary pollutant
又称"继发性污染物"。原生污染物在物理、化学或生物的作用下发生一系列变化后产生的新的污染物。

08.267 大气净化 atmospheric cleaning
通过物理、化学和生物等作用减少或清除大气中污染物质的过程。

08.268 大气扩散方程 atmospheric diffusion equation
扩散物质在湍流运动中质量守恒定律的表达式。例如用大气扩散 K 理论导出的平流扩散方程及高斯扩散模式等。

08.269 [环境]大气质量监测 [environment] atmospheric quality monitoring
对空气中灰尘、SO_2、NO_x 和 O_3 等污染物和有毒气体及放射性微粒的布点监测。

08.270 空气污染模拟 air pollution modeling
用数值模式或实验方法模拟污染物在大气中的迁移和转化的过程。

08.271 空气污染模式 air pollution model
根据大气扩散理论或实验方法建立的定量模拟污染物时空分布的数学模型。

08.272 空气污染物排放 air pollutant emission
因人类活动和自然原因大量废气、烟尘、杂

质等有害物质被排入大气的过程。

08.273 空气污染物含量 loading of air pollutant
单位体积或单位质量空气中某种污染物的含量。

08.274 空气污染物排放标准 air pollutant emission standard
为符合大气质量标准而对污染源的排放浓度或总排放量所作出的限量规定。

08.275 飘尘 floating dust
粒径小于 $10\mu m$ 的浮游微粒。其含量是评价大气污染对人体健康影响的重要指标。

08.276 降尘 dustfall
一般指粒径大于 $30\mu m$ 的可自然沉降的大气固体颗粒物。其含量是评价大气污染程度的指标之一。

08.277 温室气体 greenhouse gasses
大气中具有温室效应的某些微量气体，有 CO_2、CH_4、N_2O 等30余种。

08.278 人工气候室 phytotron
又称"育苗室"。用于在各种严格控制的环境条件下研究植物的一种设备。

08.279 雨洗 rain-out
在雨滴形成、增长和最终形成降水的过程中，将空气中的气溶胶粒子从空气中清除出去的过程。

08.280 大气污染物 atmospheric pollutant
大气中危害人类和环境的人为污染物和自然污染物。

08.281 烟雾气溶胶 smog aerosol
城市或工业区低层大气中烟和雾的混合气溶胶。

08.282 烟灰云 ash cloud
火山喷发的大量尘埃和水蒸气凝结而形成的云。

08.283 烟雾 smog
烟和雾的混合物。现泛指含有高浓度工业烟尘的雾，或由次生污染物生成的光化学烟雾。

08.284 烟幕 smoke screen
空气中有大量烟存在使水平能见度小于10 km 的天气现象。

08.285 血雪 blood-snow
降水中含有红色物质而呈红色的雪。

08.286 血雨 blood-rain
降水中含有红色物质而呈红色的雨。

08.287 黄雨 sulfur rain, yellow rain
因夹杂硫化物、花粉或黄色微尘而呈黄色的雨。

08.288 降水酸度 precipitation acidity
大气降水所具有的酸度，以 pH 值表示。

08.289 烟羽类型 plume type
由气象条件和地形的差异，点源排放的烟流所呈现的形态。

08.290 烟羽抬升 plume rise
烟气离开烟源后因初始动力和热力作用而继续上升并逐渐变平的过程。

08.291 烟羽高度 plume height
烟囱高度加烟羽抬升高度之和。也即水平烟羽中心轴到地面的距离。

08.292 有效烟囱高度 effective stack height
由烟囱或其他点源排出的烟流中线的最终平衡高度。它等于烟囱顶端的实际高度再加上烟流浮力及（或）拖曳速度造成的上升高度。

08.293 浮升烟羽 buoyant plume
在浮力作用下抬升的烟羽。

08.294 平流层污染 stratospheric pollution
平流层内因人为因素导致某些微量气体或放射性微粒增加，臭氧含量减少，或因自然因素导致气溶胶及火山尘埃储存的现象。

08.295 沉降 sedimentation
大气中的微粒由于重力作用而下降到地面的过程。

08.296 沉降物 fallout
从大气向地表沉降的微粒。通常指核爆炸后沉降的放射性微粒。

08.297 大气尘粒 lithometeor
大气尘粒由大部分固体或非水的微粒集合构成。它们或多或少在空气中悬浮着，或被风从地面刮到空中。

08.298 沉降风 fallout wind
对流层内带有放射性沉降物的风。

08.299 雨蚀 rain erosion
由于降水作用而对地形造成的侵蚀。

08.300 城市空气污染 urban air pollution
因城市特殊的下垫面条件和边界层结构以及污染源集中而造成的空气污染。

08.301 烟 smoke
由燃烧而产生的在大气中浮悬的细小固体、液体微粒。

08.302 烟羽 smoke plume
又称"烟流"，"烟云（smoke cloud）"。从烟源连续排放的可见轮廓的烟气流。

08.303 厚烟层 smoke pall
通常由森林火灾或大城市工业区产生的浓密而持久的烟层。

08.304 大气污染监测 atmospheric pollution monitoring
对大气环境污染情况的定点定时测量。一般包括大气质量监测、污染源监测和工作地点监测。

08.305 大气环境评价 assessment of atmospheric environment
按照一定的标准和方法对大气质量进行定性或定量评定，以确定或预测大气污染的状况及应采取的最优对策。

08.306 大气环境容量 atmospheric environment capacity
在一定的环境标准下某一环境单元大气所能承纳的污染物的最大允许量。

08.307 森林气象学 forest meteorology
研究气象条件与森林、林业生产的相互关系的学科。

08.308 森林界限温度 forest limit temperature
不同气候带各种类型林带的下限温度，以最冷候平均气温表示。

08.309 最大防护距离 maximum shelter distance
林带能起防护作用的最大距离，一般以林带高度的倍数表示。

08.310 风障 wind break
冬季设在苗圃的盛行风上风向起防风保温作用的屏障。

08.311 林火[天气]预报 forest-fire [weather] forecast
根据天气条件及林中被覆物的干燥程度而制作的林区火险程度的预报。

08.312 森林火险天气等级 weather grade of forest
按林区火险可能性大小的分级。中国林区一般采用5级制：1级——不燃；2级——难燃；3级——可燃；4级——易燃；5级——强燃。

08.313 森林小气候 forest microclimate

由林冠及林中植被所形成的小气候。

08.314 水文气象学 hydrometeorology
应用气象学的原理和方法研究水文循环和水分平衡中同降水、蒸发有关问题的学科。

08.315 汛期 flood period
流域内由于季节性降水集中，或融冰、化雪导致河水在一年中显著上涨的时期。

08.316 丰水年 high flow year
又称"多水年"，"湿润年"。年降水量或年径流量比多年平均值显著偏大的年份。

08.317 枯水年 low flow year
又称"少水年"，"干旱年"。年降水量或年径流量比多年平均值显著偏少的年份。

08.318 平水年 normal flow year
又称"中水年"，"一般年"。年降水量或年径流量接近多年平均值的年份。

08.319 水分收支 water budget
又称"水分差额"。地球上任一区域（或全球）在一定时段内收入和支出的水量之差。

08.320 可能最大洪水 probable maximum flood
根据一定流域范围内一定历时的可能最大降水及最大径流系数计算得出的最大洪水。

08.321 水文气象预报 hydrometeorological forecast
将气象条件和水文特征相结合，制作一定流域未来降水（暴雨）的落时、落区、水位、流量以及洪水的发生及其发展趋势的预报。

08.322 水文地理学 hydrography
研究地球表面各类水体的性质、形态特征、变化与时空分布及其地域规律的学科。

08.323 水文学 hydrology
（1）研究地球陆地表面以上和以下水的发生、循环和时空分布，它们的生物、化学和物理特性，及它们对环境的反作用（包括它们与生物的关系）一门学科。（2）研究陆地水资源减少与补充的各种支配过程以及水分循环的各阶段的一门学科。

08.324 设计暴雨 design torrential rain
为防洪等工程设计拟定的符合指定设计标准的当地可能出现的暴雨。

08.325 可降水量 precipitable water
单位底面积空气柱体内所含水汽全部凝结降落的总水量。

08.326 可能最大降水 probable maximum precipitation, PMP
又称"可能最大暴雨"。特定范围内一定历时的理论上的最大降水量。

08.327 区域平均雨量 area mean rainfall
某一区域各测点一定历时中的雨量平均值。

08.328 海洋气象学 marine meteorology
研究海洋上大气现象与海洋现象及其相互关系的学科。

08.329 绕南极洋流 antarctic circumpolar current, ACC
又称"西风漂流（west wind drift）"。自西向东流过围绕南极大陆的所有海洋区域，具有最大体积输送和最快速度的洋流。

08.330 风浪区 fetch
风直接作用于水面所形成的波浪区域。

08.331 涨潮 flood tide
在每一个潮汐涨落周期中，潮位由最低逐渐上升至最高的过程。

08.332 气象潮 meteorological tide
由于盛行风的摆动以及海水受热、冷却等原因而引起的海面周年或半年的升降变化。

08.333 地转流 geostrophic current
海洋学中与海水水平压强梯度相联系的一

种海流。

08.334 高潮 high tide
在一个潮汐涨落周期内,海面上升到最高潮位的现象。

08.335 太阴潮 lunar tide
俗称"月亮潮"。月亮引潮力产生的潮汐波动。

08.336 洋流 ocean current
海洋中除了由引潮力引起的潮汐运动外,海水沿一定途径的大规模流动。

08.337 密度跃层 pycnocline
海水密度垂直梯度急剧增大的水层。

08.338 浮冰带 ice belt
又称"流冰带"。开阔海面的碎冰带。

08.339 北极浮冰群 arctic pack
又称"北极冰山"。北冰洋的浮冰群,面积约 $9 \times 10^6 \sim 16 \times 10^6 \ km^2$。

08.340 海面辐射 sea surface radiation
海面向大气发射的长波辐射。

08.341 海面温度 sea surface temperature, SST
海洋表面层的水温。

08.342 海面反照率 sea surface albedo
海面反射辐射与入射到海面的辐射之比。

08.343 咆哮西风带 brave west wind
南纬40°~65°及其邻近海域内全年都出现的持续性强劲西风。

08.344 北冰洋[烟]雾 arctic [sea] smoke
极地冷空气流经较暖海面而形成的蒸汽雾。

08.345 海洋天气预报 marine weather forecast
为海洋航行或海上作业部门制作的海上天气预报。

08.346 海洋气象电码 marine meteorological code
海洋气象要素的观测报告及预报所用的电码。

08.347 大风警报 gale warning
气象台站对公众和有关部门发布特定地区将出现8级或9级以上大风的警告性预报。

08.348 气象航线 meteorological shipping route
根据海洋气象预报信息所制定的大洋航线。

08.349 天气导航 weather routing
根据观测或预报的天气信息求得船舶、飞机或其他运输工具的最有利的航道。

08.350 最佳航线 optimum route
根据海洋水文气象预报等情况为远航船舶制定的安全、省时、经济的航线。

08.351 气象导航 meteorological navigation
根据气象条件导引船舶沿最佳航线航行。

08.352 平太阳时 mean solar time
以平太阳日为基本计量单位每天自平太阳位于观测所在子午线中天的瞬时(即子夜)算起的时间系统。

英 汉 索 引

A

ablation 冰消作用 07.129

abrupt change of climate 气候突变 07.245

absolute angular momentum 绝对角动量, * 总角动量 05.354

absolute black body 绝对黑体 03.288

absolute extreme 绝对极值 07.075

absolute humidity 绝对湿度 01.095

absolute instability 绝对不稳定 05.142

absolute monthly maximum temperature 绝对月最高温度 07.076

absolute monthly minimum temperature 绝对月最低温度 07.077

[absolute] soil moisture 土壤[绝对]湿度 08.022

absolute stability 绝对稳定 05.141

absolute standard barometer 绝对标准气压表 02.101

absolute temperature scale 绝对温标, * 热力学温标, * 开尔文温标 02.075

absolute vorticity 绝对涡度 05.209

absorptance 吸收比 03.354

absorption band 吸收[光谱]带 03.363

absorption cross-section 吸收截面 03.386

absorption hygrometer 吸收湿度计 02.109

absorption line 吸收[谱]线 03.364

absorption spectrum 吸收谱 03.365

Ac 高积云 01.142

ACC 绕南极洋流 08.329

Ac cast 堡状高积云 01.149

accessory cloud 附属云 01.131

acclimatization 气候适应 07.250

accretion 撞冻[增长] 03.089

Ac cug 积云性高积云 01.147

accumulated temperature 积温 08.040

accumulation 冰积[作用] 07.128

accumulation area 冰积区 07.130

accumulation mode 聚积模 03.053

accumulative raingauge 累计雨量器 02.168

accuracy 准确度 02.039

acerodynamics 空气动力学 05.083

Ac flo 絮状高积云 01.148

acid deposition 酸沉降 04.047

acid dew 酸露 04.052

acid fog 酸雾 04.050

acid frost 酸霜 04.051

acid hail 酸雹 04.053

acidity 酸度 04.055

acid precipitation 酸性降水, * 酸雨 04.049

acid rain 酸性降水, * 酸雨 04.049

acid snow 酸雪 04.054

Ac lent 荚状高积云 01.146

aclinic line * 无倾角线 05.190

Ac op 蔽光高积云 01.145

acoustical scintillation 声闪烁 03.384

acoustic gravity wave 声重力波 05.127

acoustic radar 声[雷]达 02.238

acoustic raingauge 声学雨量计 02.175

acoustic sounding 声学探测 03.458

acoustic thermometer 声学温度表 02.076

actinogram 日射自记曲线 02.138

actinography 日射测定计 02.137

actinometer 日射测定表, * 日射表 02.136

actinometry 日射测定学 02.135

actinon 锕射气 04.009

activation energy 活化能 04.057

active accumulated temperature 活动积温 08.041

active monsoon 活跃季风 07.153

active pollution 放射性污染 04.012

active remote sensing technique 主动遥感技术 02.266

active temperature 活动温度 08.036

Ac tra 透光高积云 01.144

actual time of observation 实际观测时间 02.034

ADEOS 先进地球观测卫星 02.295

adiabatic ascending 绝热上升 05.039

adiabatic atmosphere 绝热大气 01.052

adiabatic condensation pressure 绝热凝结气压 01.072

adiabatic condensation temperature 绝热凝结温度 01.068

adiabatic cooling 绝热冷却 05.041

adiabatic diagram 绝热图 05.071

adiabatic equivalent temperature *绝热相当温度 05.060

adiabatic heating 绝热增温 05.042

adiabatic lapse rate 绝热直减率 05.050

adiabatic model 绝热模式 05.445

adiabatic process 绝热过程 05.045

adiabatic sinking 绝热下沉 05.040

adiabatic trial 绝热检验 05.069

adjustment of circulation 环流调整 05.396

adjustment of longwave 长波调整 05.235

adsorption 吸附作用 04.045

Advanced Earth Observing Satellite 先进地球观测卫星 02.295

advanced microwave sounding unit 先进微波探测装置 02.300

advanced TIROS-N 先进泰罗斯-N卫星 02.296

Advanced Very High Resolution Radiometer 先进甚高分辨率辐射仪 02.307

advection 平流 03.029

advection fog 平流雾 01.400

advection frost 平流霜 03.030

advection-radiation fog 平流辐射雾 01.402

advective equation 平流方程 05.105

advective thunderstorm 平流性雷暴 03.031

aerobiology 大气生物学 08.138

aeroclimatology 高空气候学 07.004

aerodrome hazardous weather warning 机场危险天气警报 08.155

aerodrome meteorological minimum 机场最低气象条件 08.164

aerodrome special weather report 机场特殊天气报告,*机场突变天气报告 08.178

aerodynamic roughness 气体动力[学]粗糙度,*粗糙度 03.026

aerological theodolite 测风经纬仪 02.197

aerology 高空气象学 03.009

aeronautical climate regionalization 航空气候区划 08.150

aeronautical climatography 航空气候志 08.200

aeronautical meteorology 航空气象学 08.146

aeronomy 高空大气学 03.008

aerosol 气溶胶 03.045

aerosol chemistry 气溶胶化学 04.068

aerosol particle size distribution 气溶胶粒子谱 03.052

ageostrophic motion 非地转运动 05.358

ageostrophic wind 非地转风 05.312

aggregation 聚合 03.091

agricultural climatology 农业气候学 08.109

agricultural meteorological station 农业气象站 08.061

agricultural meteorology 农业气象学 08.004

agricultural microclimate 农业小气候 08.127

agricultural threshold temperature 农业界限温度 08.043

agroclimatic analogy 农业气候相似 08.117

agroclimatic analysis 农业气候分析 08.111

agroclimatic atlas 农业气候图集 08.112

agroclimatic classification 农业气候分类 08.120

agroclimatic demarcation 农业气候区划 08.113

agroclimatic division 农业气候区划 08.113

agroclimatic evaluation 农业气候评价,*农业气候鉴定 08.110

agroclimatic index 农业气候指标 08.119

agroclimatic potential productivity [农业]气候生产潜力 08.118

agroclimatic resources 农业气候资源 08.114

agroclimatography 农业气候志 08.123

agroclimatology 农业气候学 08.109

agrometeorological forecast 农业气象预报 08.106

agrometeorological hazard 农业气象灾害 08.089

agrometeorological index 农业气象指标 08.108

agrometeorological information 农业气象信息 08.107

agrometeorological model 农业气象模式 08.062

agrometeorological observation 农业气象观测 08.060

agrometeorology 农业气象学 08.004

air-borne observation 空基观测 02.018

airborne particulate 空中悬浮微粒,*浮粒 03.046

airborne weather radar 机载天气雷达 02.222

aircraft bumpiness 飞机颠簸 08.185

aircraft icing 飞机积冰 08.183

aircraft sounding 飞机探测 02.024

aircraft trail 飞机尾迹 08.186

aircraft wake 飞机尾流 08.191

aircraft weather reconnaissance 飞机天气侦察 08.172

air discharge 空中放电 03.442

airdrome pressure　场面气压　08.193

air-earth conduction current　空－地传导电流　03.437

air-earth current　空－地电流　03.438

airglow　气辉　03.427

airlight　［空］气光，*悬浮物散射光　03.428

air mass　气团　06.184

air-mass analysis　气团分析　06.186

air-mass classification　气团分类　06.188

air-mass fog　气团雾　01.410

air-mass property　气团属性　06.190

air-mass source　气团源地　06.187

air-mass transformation　气团变性　06.191

air parcel　气块　05.038

airplane meteorological sounding　飞机气象探测　08.151

air pollutant emission　空气污染物排放　08.272

air pollutant emission standard　空气污染物排放标准　08.274

air pollution　空气污染　08.260

air pollution model　空气污染模式　08.271

air pollution modeling　空气污染模拟　08.270

air quality　大气品位，*空气质量　01.016

air route [weather] forecast　航线［天气］预报　08.175

air-sea exchange　海气交换　03.020

air-sea interaction　海气相互作用　07.099

air-sea interface　海气界面　03.019

air temperature　气温　01.059

air trap　气阱　02.104

Aitken dust counter　艾特肯计尘器，*爱根计尘器　03.075

Aitken nucleus　艾特肯核，*爱根核　03.067

albedo　反照率　03.338

albedometer　反照率表　02.148

albedo of the earth-atmosphere system　地气系统反照率　03.322

albedo of underlying surface　下垫面反照率　03.324

Aleutian low　阿留申低压　06.136

allobaric field　变压场　06.071

all sky photometer　全天光度计　02.150

all weather airport　全天候机场　08.179

altimeter setting　高度表拨定［值］　08.182

altocumulus　高积云　01.142

altocumulus castellanus　堡状高积云　01.149

altocumulus cumulogenitus　积云性高积云　01.147

altocumulus floccus　絮状高积云　01.148

altocumulus lenticularis　荚状高积云　01.146

altocumulus opacus　蔽光高积云　01.145

altocumulus translucidus　透光高积云　01.144

altostratus　高层云　01.150

altostratus opacus　蔽光高层云　01.152

altostratus translucidus　透光高层云　01.151

amendment of aviation weather forecast　航空天气订正预报　08.176

amount of precipitation　降水量　01.270

AMSU　先进微波探测装置　02.300

AN　升交点　02.276

An　锕射气　04.009

anabatic front　上滑锋，*上坡风　06.221

anallobar　正变压线　06.066

anallobaric center　正变压中心　06.072

anchored trough　锚槽　06.108

anchor ice　锚冰　01.362

anemograph　风速计　02.193

anemometer　风速表　02.178

anemometry　风速测定法　02.177

anemorumbometer　风向风速表　02.184

aneroid barograph　空盒气压计　02.089

aneroid barometer　空盒气压表　02.094

angel echo　异常回波，*仙波，*鬼波　03.173

angle geothermometer　曲管地温表　02.080

Angström compensation pyrheliometer　昂斯特伦补偿直接辐射表，*埃斯特朗补偿式直接辐射表　02.151

angular momentum　角动量　05.314

angular momentum balance　角动量平衡　05.315

angular resolution　角分辨率　03.195

angular spreading　角展宽　05.159

animal husbandry meteorology　畜牧气象学　08.131

anniversary wind　周年风，*季节风　07.146

annual amount　年总量　07.085

annual mean　年平均　07.081

annual range　年较差　07.074

antarctic circumpolar current　绕南极洋流　08.329

antarctic climate　南极气候　07.063

antarctic front　南极锋　06.235

antarctic ozone hole　南极臭氧洞　04.007

anthelion　反日　03.402

anthropogenic climate change　人致气候变化，*人类活动造成的气候变化　07.247

anticyclogenesis　反气旋生成　06.164

anticyclolysis 反气旋消散 06.165

anticyclone 反气旋 06.160

anticyclonic circulation 反气旋环流 06.161

anticyclonic curvature 反气旋[性]曲率 06.162

anticyclonic shear 反气旋[性]切变 06.163

anticyclonic vorticity 反气旋[性]涡度 05.221

anti El Niño ＊反厄尔尼诺 06.316

anti-trade 反信风 07.141

antitriptic wind 摩擦风 05.309

aphelion 远日点 02.273

apogee 远地点 02.275

apparent force 视示力 01.081

apparent form of the sky 天穹形状 01.264

application technology satellite 应用技术卫星 02.297

applied climatology 应用气候学 07.019

applied meteorology 应用气象学 08.001

appointed airdrome weather report 机场预约天气报告 08.171

APT 自动图像传输 02.312

aqueous aerosol 湿气溶胶 03.054

Ar 氩 04.014

Arago point 阿拉果点 03.412

arc cloud 弧状云 01.171

arc cloud line ＊弧状云线 01.171

arctic air mass 北极气团 06.196

arctic anticyclone 北极反气旋 06.334

arctic climate 北极气候 07.064

arctic front 北极锋 06.234

arctic haze 北极霾 01.318

arctic pack 北极浮冰群,＊北极冰山 08.339

arctic[sea]smoke 北冰洋[烟]雾 08.344

areal precipitation 面降水[量] 06.378

area mean rainfall 区域平均雨量 08.327

argon 氩 04.014

arid climate 干旱气候 07.055, 干燥气候类 07.179

aridity 干燥度 07.105

aridity index 干燥度指数 07.106

ARMA model 自回归滑动平均模型 07.197

artificial microclimate 人工小气候 07.272

artificial nucleation 人工成核作用 03.068

artificial precipitation 人工降水 03.135

As 高层云 01.150

ascending node 升交点 02.276

A scope A型显示器 02.260

ash cloud 烟灰云 08.282

ASO 辅助船舶观测 02.023

As op 蔽光高层云 01.152

aspirated psychrometer 通风干湿表 02.116

aspiration meteorograph 通风气象计 02.117

assessment of atmospheric environment 大气环境评价 08.305

Assmann psychrometer 阿斯曼干湿表 02.123

As tra 透光高层云 01.151

atmosphere 大气,＊大气圈,＊大气层 01.008

atmospheric absorption 大气吸收 03.349

[atmospheric] absorptivity [大气]吸收率 03.353

atmospheric acoustics 大气声学 03.457

atmospheric attenuation 大气衰减 03.348

atmospheric background 大气本底[值] 08.257

atmospheric boundary layer 大气边界层 03.014

atmospheric center of action 大气活动中心,＊活动中心 05.399

atmospheric chemistry 大气化学 04.001

atmospheric circulation 大气环流 05.371

atmospheric cleaning 大气净化 08.267

atmospheric composition 大气成分 01.013

atmospheric counter radiation 大气逆辐射 03.327

atmospheric density 大气密度 01.017

atmospheric diffusion 大气扩散 01.012

atmospheric diffusion equation 大气扩散方程 08.268

atmospheric disturbance 大气扰动 05.153

atmospheric duct 大气波导 03.143

atmospheric dynamics 大气动力学 05.082

atmospheric electric conductivity 大气电导率 03.456

atmospheric electric field 大气电场 03.441

atmospheric electricity 大气电学 03.436

atmospheric environment capacity 大气环境容量 08.306

atmospheric extinction 大气消光 03.350

atmospheric forcing 大气强迫 05.527

atmospheric impurity 大气杂质 01.010

[atmospheric] instability [大气]不稳定度 05.137

atmospheric ion 大气离子 01.014

atmospheric long wave ＊大气长波 05.261

atmospheric mass 大气质量 01.015

atmospheric noise 大气噪声 05.273

atmospheric optical depth 大气光学厚度 03.391

atmospheric optical mass 大气光学质量 03.369

atmospheric optical phenomena 大气光学现象 03.393

atmospheric optical spectrum 大气光谱 03.362

atmospheric optical thickness 大气光学厚度 03.391

atmospheric optics 大气光学 03.359

atmospheric ozone 大气臭氧 04.006

atmospheric photochemistry 大气光化学 04.002

atmospheric photolysis 大气光解[作用] 04.003

atmospheric physics 大气物理[学] 03.001

atmospheric polarization 大气偏振 03.387

atmospheric pollutant 大气污染物 08.280

atmospheric pollution 大气污染 08.258

atmospheric pollution monitoring 大气污染监测 08.304

atmospheric pollution sources 大气污染源 08.264

atmospheric pressure 气压 01.071

atmospheric quality standard 大气品位标准，＊大气质量标准 08.263

atmospheric radiation 大气辐射，＊长波辐射 03.285

atmospheric radioactivity 大气放射性 04.008

atmospheric refraction 大气折射 03.368

atmospheric remote sensing 大气遥感 02.265

atmospherics 天电 01.378

[atmospheric] scale height [大气]标高 01.057

atmospheric science 大气科学 01.001

atmospheric sounding and observing 大气探测 02.001

[atmospheric] stability [大气]稳定度 05.136

atmospheric stratification ＊大气层结 05.058

atmospheric subdivision 大气分层 01.018

atmospheric suspended matter 大气悬浮物 01.011

atmospheric thermodynamics 大气热力学 05.002

atmospheric tide 大气潮 01.073

atmospheric trace gas 大气痕量气体 04.040

atmospheric transmission model 大气传输模式 02.333

atmospheric transmissivity 大气透射率 03.320

[atmospheric] transparency [大气]透明度 03.392

atmospheric turbidity 大气浑浊度 03.394

atmospheric turbulence 大气湍流 05.403

atmospheric wave 大气波动 05.231

atmospheric window 大气窗 03.352

ATN 先进泰罗斯-N卫星 02.296

ATS 应用技术卫星 02.297

attenuation coefficient 衰减系数 03.383

attenuation cross-section 衰减截面 03.385

attractor 吸引子 05.154

aurora 极光 03.429

aurora australis 南极光 03.400

aurora borealis 北极光 03.401

auroral band 极光带 03.430

auroral corona 极光冕 03.431

auroral oval 极光卵，＊极光椭圆区 03.432

autocorrelation 自相关 07.199

autographic records 自记记录 02.046

automatic data processing 自动资料处理 05.500

automatic meteorological station 自动气象站 02.065

automatic picture transmission 自动图像传输 02.312

autoregressive and moving average model 自回归滑动平均模型 07.197

autoregressive model 自回归模型 07.198

Autumn Equinox 秋分 08.079

auxiliary ship observation 辅助船舶观测 02.023

available potential energy 有效位能 05.120

available solar radiation 有效太阳辐射 03.293

available water 有效水分 08.031

available wind energy 有效风能 08.246

avalanche 雪崩 01.347

average wind velocity 平均风速 07.125

AVHRR 先进甚高分辨率辐射仪 02.307

aviation area[weather]forecast 航空区域[天气]预报 08.148

aviation climatology 航空气候学 07.003

aviation meteorological code 航空气象电码 08.168

aviation meteorological element 航空气象要素 08.157

aviation meteorological information 航空气象信息 08.149

aviation meteorological observation 航空气象观测 08.147

aviation meteorological support 航空气象保障 08.170

aviation [weather] forecast 航空[天气]预报 08.174

Awakening from Hibernation 惊蛰 08.066

axis of jet stream 急流轴 05.324

azimuth averaging 方位平均 03.192

azimuth resolution 方位角分辨率 03.194

Azores high 亚速尔高压 06.182

B

back-bent occlusion　后曲锢囚　06.212

background concentration　*本底浓度　08.257

background pollution observation　本底污染观测　02.011

backing wind　逆转风　05.305

backscattering　后向散射　03.377

backscattering cross-section　后向散射截面　03.379

backscatter ultraviolet spectrometer　后向散射紫外光谱仪　02.302

backscatter ultraviolet technique　紫外辐射后向散射法　03.277

backward-tilting trough　后倾槽　06.106

balance equation　平衡方程　05.108

ballistic air density　弹道空气密度　08.207

ballistic temperature　弹道温度　08.206

ballistic wind　弹道风　08.205

ball lightning　球状闪电　01.386

X-band　X 带　03.151

banded cloud system　带状云系　03.268

banded echo　带状回波　03.167

band lightning　带状闪电　01.384

band model　带模式　03.341

band pass filter　带通滤波[器]　02.330

banner cloud　旗云　01.186

barb　风速羽　06.008

bare ice　裸冰　01.266

bare soil　裸地　01.267

baroclinic atmosphere　斜压大气　05.362

baroclinic disturbance　*斜压扰动　05.240

baroclinic instability　斜压不稳定　05.166

baroclinicity　斜压性　05.241

baroclinic mode　斜压模[态]　05.365

baroclinic model　斜压模式　05.541

baroclinic process　斜压过程　05.111

baroclinic wave　斜压波　05.240

baroclinity　斜压性　05.241

barograph　气压计　02.088

barometer　气压表　02.092

barometer level　气压表高度　02.049

barometric correction　气压订正　02.051

barometric height formula　压高公式　01.078

baroswith　气压开关　02.027

barothermograph　气压温度计　02.130

barothermohygrograph　[气]压温[度]湿[度]计　02.118

barotropic atmosphere　正压大气　05.363

barotropic instability　正压不稳定　05.165

barotropic mode　正压模[态]　05.366

barotropic model　正压模式　05.540

barotropic vorticity equation　正压涡度方程　05.095

barotropic wave　正压波　05.242

barotropy　正压性　05.243

barrier jet　地形[障碍]急流　06.269

basic flow　基本气流　05.316

bathythermograph　温深仪，*深水温度仪　02.119

baud　波特　02.053

B-display　B 显示器　02.262

beaded lightning　串珠状闪电，*珠状闪电　01.389

beam filling coefficient　波束充塞系数　03.188

beat frequency oscillator　拍频振荡器　02.028

Beaufort [wind] scale　蒲福风级　01.209

Beginning of Autumn　立秋　08.076

Beginning of Spring　立春　08.064

Beginning of Summer　立夏　08.070

Beginning of Winter　立冬　08.082

Benard cell　贝纳胞　03.037

Benard convection　贝纳对流　03.038

benchmark station　基准[气候]站　07.035

bent-back occlusion　后曲锢囚　06.212

Bernoulli's theorem　伯努利定理　05.392

beta effect　β 效应　01.082

beta plane　β 平面　05.214

bidirectional reflectance factor　双向反射[比]因子　03.323

bifurcation　分岔　05.156

bimetallic thermograph　双金属片温度计　02.087

bimodal spectrum　双峰谱　03.079

binary cyclones　双气旋　06.299

binary typhoons　双台风　06.297

binomial distribution 二项分布 07.200

biochemical oxygen demand 生化需氧量 04.060

bioclimatology 生物气候学 08.142

biogeochemical cycle 生物地球化学循环 04.058

biological zero point 生物学零度 08.130

biomass burning 生物质燃烧 04.059

biometeorological index 生物气象指数 08.209

biometeorology 生物气象学 08.129

biosphere 生物圈 07.027

Bishop's corona 毕晓普光环，＊毕旭甫光环 03.434

bistatic lidar 双基地激光雷达 02.242

Bjerknes circulation theorem 皮叶克尼斯环流定理
    05.394

black and white bulb thermometer 黑白球温度表
    02.128

blackbody 黑体 03.286

blackbody radiation 黑体辐射 03.287

black bulb thermometer 黑球温度表 02.139

black ice 黑冰 03.100

blocking high 阻塞高压 06.172

blocking situation 阻塞形势 06.173

blood-rain 血雨 08.286

blood-snow 血雪 08.285

blowing sand 扬沙 01.308，高吹沙 01.319

blowing snow 高吹雪 01.351

blue ice 蓝冰，＊纯洁冰 03.101

blue of the sky 天空蓝度 01.263

BOD 生化需氧量 04.060

bogus data 人造[站]资料 05.505

bologram 热辐射仪自记曲线 02.143

bolometer 热辐射仪 02.144

Boltzmann's constant 波尔兹曼常数 05.088

boundary layer climate 边界层气候 03.013

boundary layer jet stream 边界层急流 06.268

boundary layer meteorology 边界层气象学 03.011

boundary layer profiler 边界层廓线仪 02.213

boundary layer radar 边界层雷达 02.223

Bourdon thermometer 巴塘温度表 02.077

Bourdon tube 布尔东管，＊波顿管，＊芭塘管 02.090

Boussinesq approximation 布西内斯克近似 05.098

Boussinesq equation 布西内斯克方程 05.099

Bowen ratio 鲍恩比 08.025

box model 箱模式 04.061

brave west wind 咆哮西风带 08.343

breaking drop theory 水滴破碎理论 03.096

breaking wind speed 破坏风速 08.240

break monsoon 季风中断 07.161

brightness temperature 亮度温度 03.253

Brownian motion 布朗运动 03.097

Brunt-Väisälä frequency 布伦特－韦伊塞莱频率，
    ＊布伦特－维赛拉频率 05.281

B scope B显示器 02.262

BT 温深仪，＊深水温度仪 02.119

building climate 建筑气候 08.222

building climate demarcation 建筑气候区划 08.229

bulk average 整体平均 05.294

bulk boundary layer 整体边界层，＊粗边界层 03.015

bulk Richardson number 整体里查森数，＊粗里查森数
    05.278

buoyancy force 浮力 05.292

buoyancy velocity 浮力速度 05.293

buoyant plume 浮升烟羽 08.293

Burger number 伯格数 05.282

business as usual 照常排放情景 07.232

BUV 后向散射紫外光谱仪 02.302

Buys Ballots' law 白贝罗定律，＊风压定律 05.291

C

calibration 校准，＊检定 02.041

calibration curve 校准曲线 02.042

calm 0级风，＊静风 01.210

calm belt 无风带 06.285

Campbell-Stokes sunshine recorder 坎贝尔－司托克斯日
    照计，＊聚焦式日照计，＊康培尔－司托克日照计
    02.141

cancellation ratio 对消比 03.202

canopy 林冠层，＊冠层 08.045

canopy temperature 冠层温度 08.046

cap cloud 山帽云 01.175

capillarity 毛[细]管作用，＊毛[细]管现象 03.064

CAPPI 等高平面位置显示器 02.258

capping inversion 覆盖逆温 05.024

captive balloon sounding 系留气球探测 02.029

carbon 碳 04.062

carbon assimilation 碳同化 04.016

carbon cycle 碳循环 04.015

carbon dating 碳定年法，＊放射性碳定年法，＊碳－14 定年法 04.013

carbon dioxide 二氧化碳 04.020

carbon dioxide atmospheric concentration 二氧化碳大气浓度 04.022

carbon dioxide band 二氧化碳带 03.351

carbon dioxide equivalence 二氧化碳当量 04.023

carbon dioxide fertilization 二氧化碳施肥 08.115

carbon monoxide 一氧化碳 04.021

carbon pool 碳池，＊碳库 04.017

carbon sink 碳汇 04.018

carbon source 碳源 04.019

cascade impactor 多级采样器 03.082

CAT 晴空湍流 08.184

cavity radiometer 空腔辐射计 02.147

Cb 积雨云 01.158

Cb calv 秃积雨云 01.159

Cb cap 鬃积雨云 01.160

CBL 对流边界层 03.017

Cc 卷积云 01.141

CCL 对流凝结高度 05.046

CCN 云凝结核 03.066

ceiling balloon 云幂气球 02.204

ceiling projector 云幂灯，＊云幕灯 02.159

ceilometer 云幂仪 02.191

celestial equator 天赤道 05.180

celestial pole[s] 天极 05.182

celestial sphere 天球 05.181

cell 单体 03.035

cell echo 单体回波 03.175

cellular circulation ＊细胞环流 03.262

cellular convection 细胞对流 03.262

cellular pattern 细胞状云 03.265

Celsius temperature scale 摄氏温标 02.070

center of action 大气活动中心，＊活动中心 05.399

centrifugal force 离心力 01.085

centripetal acceleration 向心加速度 01.084

ceraunograph 雷电仪 02.214

ceraunometer 雷电仪 02.214

CFCs 氯氟碳化物，＊氯氟烃 04.024

CFL condition ＊CFL条件 05.470

chaff seeding 箔丝播撒 03.424

Changjiang-Huaihe cyclone 江淮气旋 06.138

Changjiang-Huaihe shear line 江淮切变线 06.139

channel 通道，＊频道 02.279

chaos 混沌 05.434

chaotic sky 混乱天空 01.174

Chapman mechanism 查普曼机制 04.025

chemical hygrometer 化学湿度表 02.112

chemical oxygen demand 化学需氧量 04.063

chemopause 光化层顶 01.045

chemosphere 光化层 01.044

chilling injury 寒害 08.100

Chinese Meteorological Society 中国气象学会 01.420

Chi-square test χ^2检验 07.201

chlorinity 氯含量 04.064

chlorofluorocarbons 氯氟碳化物，＊氯氟烃 04.024

chlorosity 氯度，＊体积氯度 04.065

Ci 卷云 01.133

Ci dens 密卷云 01.135

Ci fil 毛卷云 01.134

Ci not 伪卷云 01.136

circulation cell 环流圈 05.381

circulation index 环流指数 05.386

circulation pattern 环流型 06.265

circulation theorem 环流定理 05.390

circumhorizontal arc 环地平弧，＊日承 03.422

circumpolar circulation ＊绕极环流 06.331

circumpolar vortex ＊绕极涡旋 06.331

circumpolar westerlies 绕极西风带 06.333

circumzenithal arc 环天顶弧，＊日载 03.423

cirrocumulus 卷积云 01.141

cirrostratus 卷层云 01.138

cirrostratus fibratus 毛卷层云 01.139

cirrostratus nebulosus 薄幕卷层云 01.140

cirrus 卷云 01.133

cirrus fibratus 毛卷云 01.134

cirrus nothus 伪卷云 01.136

cirrus spissatus 密卷云 01.135

cirrus uncinus 钩卷云 01.137

CISK 第二类条件[性]不稳定 05.162

Ci unc 钩卷云 01.137

CL 凝结高度 05.055

classification analysis ＊分类分析 05.530

clear air echo 晴空回波 03.162

clear air turbulence 晴空湍流 08.184

clear sky 晴天 01.259

climate 气候 07.022

climate damage 气候灾害 07.256

climate divide 气候分界 07.164

climate modification 人工影响气候 07.271

climate noise 气候噪声 07.255

climate periodicity 气候周期性 07.237

climate regionalization 气候区划 07.165

climate resources 气候资源 07.220

climate sensitivity experiment 气候敏感性实验 07.239

climate stress load 气候应力荷载 08.225

climate system 气候系统 07.023

climatic adaptation 气候适应 07.250

climatic analysis 气候分析 07.194

climatic anomaly 气候异常 07.253

climatic assessment 气候评价 07.259

climatic atlas 气候图集 07.121

climatic belt 气候带 07.167

climatic change 气候变化 07.231

climatic classification 气候分类 07.163

climatic data 气候资料 07.195

climatic deterioration 气候恶化 07.246

climatic diagnosis 气候诊断 07.240

climatic domestication 气候驯化 07.252

climatic element 气候要素 07.031

climatic feedback mechanism 气候反馈机制 07.257

climatic fluctuation 气候振动 07.234

climatic impact 气候影响 07.251

climatic map 气候图 07.120

climatic monitoring 气候监测 07.034

climatic non-periodic variation 气候非周期变化 07.216

climatic oscillation 气候振荡 07.233

climatic periodic variation 气候周期性变化 07.218

climatic persistence 气候持续性 07.215

climatic prediction 气候预测 07.254

climatic probability 气候概率 07.221

climatic reconstruction 气候重建 07.236

climatic region 气候区 07.166

climatic revolution 气候演变 07.235

climatic risk analysis 气候风险分析 08.116

climatic simulation 气候模拟 07.238

climatic statistics 气候统计 07.196

climatic trend 气候趋势 07.249

climatic type 气候型 07.162

climatic variability 气候变率 07.222

climatic variation 气候变迁 07.230

climatic zone 气候带 07.167

climatography 气候志 07.117

climatological front 气候锋 07.137

climatological observation 气候观测 07.033

climatological standard normals 气候标准平均值 07.225

climatological statistics 气候统计学 07.008

climatology 气候学 07.001

climatopathology 气候病理学 08.208

close [cloud] cells 封闭型细胞状云 03.264

closed system 闭合系统 05.090

cloud 云 01.114

cloud albedo 云反照率 03.240

cloud amount 云量 01.124

cloud attenuation 云衰减 03.216

cloud band 云带 01.176

cloud bank 云堤 01.177

cloud base 云底 01.121

cloud ceiling 云幂，＊云幕 01.123

cloud chamber 云室 03.121

cloud classification 云分类 01.117

cloud cluster 云团 03.232

cloud condensation nuclei 云凝结核 03.066

cloud coverage 云覆盖区 03.254

cloud-detection radar 测云雷达 02.224

cloud discharge 云放电 03.446

cloud dissipation 消云 03.128

cloud droplet 云滴 03.084

cloud droplet collector 云滴谱仪 03.077

cloud droplet-size distribution 云滴谱 03.076

cloud dynamics 云动力学 03.006

cloud echo 云回波 03.155

cloud etage 云族 01.128

cloud feedback 云反馈 03.230

cloud form 云状 01.132

cloud genera 云属 01.127

cloud height 云高 01.116

cloud image animation 云图动画 03.246

cloud line 云线 03.256

cloud microphysics 云微物理学 03.003

cloud model　云模式　03.231

cloud modification　云的人工影响　03.125

cloud motion vector　云运动矢量　03.272

cloud-particle sampler　云滴采样器　03.074

cloud physics　云物理学　03.002

cloud seeding　播云　03.132

cloud seeding agent　播云剂，*人工催化剂　03.133

cloud species　云种　01.129

cloud street　云街　03.255

cloud structure　云结构　03.072

cloud system　云系　03.266

cloud-to-cloud discharge　云际放电　03.445

cloud-to-ground discharge　云地[间]放电　03.449

cloud top　云顶　01.122

cloud top height　云顶高度，*回波高度　03.179

cloud top temperature　云顶温度　03.070

cloud variety　云类　01.130

cloud with vertical development　直展云　01.126

cloudy　多云　01.261

CME　日冕物质喷射　04.067

CMF　相干存储滤波器　02.252

coagulation　碰并　03.090

coalescence　并合　03.092

coalescence efficiency　并合系数　03.093

coastal climate　滨海气候，*海岸带气候　07.059

coastal zone color scanner　海岸带水色扫描仪，*海色扫
　描仪　02.303

COD　化学需氧量　04.063

code form　电码格式，*电码型式　02.054

code group　电码组　02.056

code kind　电码种类，*电码种类名称　02.055

coefficient of diffusion　*扩散系数　05.426

coefficient of molecular viscosity　*分子黏性系数
　05.227

coefficient of viscosity　*黏性系数　05.227

coefficient of wind pressure　风压系数　08.235

coherence　相干性　02.225

coherent echo　相干回波　03.160

coherent memory filter　相干存储滤波器　02.252

coherent radar　相干雷达　02.226

coherent-video signal　相干视频信号　03.198

cold advection　冷平流　05.345

cold air mass　冷气团　06.195

cold anticyclone　*冷性反气旋　06.149

cold cloud　冷云　01.178

cold cyclone　*冷性气旋　06.088

Cold Dew　寒露　08.080

cold front　冷锋　06.210

cold front cloud system　冷锋云系　06.245

cold high　冷高压　06.149

cold low　冷低压　06.088

cold occluded front　冷性锢囚锋　06.214

cold outburst　寒潮爆发　06.271

cold pole　寒极　05.183

cold pool　冷池　05.184

cold tongue　冷舌　06.079

cold trough　冷槽　06.104

cold vortex　冷涡　06.130

cold wave　寒潮　06.270

collection efficiency　捕获系数，*碰并系数　03.095

collision　碰撞　03.087

collision broadening　碰撞[谱线]增宽　03.366

collision efficiency　碰撞系数　03.094

colloidal dispersion　*胶体分散　03.047

colloidal instability　胶体不稳定性　03.048

colloidal system　胶体系统　03.047

color temperature　色温　02.334

col pressure field　鞍形气压场　06.157

column abundance　[气]柱丰度　04.041

column model　柱模式　03.016

combustion nucleus　燃烧核　03.122

comfort current　舒适气流　08.215

comfort index　舒适指数　08.213

comfort temperature　舒适温度　08.216

comma cloud system　逗点云系　03.267

Compton effect　康普顿效应　03.371

Compton scattering　*康普顿散射　03.371

computational instability　计算不稳定　05.472

computational mode　计算模[态]　05.481

concentric eyewalls　同心眼壁　06.288

condensation　凝结　03.106

condensation efficiency　凝结效率　05.057

condensation level　凝结高度　05.055

condensation nucleus　凝结核　03.117

condensation process　凝结过程　03.063

conditional instability　条件[性]不稳定　05.144

conditional instability of the second kind　第二类条件
　[性]不稳定　05.162

conduction 传导 03.290

confidence degree 置信度 07.203

confidence interval 置信区间 07.205

confidence level 置信水平 07.206

confluence 汇流，*合流 05.193

conical hail 锥形冰雹 03.058

consecutive mean 动态平均 07.208

conservation of absolute vorticity 绝对涡度守恒 05.215

conservation of angular momentum 角动量守恒 05.355

conservation of energy 能量守恒 05.091

conservation of mass 质量守恒 05.092

conservation of potential vorticity 位涡守恒 05.168

conservation scheme 守恒格式 05.468

conservative property 保守性 05.093

conservative property of air mass 气团保守性 06.192

constant altitude plan position indicator 等高平面位置显示器 02.258

constant level balloon 定高气球 02.202

contact anemometer 电接[式]风速表 02.181

continental air mass 大陆气团 06.202

continental climate 大陆性气候 07.050

continental drift 大陆漂移 01.418

continentality 大陆度 07.097

continentality index 大陆度指数 07.051

continental shelf 大陆架，*大陆棚，*陆棚 01.419

contingency table 列联表，*相关概率表 07.202

continuity equation 连续方程 05.085

continuous precipitation 连续性降水 01.289

continuous-wave radar 连续波雷达 02.228

contour chart 等压面图 06.029

contour line 等高线 06.049

contour microclimate 地形小气候 07.013

contrast of luminance 亮度对比 01.249

contrast threshold 视觉感阈，*对比阈值 01.248

convection 对流 03.032

convection cell 对流单体 03.036

convection model 对流模式 03.039

convective adjustment 对流调整 05.348

convective boundary layer 对流边界层 03.017

convective cloud 对流云 05.327

convective condensation level 对流凝结高度 05.046

convective echo 对流回波 03.163

convective instability 对流不稳定 05.146

convective parameterization 对流参数化 05.350

convective precipitation 对流性降水 01.276

convective stability 对流[性]稳定度 05.147

convective thunderstorm 对流性雷暴 01.372

conventional observation 常规观测 02.013

convergence 辐合 05.192

convergence line 辐合线 06.063

cool damage 冷害 08.098

cooling degree-day 冷却度日 08.220

cool season 凉季 07.095

z-coordinate z 坐标 05.170

p-coordinate p 坐标 05.171

σ-coordinate σ 坐标 05.172

θ-coordinate 位温坐标 05.174

Coriolis acceleration 科里奥利加速度，*科氏加速度 01.086

Coriolis force 科里奥利力，*地转偏向力 01.080

Coriolis parameter 科里奥利参数，*科氏参数 01.083

corner reflector 角反射器 02.227

corona 华 03.425

coronal mass ejection 日冕物质喷射 04.067

coronal transient *日冕瞬变 04.067

corrasion 风蚀 04.005

correlation 相关 07.209

correlation coefficient 相关系数 07.210

correlation forecasting 相关预报 06.363

cosmic dust 宇宙尘 03.049

cosmic ray 宇宙线 04.066

cospectrum 协谱，*共谱 07.211

countergradient wind 反梯度风 05.300

Courant condition *柯朗条件 05.470

Courant-Friedrichs-Lewy condition 柯朗－弗里德里希斯－列维条件 05.470

covariance 协方差 07.204

Crachin 克拉香天气，*濛雨天气 06.306

critical day-length 临界光长 08.054

critical period of [crop] water requirement [作物]需水临界期，*需水关键期 08.017

critical point 临界点 03.112

critical Richardson number 临界里查森数 05.279

crop water requirement 作物需水量 08.029

cross-correlation 交叉相关，*互相关 07.213

cross-equatorial flow 越赤道气流 05.395

cross-section 剖面 06.024

cross-section diagram 剖面图 06.023

cross spectrum　交叉谱　07.212

cross wind　侧风　08.195

cryology　冰冻学　05.185

cryosphere　冰雪圈，＊冰冻圈　07.025

cryptoclimate　室内小气候　07.017

cryptoclimatology　室内气候学　07.018

Cs　卷层云　01.138

Cs fil　毛卷层云　01.139

Cs nebu　薄幕卷层云　01.140

CTH　云顶高度，＊回波高度　03.179

Cu　积云　01.153

Cu cong　浓积云　01.157

Cu hum　淡积云　01.154

Cu med　中展积云　01.155

cumuliform cloud　积状云　01.172

cumulonimbus　积雨云　01.158

cumulonimbus calvus　秃积雨云　01.159

cumulonimbus capillatus　鬃积雨云　01.160

cumulonimbus model　积雨云模式　03.062

cumulus　积云　01.153

cumulus congestus　浓积云　01.157

cumulus convection　积云对流　05.340

cumulus fractus　碎积云　01.156

cumulus humilis　淡积云　01.154

cumulus mediocris　中展积云　01.155

cup anemometer　转杯风速表　02.182

curvature vorticity　曲率涡度　05.223

curve fitting　曲线拟合　07.214

curvilinear coordinate　曲线坐标　05.178

cut-off high　切断高压　06.097

cut-off low　切断低压　06.096

CW radar　连续波雷达　02.228

cyanometer　天空蓝度测定仪　02.162

cyclogenesis　气旋生成　06.125

cyclolysis　气旋消散　06.127

cyclone　气旋　06.114

cyclone family　气旋族　06.123

cyclonic circulation　气旋性环流　06.117

cyclonic curvature　气旋性曲率　06.118

cyclonic shear　气旋性切变　06.119

cyclonic vorticity　气旋性涡度　05.220

cyclonic wave　气旋波　06.122

cyclostrophic wind　旋衡风　05.298

cylindrical coordinate　柱面坐标　05.179

CZCS　海岸带水色扫描仪，＊海色扫描仪　02.303

D

daily maximum temperature　日最高温度　07.078

daily mean　日平均　07.083

daily minimum temperature　日最低温度　07.079

daily range of temperature　温度日较差　07.073

Dalton's law　道尔顿定律　05.008

dark frost　黑霜，＊杀霜　08.093

data assimilation　资料同化　05.436

data collection platform　资料收集平台　02.309

data collection system　资料收集系统　02.310

days with snow cover　积雪日数　01.353

dBz　分贝反射率因子　03.148

DCP　资料收集平台　02.309

DCS　资料收集系统　02.310

decibel reflectivity factor　分贝反射率因子　03.148

decision analysis　决策分析　05.531

decision tree　决策树[形图]　05.532

declination　赤纬　05.186

deep convection　深对流　05.328

deepening of a depression　低压加深　06.086

deep-water wave　深水波　05.332

deformation field　变形场　06.159

deformation thermometer　变形[类]温度表　02.071

deglaciation　冰川减退　01.243

degree-day　度日　08.218

degree of freedom　自由度　03.098

degree of polarization　偏振度　03.201

delay picture transmission　延时图像传输　02.316

dendritic crystal　枝状冰晶　03.102

dendroclimatography　树木年轮气候志　07.261

dendroclimatology　树木年轮气候学　07.260

departure　距平　07.071

depolarization ratio　退偏振比　03.200

deposition　凝华　03.110

deposition nucleus　凝华核　03.123

depression　低[气]压　06.083

depression of the dew point　[温度]露点差　01.101

descending node 降交点 02.277

desert climate 沙漠气候亚类 07.181

desertification 荒漠化 07.248

desertization 荒漠化 07.248

design torrential rain 设计暴雨 08.324

deterministic prediction 确定性预报 06.382

deuterium 氘 04.026

deuteron 氘核 04.027

dew 露 01.321

dewbow 露虹 03.419

dewgauge 测露表 02.209

dew-point front ＊露点锋 06.077

dew-point hygrometer 露点湿度表 02.124

dew point [temperature] 露点[温度] 01.100

diabatic process 非绝热过程 05.044

diagnostic analysis 诊断分析 05.526

diagnostic equation 诊断方程 05.528

diagnostic model 诊断模式 05.529

DIAL 微分吸收激光雷达 02.237

difference scheme 差分格式 05.507

differential absorption hygrometer 微分吸收湿度计 02.110

differential absorption lidar 微分吸收激光雷达 02.237

differential absorption technique 微分吸收法 02.229

differential analysis 微分分析，＊差分分析 05.200

differential ballistic wind 差动弹道风 01.245

differential wind 差动风 01.246

diffluence 分流 05.194

diffraction 衍射 03.312

diffuse radiation 漫射辐射 03.311

diffuse reflection 漫反射 03.313

diffuse sky radiation ＊天空漫射辐射 03.314

diffuse solar radiation ＊漫射太阳辐射 03.314

diffusion 扩散 05.425

diffusion model 扩散模式 05.427

diffusivity 扩散率 05.426

digitized cloud map 数字化云图 03.245

dimensional analysis 量纲分析，＊因次分析 05.453

dimethyl sulfide 二甲[基]硫 04.030

Dines anemometer 丹斯测风表，＊达因测风表 02.179

dip equator 磁倾赤道 05.190

dipole anticyclone 偶极反气旋 06.183

direct circulation 直接环流[圈]，＊正环流 05.378

direct radiation 直接辐射 03.306

direct read-out ground station 直读式地面站 02.317

discomfort index 不适指数 08.214

discontinuity 不连续[性] 05.086

discrete spectrum 离散谱 05.462

discretization 离散化 05.463

discriminant analysis 判别分析 05.530

disdrometer 雨滴谱仪 03.081

dispersion relationship 频散关系 05.464

dissipation 耗散 05.423

dissipation rate 耗散率 05.424

distortion correction 畸变校正 03.238

distributed target 分布目标 02.230

diurnal range 日较差 07.072

diurnal variation 日变化 07.070

divengence theory of cyclones 气旋的辐散理论 06.115

divergence 辐散 05.197，散度 05.199

divergence equation 散度方程 05.096

divergence theorem 散度定理，＊高斯定理 05.201

DMS 二甲[基]硫 04.030

DN 降交点 02.277

Dobson spectrophotometer 多布森分光光度计，＊陶普生分光光度计 04.031

Dobson unit 多布森单位，＊陶普生单位 04.032

Doppler broadening 多普勒[谱线]增宽 03.367

Doppler lidar 多普勒激光雷达 02.247

Doppler radar 多普勒天气雷达 02.239

Doppler sodar 多普勒声[雷]达 02.246

Doppler velocity 多普勒速度 03.204

double-theodolite observation 双经纬仪观测 02.189

downburst 下击暴流 06.312

downdraught 下曳气流 03.041

downslope wind ＊下坡风 01.241

downward atmospheric radiation ＊向下大气辐射 03.327

downward flow 下沉气流 05.347

downward [total] radiation 向下[全]辐射 03.316

DPT 延时图像传输 02.316

drag coefficient 拖曳系数 05.252

drainage wind 流泄风 01.244

drifting sand 低吹沙 01.320

drifting snow 低吹雪 01.350

driven snow 吹雪 01.349

drizzle 毛毛雨 01.295

drop-size distribution parameter 滴谱参数 03.080

dropsonde 下投式探空仪 02.200

drop spectrum 滴谱 03.086

drosometer 露量表 02.125, 测露表 02.209

drought 干旱 08.104

drought damage 旱灾 08.103

drought frequency 干旱频数 07.102

drought index 干旱指数 07.103

dry adiabatic lapse rate 干绝热直减率 05.051

dry adiabatic process 干绝热过程 05.068

dry-bulb temperature 干球温度 01.061

dry-bulb thermometer 干球温度表 02.131

dry cold front 干冷锋 06.226

dry convection 干对流 05.339

dry deposition 干沉降 03.043

dry fog 干雾 01.392

dry freeze 干冻 03.115

dry growth 干增长 03.088

dry haze 干霾 01.315

dry hot wind 干热风 08.090

dry ice 干冰 03.126

dry line 干线 06.077

dry season 干季 07.096

dry snow 干雪 01.345

dry spell 干期 07.104

dry tongue 干舌 06.076

DU 多布森单位, *陶普生单位 04.032

dual channel radar 双通道雷达 02.233

dual Doppler analysis 双多普勒分析 02.234

dual polarization radar 双偏振雷达 02.232

dual wavelength radar 双波长雷达 02.231

duct 波导 03.142

duration of frost-free period 无霜期 07.280

duration of possible sunshine 可照时数 01.417

dust avalanche 干雪崩 01.348

dust devil 尘卷风 01.333

dustfall 降尘 08.276

dust horizon 尘埃层顶 01.046

duststorm 沙尘暴 01.306

dust whirl 尘旋 01.334

dynamic climatology 动力气候学 07.011

dynamic cloud seeding 动力播云 03.138

dynamic height 动力高度 05.126

dynamic initialization 动力初值化 05.489

dynamic instability 动力不稳定[性] 05.149

dynamic low *动力[性]低压 06.098

dynamic meteorology 动力气象学 05.001

dynamic meter 动力米 05.124

dynamic similarity 动力相似, *流体力学相似 05.534

dynamic stability 动力稳定[性] 05.148

dynamic viscosity 动力黏性 05.227

E

Earth Observing System 地球观测系统 02.280

earth radiation belt 地球辐射带 03.325

Earth Radiation Budget Experiment 地球辐射收支试验 02.281

Earth Radiation Budget Satellite 地球辐射收支卫星 02.282

Earth Resources Technology Satellite 地球资源技术卫星 02.283

East Asia major trough 东亚大槽 06.112

East Asian monsoon 东亚季风 07.150

easterlies 东风带 06.327

easterly belt 东风带 06.327

easterly wave 东风波 06.281

echo analysis 回波分析 03.182

echo character 回波特征 03.181

echo complex 回波复合体 03.178

echo depth 回波厚度 03.180

echo distortion 回波畸变 03.183

echo synthetic chart 回波综合图 03.219

echo wall 回波墙 03.156

ecliptic 黄道 05.188

ecoclimatology 生态气候学 08.141

ecological environment 生态环境 08.140

ecology 生态学 08.139

ecosystem 生态系统 08.137

eddy 涡旋, *湍涡, *涡动 05.406

eddy advection 涡动平流 05.408

eddy conductivity 涡动传导率 05.225

eddy correlation 涡动相关 05.407

eddy diffusion *涡动扩散 05.429

eddy flux *涡动通量 05.412

eddy kinetic energy *涡动动能 05.422

eddy shearing stress 涡动切应力 05.229

eddy viscosity 涡动黏滞率 05.226

edge wave 边缘波 03.021

β-effect β效应 01.082

effective accumulated temperature 有效积温 08.042

effective earth radius 有效地球半径 03.144

effective evapotranspiration 有效蒸散 08.009

effective precipitation 有效降水 08.016

effective radiation 有效辐射 03.307

effective stack height 有效烟囱高度 08.292

effective temperature 有效温度 08.037

effective visibility 有效能见度 01.251

effective wind speed 有效风速 08.245

Ekman flow 埃克曼流 05.334

Ekman layer 埃克曼层 05.368

Ekman pumping 埃克曼抽吸 05.335

Ekman spiral 埃克曼螺线 05.369

electric conductivity raingauge 水导[式]雨量计 02.170

electrochemical sonde 电化学探空仪 04.033

electrojet 电集流 01.039

elevated echo 雨幡回波 03.174

Eliassen-Palm flux E-P通量 05.430

El Niño 厄尔尼诺 06.314

emagram *埃玛图 05.035

emission rate 排放率 08.259

emissivity 发射率,*比辐射率 03.329

empirical orthogonal function 经验正交函数 05.502

ending of Meiyu 出梅 06.309

End of Heat 处暑 08.077

energetics 力能学,*能量学 05.003

energy balance model 能量平衡模式 07.226

energy cascade 能量串级 05.475

energy density spectrum 能量密度谱 05.476

energy source meteorology 能源气象学 08.242

energy spectrum *能谱 05.476

enhanced cloud picture 增强云图 03.247

ensemble average 集合平均 06.370

ensemble forecast 集合预报 06.369

ENSO 恩索 06.315

enstrophy 涡动拟能 05.122

enthalpy 焓 05.034

entrainment 夹卷 05.341

entrainment rate 夹卷率 05.342

entropy 熵 05.030

environmental lapse rate 环境直减率 05.052

[environment] atmospheric quality monitoring [环境]大气质量监测 08.269

environment climatology 环境气候学 07.020

EOF 经验正交函数 05.502

EOS 地球观测系统 02.280

Epoch 世 07.263

ω-equation ω方程 05.101

equation of motion 运动方程 05.084

equation of state 状态方程 05.087

equatorial air mass 赤道气团 06.201

equatorial buffer zone 赤道缓冲带 06.280

equatorial calms 赤道无风带 06.329

equatorial climate 赤道气候 07.173

equatorial convergence belt *赤道辐合带 06.273

equatorial easterlies 赤道东风带 06.326

equatorial low 赤道低压 06.324

equatorial rain forest 赤道雨林 07.068

equatorial trough 赤道槽 06.325

equatorial westerlies 赤道西风带 06.328

equinoctial rains 二分[点]雨 01.281

Equinoxes 二分点 08.088

equivalent altitude of areodrome 等效机场高度 08.165

equivalent barotropic atmosphere 相当正压大气 05.115

equivalent barotropic model 相当正压模式 05.442

equivalent clear column radiance 等效晴空辐射率 03.319

equivalent reflectivity factor 等效反射[率]因子 03.340

equivalent temperature 相当温度 05.060

ERBE 地球辐射收支试验 02.281

ERBS 地球辐射收支卫星 02.282

erosion 侵蚀[作用] 04.004

ERS 欧洲遥感卫星 02.284

ERTS 地球资源技术卫星 02.283

ESSA 艾萨卫星 02.292

Eulerian coordinates 欧拉坐标 05.176

European Remote Sensing Satellite 欧洲遥感卫星 02.284

evaporation 蒸发 03.107

evaporation fog 蒸发雾 01.404

evaporation pan 小型蒸发器,*蒸发皿 02.155

evaporation tank 大型蒸发器 02.157

evaporograph 蒸发计 02.154

evapotranspiration 蒸散 08.008

evolution of atmosphere 大气演化 01.009

[exhaust] contrail [废气]凝结尾迹 08.189

[exhaust] evaporation trail [废气]蒸发尾迹 08.190

exosphere 外[逸]层 01.037

expendable bathythermograph 投弃式温深仪,＊消耗性温深仪 02.120

expert system 专家系统 06.376

explicit difference scheme 显式差分格式 05.508

extended forecast 延伸预报 06.361

external forcing 外强迫 05.013

external gravity wave 重力外波 05.248

extinction coefficient 消光系数 03.358

extra long-range [weather] forecast 超长期[天气]预报,＊短期气候预报 06.360

extrapolation method 外推法 06.364

extratropical cyclone 温带气旋 06.120

extreme severe sand and dust storm 特强沙尘暴 01.311

extreme value analysis 极值分析 06.371

extreme wind speed 极大风速 01.198

F

facsimile weather chart 传真天气图 06.025

factor analysis 因子分析,＊因子分析法 05.110

factors for climatic formation 气候形成因子 07.032

fair-weather current ＊晴天电流 03.437

fair-weather electric field 晴天电场 03.440

fallout 沉降物 08.296

fallout wind 沉降风 08.298

false-color cloud picture 假彩色云图 03.249

farmer's proverb 农谚 08.010

fast Fourier transform 快速傅里叶变换 05.438

Fermat's principle 费马原理 03.360

Ferrel cell 费雷尔环流 05.385

fetch 风浪区 08.330

FFT 快速傅里叶变换 05.438

field capacity 田间持水量 08.024

field observation 外场观测 02.012

filling of a depression 低压填塞 06.087

filtered model 过滤模式 05.444

filtering 滤波 05.439

fine-mesh grid 细网格 05.440

finite amplitude 有限振幅 05.157

finite difference model 差分模式 05.469

firn 永久积雪 07.127

firn line 永久雪线 07.132

first frost 初霜 01.326

First Frost 霜降 08.081

first guess 初估值 05.496

first year ice 一年冰,＊一冬冰 01.366

fixed point observation 定点观测 02.016

fixed ship station 固定船舶站 02.062

flight visibility 空中能见度,＊飞行能见度 08.160

floating dust 飘尘 08.275

floating pan 漂浮式蒸发皿 02.156

flood period 汛期 08.315

flood tide 涨潮 08.331

flux 通量 05.411

flux Richardson number 通量里查森数 05.280

fly ash 飞灰 03.050

Fn 碎雨云 01.173

foehn 焚风 01.229

foehn effect 焚风效应 06.349

foehn wall 焚风墙 01.230

foehn wave 焚风波 01.231

fog 雾 01.391

fog bank 雾堤 01.393

fog dissipation 消雾 03.137

fog-drop 雾滴 03.083

e-folding time e折减时间 02.038

forced convection 强迫对流 03.034

forced oscillation 强迫振荡 05.232

forecast accuracy 预报准确率 06.383

forecast amendment 订正预报 06.379

forecast area 预报区 06.389

forecast chart 预报图 06.386

forecast score 预报评分 06.392

forecast verification 预报检验 06.393

forest climate 森林气候 07.069

forest-fire [weather] forecast 林火[天气]预报 08.311

forest limit temperature 森林界限温度 08.308

forest meteorology 森林气象学 08.307

forest microclimate 森林小气候 08.313

forked lightning 叉状闪电 01.387

Fortin barometer 福丁气压表，*动槽式气压表 02.105

forward difference 向前差分 05.509

forward scattering 前向散射 03.376

forward-tilting trough 前倾槽 06.105

four-dimensional data assimilation 四维资料同化 05.491

Fourier analysis 傅里叶分析 05.437

fractocumulus Fc 碎积云 01.156

fracto-nimbus 碎雨云 01.173

free atmosphere 自由大气 01.048

free convection 自由对流 03.033

free convection level 自由对流高度 05.131

free wave 自由波 05.158

freezing 冻结 03.113

freezing fog 冻雾 01.394

freezing injury 冻害 08.094

freezing nucleus 冻结核 03.116

freezing rain 冻雨 01.292

frequency response 频率响应 02.327

frequency spectrum 频谱 02.328

fresh breeze 5级风，*清劲风 01.215

Fresh Green 清明 08.068

frictional convergence 摩擦辐合 05.195

frictional divergence 摩擦辐散 05.198

frictional drag 摩擦曳力 05.196

friction layer *摩擦层 03.014

friction velocity 摩擦速度 05.228

front 锋[线] 06.207

frontal analysis 锋面分析 06.240

frontal fog 锋面雾 01.399

frontal inversion 锋面逆温 05.026

frontal passage 锋面过境 06.241

frontal precipitation 锋面降水 06.246

frontal slope 锋面坡度 06.208

frontal surface 锋面 06.205

frontal wave *锋面波动 06.122

frontal weather 锋面天气 06.243

frontal zone 锋区 06.206

frontogenesis 锋生 06.228

frontolysis 锋消 06.230

frost 霜 01.323

frost day 霜日 07.091

frost injury 霜冻 08.095

frost peroid 霜期 07.090

frost point 霜点 01.325

frost prevention 防霜 03.131

Froude number 弗劳德数 05.283

frozen soil 冻土 08.047

frozen soil apparatus 冻土器 02.210

Fs 碎层云 01.168

full-disc cloud picture 全景圆盘云图 03.251

full resolution 全分辨率 02.331

function of frontogenesis 锋生函数 06.229

funnel cloud 漏斗云 01.330

G

gale 8级风，*大风 01.218

gale warning 大风警报 08.347

GARP 全球大气研究计划 01.002

gas constant 气体常数 05.004

gas constant per molecule *分子气体常数 05.088

gas thermometer 气体温度表 02.072

GCM 大气环流模式 05.539

general circulation model 大气环流模式 05.539

genetic classification of climate 气候形成分类法 06.189

gentle breeze 3级风，*微风 01.213

geographic information system 地理信息系统 08.005

geomorphology 地貌学 08.006

geophysics 地球物理学 08.007

geopotential height 位势高度 05.125

geopotential meter 位势米 05.123

geostationary meteorological satellite 地球静止气象卫星 02.294

geostrophic adjustment 地转适应 05.118

geostrophic advection 地转平流 05.217

geostrophic current 地转流 08.333

geostrophic deviation *地转偏差 05.312

geostrophic motion 地转运动 05.353

geostrophic vorticity 地转涡度 05.216

geostrophic wind　地转风　05.308

geosychronous satellite　*地球同步卫星　02.294

geothermometer　地温表　02.078

GIS　地理信息系统　08.005

glacier breeze　冰川风　01.242

glacioclimate　冰川气候　07.062

glaze　雨凇　01.286

Global Atmospheric Research Program　全球大气研究计划　01.002

global climate　全球气候　07.038

global climate system　全球气候系统　07.039

global positioning system　全球定位系统　02.285

global radiation　总辐射　03.304

global telecommunication system　全球电信系统　02.320

glory　宝光[环],*峨眉宝光　03.433

glow discharge　辉光放电　03.443

GMS　地球静止气象卫星　02.294

gorge wind　峡谷风　01.240

governing equation　控制方程　05.543

GPS　全球定位系统　02.285

gradient wind　梯度风　05.299

Grain in Ear　芒种　08.072

Grain Rain　谷雨　08.069

grass thermometer　草温表　02.082

graupel　霰,*软雹,*雪丸　01.413

gravity current　重力流,*密度流　05.128

gravity wave　重力波　05.244

gravity wave drag　重力波拖曳　05.250

gray scale　灰[色标]度　03.215

Great Cold　大寒　08.087

Greater Heat　大暑　08.075

greenhouse climate　温室气候　07.273

greenhouse effect　温室效应　07.108

greenhouse gasses　温室气体　08.277

grey absorber　灰吸收体　03.333

grey body radiation　灰体辐射　03.334

ground-based observation　地基观测　02.019

ground echo　地物回波　03.161

ground fog　地面雾　01.407

ground temperature　地温　08.034

ground-to-cloud discharge　地云闪电　03.444

group velocity　群速度　05.233

GTS　全球电信系统　02.320

Gulf Stream　墨西哥湾流　06.278

gust　阵风　01.223

gust amplitude　阵风振幅　01.224

gust duration　阵风持续时间　01.225

gust front　阵风锋,*飑锋　01.373

H

Hadley cell　哈得来环流[圈]　05.376

Hadley regime　哈得来域　05.289

hail　[冰]雹　01.365

hail cloud　[冰]雹云　01.185

hail damage　雹灾　08.102

hail embryo　雹核,*雹胚　03.059

hail generation zone　冰雹生成区　03.057

hail lobe　雹瓣　03.060

hailpad　测雹板　02.165

hail pellet　雹粒　03.061

hail-rain separator　雹雨分离器　02.153

hailstone　雹块　01.367

hail storm　雹暴　01.313

hail suppression　防雹　03.136

hair hygrograph　毛发湿度计　02.127

hair hygrometer　毛发湿度表　02.126

halo　晕　03.409

22° halo　22度晕　03.411

46° halo　46度晕　03.410

hand anemometer　手持风速表　02.180

harmonic function　调和函数　05.393

Haurwitz wave　*豪威兹波　05.261

hazardous weather message　危险天气通报　08.153

haze　霾　01.314

haze aloft　高空霾　01.317

head wind　逆风　08.196

heat balance　热量平衡　07.113

heat budget　热量收支　07.114

heat equator　热赤道　06.276

heat flow equation　*热流量方程　05.012

heat flux　热通量　07.115

heating degree-day　采暖度日　08.219

heat island　热岛　07.110

heat island effect　热岛效应　07.109

heat lightning 热闪 01.380

heat resources 热量资源 08.059

heat sink 热汇 07.111

heat source 热源 07.112

heat thunderstorm 热雷暴 01.374

heat transfer 热量输送 07.116

heat wave 热浪 06.350

heavy rain 大雨 01.298

Heavy Snow 大雪 08.084

heliograph 太阳光度计 02.067

Helmholtz instability 亥姆霍兹不稳定 05.257

Helmholtz wave 亥姆霍兹波 05.256

hemispherical model 半球模式 05.449

Herschel's actinometer *赫舍尔日射计 02.139

heterosphere 非均质层 01.020

high cloud 高云 01.120

high flow year 丰水年, *多水年, *湿润年 08.316

high index 高指数 05.387

high [pressure] 高[气]压 06.148

high pressure barrier 高压坝 06.158

high resolution facsimile 高分辨率[云图]传真 02.314

high resolution infrared radiation sounder 高分辨[率]红外辐射探测器 02.304

high resolution interferometric sounder 高分辨[率]干涉探测器 02.301

high resolution picture transmission 高分辨[率]图像传输 02.313

high tide 高潮 08.334

histogram 直方图 06.036

historical climate 历史气候 07.262

hoar frost 白霜 01.324

hodograph 高空风分析图 06.048

homogeneous atmosphere 均质大气 01.051

homopause 均质层顶 01.021

homosphere 均质层 01.019

hook echo 钩状回波 03.168

horizontal divergence 水平散度 05.203

horizontal visibility 水平能见度 01.254

horizontal wind shear 水平风切变 01.202

horizontal wind vector 水平风矢量 01.201

horse latitudes 马纬度 06.283

hot damage 热害 08.097

hot season 热季 07.094

hot-wire anemometer 热线风速表 02.186

HR-FAX 高分辨率[云图]传真 02.314

HRIRS 高分辨[率]红外辐射探测器 02.304

HRPT 高分辨[率]图像传输 02.313

human bioclimatology 人类生物气候学 08.002

human biometeorology 人类生物气象学 08.003

humid climate 湿润气候 07.057

humidity 湿度 01.093

humidity field 湿度场 06.074

humidity retrieval 湿度反演 03.280

hurricane 12级风, *飓风 01.222, 飓风 06.298

hybrid coordinate 混合坐标 05.175

hydrography 水文地理学 08.322

hydrologic cycle *水文循环 07.100

hydrology 水文学 08.323

hydrometeorological forecast 水文气象预报 08.321

hydrometeorology 水文气象学 08.314

hydrosphere 水圈 07.024

hydrostatic adjustment process 静力适应过程 05.116

hydrostatic approximation 流体静力近似 05.100

hydrostatic check 静力检查 05.506

hydrostatic equation 流体静力方程 05.097

hydrostatic instability 流体静力不稳定度 05.140

hygrograph 湿度计 02.108

hygrometer 湿度表 02.111

hygroscopic nucleus 吸湿性核 03.118

hygrothermoscope 温湿仪 02.129

hythergraph 温湿图 01.066

I

IAMAS 国际气象学和大气科学协会 01.421

IAS 表速 08.159

ICAO standard atmosphere 国际民航组织标准大气 08.158

ice age 冰期 07.264

ice belt 浮冰带, *流冰带 08.338

ice cloud 冰云 01.182

ice crystal 冰晶 03.099

ice fog 冰雾 01.398

Icelandic low 冰岛低压 06.137

ice needle　冰针　03.103

ice nucleus　冰核　03.104

ice pellet　冰丸　01.368

ice point　冰点　03.105

ice storm　冰暴　01.369

ice-water mixed cloud　冰水混合云　03.071

icing　积冰　01.361

icing on runway　跑道积冰　08.162

ideal climate　理想气候　07.037

ideal fluid　理想流体　05.014

ideal gas　理想气体　05.015

illumination length　光照长度　08.053

image processing　图像处理　03.237

image resolution　图像分辨率　03.244

IMF　行星际磁场　03.455

incoherent echo　非相干回波　03.159

incoherent radar　非相干雷达，*常规雷达　02.240

incoming radiation　入射辐射　03.318

incompressible fluid　不可压缩流体　05.016

index cycle　指数循环　05.389

index of stability　稳定度指数　05.139

Indian low　印度低压　06.332

Indian monsoon　印度季风　07.147

Indian summer　印第安夏　07.088

indicated air speed　表速　08.159

indirect circulation　间接环流［圈］，*反环流　05.379

indoor climate　室内气候　07.048

industrial climate　工业气候　08.217

inertia-gravity wave　惯性重力波　05.245

inertial circle　惯性圆　05.237

inertial force　惯性力　05.238

inertial forecast　惯性预报　06.373

inertial instability　惯性不稳定　05.129

inertial oscillation　惯性振荡　05.239

inertial stability　惯性稳定度　05.145

inertia wave　惯性波　05.236

infiltration　入渗　08.020

infiltration capacity　入渗量　08.021

infrared cloud picture　红外云图　03.239

infrared radiation　红外辐射　03.310

initial condition　初始条件　05.497

initialization　初值化　05.487

inner product　内积　05.488

insolation duration　日照时间　01.416

instability line　不稳定线　06.064

instrument shelter　百叶箱　02.068

interannual variability　年际变率　07.223

intercloud discharge　云际放电　03.445

interglacial period　间冰期　07.266

Intergovernmental Panel on Climate Change　政府间气候变化专门委员会　01.422

intermediate synoptic observation　辅助天气观测　02.008

intermittent precipitation　间歇性降水　01.290

inter-monthly variability　月际变率　07.224

internal friction［force］　内摩擦［力］　01.087

internal gravity wave　重力内波　05.247

internal wave　内波　05.246

International Association of Meteorology and Atmospheric Sciences　国际气象学和大气科学协会　01.421

international cloud atlas　国际云图　01.113

international synoptic code　国际［天气］电码　02.052

interplanetary magnetic field　行星际磁场　03.455

interpolation　插值法　05.517

interstellar dust　*星际尘　03.049

intertropical convergence zone　热带辐合带　06.273

intracloud discharge　云内放电　03.450

inverse technique　反演法　02.268

inversion layer　逆温层　05.028

inversion of satellite sounding　卫星探测反演　02.270

inverted trough　倒槽　06.103

inviscid fluid　非黏性流体　05.113

ion counter　离子计数器　02.215

ionogram　电离图　03.248

ionosphere　电离层　01.038

ionospheric storm　电离层暴　03.451

ionospheric sudden disturbance　电离层突扰　03.452

IPCC　政府间气候变化专门委员会　01.422

irradiance　辐照度　03.336

irradiation　辐照　03.332

irreversible adiabatic process　不可逆绝热过程　05.010

irrotational motion　无旋运动　05.359

isallobar　等变压线　06.047

isallobaric wind　变压风　05.313

isallohypse　等变高线　06.050

isallotherm　等变温线　06.042

isanomaly　等距平线　06.056

isentropic analysis　等熵分析　05.032

isentropic chart　等熵面图　05.031

isentropic condensation level 等熵凝结高度 05.047

isobar 等压线 06.043

isobaric equivalent temperature ＊等压相当温度 05.060

isobaric surface 等压面 06.026

isochion 等雪量线 07.135

isodrosotherm 等露点线 06.041

iso-echo contour 等回波线 03.220

isogon 等风向线 06.055

isohel 等日照线 07.136

isohume 等湿度线 06.057

isohyet 等雨量线 06.060

isolated cell 孤立单体 03.222

isoline 等值线 06.038

isoneph 等云量线 07.134

isophene 等物候线 07.279

isopleth of thickness 等厚度线 06.051

isotach 等风速线 06.053

isotherm 等温线 06.039

isothermal atmosphere 等温大气 01.053

isothermal layer 等温层 01.024

isothermal process 等温过程 01.054

isotropic turbulence 各向同性湍流 05.413

ITCZ 热带辐合带 06.273

ITOS 艾托斯卫星 02.293

J

Japan current 日本海流 07.268

jet stream 急流 05.317

jet stream cloud system 急流云系 03.270

jet stream core 急流核 05.318

Jordan sunshine recorder 乔唐日照计，＊暗筒式日照计 02.140

K

Kalman filtering 卡尔曼滤波 05.251

Karman constant 卡门常数 05.230

Karman vortex street 卡门涡街 05.409

katabatic cold front 下滑锋 06.222

katallobar 负变压线 06.067

katallobaric center 负变压中心 06.073

Kelvin-Helmholtz wave 开尔文-亥姆霍兹波 05.259

Kelvin's theorem of circulation 开尔文环流定理 05.391

Kelvin wave 开尔文波 05.258

Kew pattern barometer 寇乌气压表，＊定槽式气压表 02.106

kinematic boundary condition 运动学边界条件 05.494

kinematic viscosity 运动黏滞性 05.417

Kirchoff's law 基尔霍夫定律 03.289

kona cyclone 科纳气旋，＊科纳风暴 06.144

Köppen-Supan line 柯本-苏潘等温线 06.040

kryptoclimate 室内小气候 07.017

Kunming quasi-stationary front 昆明准静止锋 06.251

Kuroshio ＊黑潮 07.268

L

lag coefficient 滞后系数 02.037

lake breeze 湖风 01.236

lake front 湖锋 01.237

LAM 有限区模式 05.523

Lamb wave 兰姆波 05.260

laminar boundary layer 层流边界层 05.419

land breeze ＊陆风 01.235

landing [weather] forecast 着陆[天气]预报 08.177

LANDSAT 陆地卫星 03.225

Land Satellite 陆地卫星 03.225

La Niña 拉尼娜 06.316

large-scale circulation 大尺度环流 05.398

large scale weather [process] 大尺度天气[过程] 06.261

laser ceilometer 激光云幂仪 02.190

latent heat 潜热 05.006

latent instability 潜在不稳定 05.167

lateral mixing 侧向混合 05.431

late spring cold　倒春寒　08.091

latest frost　终霜　01.327

layered echo　层状回波　03.166

LCL　抬升凝结高度　05.132

leader[streamer]　先导[流光]　03.448

leader stroke　先导闪击　01.382

leaf temperature　叶温　08.044

lee depression　*背风坡低压　06.098

lee trough　*背风槽　06.107

lee wave　背风波　05.255

Lesser Cold　小寒　08.086

Lesser Fullness　小满　08.071

Lesser Heat　小暑　08.074

LFM　有限区细网格模式　05.524

LI　抬升指数　05.133

lidar　激光雷达　02.236

lifting condensation level　抬升凝结高度　05.132

lifting index　抬升指数　05.133

light air　1级风，*软风　01.211

light breeze　2级风，*轻风　01.212

lightning　闪电　01.379

lightning channel　闪电通道　01.381

lightning conductor　避雷针　02.216

lightning echo　闪电回波　03.172

lightning rod　避雷针　02.216

lightning suppression　人工雷电抑制　03.447

light rain　小雨　01.296

light resources　光资源　08.058

Light Snow　小雪　08.083

limb brightening　临边增亮　03.281

limb darkening　临边变暗　03.282

limb retrieval　临边反演　03.275

limb scanning method　临边扫描法　03.274

limited area fine-mesh model　有限区细网格模式　05.524

limited area model　有限区模式　05.523

linear inversion　线性反演　03.278

line convection　线对流　05.331

lithometeor　大气尘粒　08.297

lithosphere　岩石圈　07.026

little ice age　小冰期　07.265

loading of air pollutant　空气污染物含量　08.273

local axis　局地轴　05.191

local circulation　局地环流　05.382

local climate　局地气候　07.045

local derivative　局部导数　05.202

local forecast　局地预报　06.380

local precipitation　地方性降水　01.301

local weather　地方性天气　06.394

local wind　地方性风　01.226

logarithmic velocity profile　风速对数廓线　05.370

longitudinal wave　纵波　05.249

long-range[weather]forecast　长期[天气]预报　06.359

long-wave trough　长波槽　06.111

low cloud　低云　01.118

lower atmosphere　低层大气　01.026

low flow year　枯水年，*少水年，*干旱年　08.317

low index　低指数　05.388

low-level jet stream　低空急流　06.267

low-level wind shear　低空风切变　08.192

low[pressure]　低[气]压　06.083

low resolution facsimile　低分辨率[云图]传真　02.315

low temperature damage in autumn　寒露风　08.092

LR-FAX　低分辨率[云图]传真　02.315

luminance　光亮度　03.388

lunar corona　月华　03.417

lunar halo　月晕　03.414

lunar tide　太阴潮，*月亮潮　08.335

Lyman-α hygrometer　莱曼-α湿度表　02.086

M

Mach number　马赫数　05.287

mackerel sky　鱼鳞天　01.187

macroclimate　大气候　07.040

macroclimatology　大气候学　07.015

macroviscosity　宏观黏滞度　05.152

magnetic dip　磁倾角　05.189

magnetic equator　磁倾赤道　05.190

magnetic inclination　磁倾角　05.189

magnetic storm　磁暴　03.454

magnetopause　磁层顶　01.041

magnetosphere　磁层　01.040

main standard time　基本天气观测时间　02.007

mandatory level 标准等压面 06.027

man-machine mix 人机结合 05.522

man-machine weather forecast 人机结合天气预报 05.521

map factor 地图[放大]因子 05.537

map projection 地图投影 05.538

marginal effect 边际效应 08.134

Margules' formula 马古列斯公式 05.106

marine climate 海洋性气候 07.052

marine climatology 海洋气候学 07.002

marine meteorological code 海洋气象电码 08.346

marine meteorology 海洋气象学 08.328

marine weather forecast 海洋天气预报 08.345

maritime aerosol 海洋性气溶胶 03.051

maritime air mass 海洋气团 06.203

mathematical climate 数理气候 07.030

maximum depth of frozen ground 最大冻土深度 08.049

maximum design wind speed 最大设计平均风速 08.239

maximum instantaneous wind speed 最大瞬时风速 08.238

maximum precipitation 最大降水量 01.271

maximum shelter distance 最大防护距离 08.309

maximum temperature 最高温度 01.062

maximum thermometer 最高温度表 02.083

maximum unambiguous range 最大不模糊距离 03.206

maximum wind level 最大风速层 01.197

maximum wind pressure 最大风压 08.234

maximum wind speed 最大风速 01.196

MCC 中尺度对流复合体 05.352

MCS 中尺度对流系统 05.343

mean annual range of temperature 平均年温度较差 07.080

mean solar time 平太阳时 08.352

mechanical equivalent of heat 热功当量 05.009

mechanical turbulence 机械湍流 05.421

medical climatology 医疗气候学 08.143

medical meteorology 医疗气象学 08.144

Mediterranean climate 地中海气候 07.053

Mediterranean type climate *地中海型气候 07.184

medium-range [weather] forecast 中期[天气]预报 06.358

Meiyu 梅雨 06.305

Meiyu front 梅雨锋 06.307

Meiyu period 梅雨期 06.310

melting point 融[化]点 05.017

mercury barometer 水银气压表 02.103

mercury thermometer 水银温度表 02.085

meridional circulation 经向环流 05.374

mesoclimate 中气候 07.041

mesometeorology 中尺度气象学 01.005

mesopause 中间层顶 01.034

meso scale 中尺度 05.456

meso-α scale α中尺度 05.457

meso-β scale β中尺度 05.458

meso-γ scale γ中尺度 05.459

mesoscale convective complex 中尺度对流复合体 05.352

mesoscale convective system 中尺度对流系统 05.343

mesoscale low 中尺度低压 06.093

mesoscale model 中尺度模式 05.448

mesoscale system 中尺度系统 06.263

mesosphere 中间层 01.033

mesospheric circulation 中间层环流 05.397

mesothermal climate 中温气候 07.054

meteor 大气现象 01.257

meteorogram 天气实况演变图 08.156

meteorological aircraft 气象飞机 02.206

meteorological code 气象电码 06.005

meteorological element 气象要素 01.058

meteorological equator 气象赤道 06.323

meteorological instrument 气象仪器 02.066

meteorological minimum 最低气象条件 08.163

meteorological navigation 气象导航 08.351

meteorological noise 气象噪声 05.474

meteorological observation 气象观测 02.002

meteorological observatory 气象台 02.058

meteorological platform 气象观测平台 02.060

meteorological proverb 气象谚语 08.122

meteorological radar 气象雷达 02.220

meteorological radar equation 气象雷达方程 03.141

meteorological report 气象报告 06.339

meteorological rocket 气象火箭 02.218

meteorological satellite 气象卫星 02.271

meteorological satellite ground station 气象卫星地面站 02.298

meteorological shipping route 气象航线 08.348

meteorological tide 气象潮 08.332

meteorological wind tunnel　气象风洞　05.114

meteorology　气象学　01.003

meteorology of crops　作物气象　08.136

meteoropathy　气象病　08.145

meteorotropic disease　气象病　08.145

microbarograph　微压计　02.102

microburst　微下击暴流　06.313

microclimate　小气候　07.042

microclimate in the fields　农田小气候　08.128

microclimatology　小气候学　07.016

micrometeorology　微气象学　01.006

microscale system　小尺度系统　06.264

microthermal climate　低温气候　07.187

microwave image　微波图像　03.243

microwave radiometer　微波辐射仪　02.299

middle atmosphere　中层大气　01.027

middle atmospheric physics　中层大气物理学　03.007

middle cloud　中云　01.119

mid-tropospheric cyclone　对流层中层气旋　06.143

Mie scattering　米散射，*粗粒散射　03.372

military climatography　军事气候志　08.203

military meteorological information　军事气象信息　08.204

military meteorological support　军事气象保障　08.202

military meteorology　军事气象学　08.201

minimum thermometer　最低温度表　02.084

mirage　蜃景，*海市蜃楼　03.396

mist　轻雾，*霭　01.395

mixed Rossby-gravity wave　混合罗斯贝重力波　05.270

mixing condensation level　混合凝结高度　05.048

mixing fog　混合雾　01.403

mixing layer　混合层　05.296

mixing length　混合长　05.416

mixing ratio　混合比　01.097

mobile ship station　移动船舶站　02.063

mode　模态，*波型　05.364

model output statistic prediction　模式输出统计预报　05.441

model resolution　模式分辨率　05.482

moderate breeze　4级风，*和风　01.214

moderate rain　中雨　01.297

moist adiabat　湿绝热线　06.058

moist adiabatic lapse rate　湿绝热直减率　05.054

moist adiabatic process　湿绝热过程　05.070

moist air　湿空气　01.102

moist convection　湿对流　05.338

moisture [conservation] equation　水汽[守恒]方程　05.104

moisture content　水汽含量　01.091

moisture index　湿润度　07.107

moisture inversion　逆湿　05.011

moisture profile　湿度廓线　06.059

molecular viscosity　分子黏性　05.432

molecular viscosity coefficient　分子黏滞系数　05.433

Mongolian cyclone　*蒙古气旋　06.141

Mongolian low　蒙古低压　06.141

monochromatic radiation　单色辐射　03.300

monsoon　季风　07.145

monsoon burst　季风爆发　07.152

monsoon circulation　季风环流　07.157

monsoon climate　季风气候　07.158

monsoon cloud cluster　季风云团　03.258

monsoon depression　季风低压　07.156

monsoon index　季风指数　07.160

monsoon onset　季风建立　07.155

monsoon rain　季风雨　01.300

monsoon region　季风区，*季风气候区　07.159

monsoon surge　季风潮　07.154

monsoon trough　季风槽　06.109

Monte-Carlo method　蒙特卡罗方法　05.460

monthly mean　月平均　07.082

MOS prediction　模式输出统计预报　05.441

mountain barograph　高山气压计　02.091

mountain barometer　高山气压表　02.096

mountain breeze　*谷风　01.232

mountain climate　山地气候　07.065

mountain climatology　山地气候学　07.012

mountain fog　山雾　01.408

mountain meteorology　山地气象学　06.353

mountain observation　山地观测　02.020

mountain [observation] station　高山[观测]站　02.064

mountain-valley breeze　山谷风　01.232

movable finemesh model　可移动细网格模式　05.466

MSI　多波段图像，*多光谱云图　03.242

MST radar　MST雷达　02.248

multilevel model　*多层模式　05.541

multiple-cell echo　多单体回波　03.177

multiple correlation　复相关　05.519

multiple correlation coefficient　复相关系数　05.520

multiple scattering　多次散射　03.373

multi-spectral image　多波段图像，*多光谱云图　03.242

N

nacreous clouds　珠母云　01.143

national standard barometer　国家标准气压表　02.099

natural coordinates　自然坐标［系］　05.173

natural synoptic period　自然天气周期　06.395

natural synoptic region　自然天气区　06.397

natural synoptic season　自然天气季节　06.396

navaid wind-finding　导航测风　02.188

navigation wind　航行风　08.197

near gale　7级风，*疾风　01.217

negative refraction　负折射　03.186

nephanalysis　云［层］分析图　03.252，云［层］分析　06.255

nephelometer　能见度测定表　02.163

nepheloscope　云滴凝结器　02.160

nephoscope　测云仪　02.192

nested grid　套网格　05.512

net pyranometer　净辐射表，*辐射平衡表　02.149

net radiation　*净辐射　03.303

network of meteorological station　气象台站网　02.057

neutral occluded front　中性锢囚锋　06.216

neutral stability　中性稳定　05.143

night-sky light　夜天光　03.389

nimbostratus　雨层云　01.169

NIMBUS　雨云卫星　02.286

nitric oxide　一氧化氮　04.034

nitrogen dioxide　二氧化氮　04.035

nival climate　冰雪气候　07.060

NOAA satellite　诺阿卫星　02.287

noctilucent clouds　夜光云　01.184

nocturnal jet　夜间急流　05.322

nocturnal radiation　夜间辐射　03.326

nomograms　列线图　06.037

non-convective precipitation　非对流性降水　01.277

non-conventional observation　非常规观测　02.014

non-dimensional equation　无量纲方程　05.107

non-dimensional parameter　无量纲参数　05.109

non-divergence level　无辐散层　05.297

nondivergent motion　无辐散运动　05.360

nonlinear instability　非线性不稳定［性］　05.160

non-real time data　非实时资料　02.323

non-scattering atmosphere　无散射大气　03.357

non-synoptic data　非天气资料　02.321

normal barometer　标准气压表　02.098

normal flow year　平水年，*中水年，*一般年　08.318

normalized echo intensity　归一化回波强度　03.221

normal mode　正规模［态］　05.367

normal mode initialization　正规模［态］初值化　05.486

North China occluded front　华北锢囚锋　06.248

Northeast China low　东北低压　06.142

northern branch jet stream　北支急流　05.320

North Pacific Oscillation　北太平洋涛动　06.318

nowcast　临近预报，*现时预报，*短时预报　06.354

Ns　雨层云　01.169

nuclear winter　核冬天　07.229

nucleation　核化　03.069

number of range samples　距离采样数　03.197

numerical climatic classification　数值气候分类　07.258

numerical experiment　数值实验　05.536

numerical integration　数值积分　05.535

numerical simulation　数值模拟　05.533

numerical weather prediction　数值天气预报　05.435

NWP　数值天气预报　05.435

O

oasis effect　绿洲效应　08.105

objective analysis　客观分析　05.477

objective forecast　客观预报　06.372

observational error　观测误差，*测量误差　02.036

observational frequency　观测次数　02.035

observation site　观测场　02.059

observer　气象观测员　02.003

occluded cyclone　锢囚气旋　06.124

occluded front 锢囚锋 06.211

occultation method 掩星法 03.276

ocean current 洋流 08.336

oceanity 海洋度 07.098

ocean weather station 海洋气象站 02.061

off-shore wind 离岸风 01.239

Okhotsk high 鄂霍次克海高压 06.175

OLR 向外长波辐射，*射出长波辐射 03.301

one-way attenuation 单程衰减 03.380

onset of Meiyu 入梅 06.308

on-shore wind 向岸风 01.238

open [cloud] cells 开口型细胞状云 03.263

operational forecast 业务预报 06.384

optical depth 光学厚度 03.361

optimum interpolation method 最优插值法 05.516

optimum route 最佳航线 08.350

optimum temperature 最适温度 08.039

ordinary climatological station 一般气候站 07.028

orographic depression 地形低压 06.098

orographic drag 地形拖曳 05.253

orographic frontogenesis 地形锋生 06.231

orographic occluded front 地形锢囚锋 06.247

orographic precipitation 地形降水 01.279

orographic rain 地形雨 01.302

orographic rainfall 地形雨量 01.303

orographic snowline 地形雪线 06.045

orographic stationary front 地形静止锋 06.249

orographic thunderstorm 地形雷暴 01.376

orographic wave 地形波 05.254

orthogonal functions 正交函数 05.503

oscillation 振荡，*振动 06.321

outgoing long-wave radiation 向外长波辐射，*射出长波辐射 03.301

overcast 阴天 01.262

oxidant 氧化剂 04.036

ozone 臭氧 04.037

ozonometer 臭氧计 02.217

ozonosphere 臭氧层 01.047

P

Pacific high 太平洋高压 06.181

paleoclimate 古气候 07.049

paleoclimatology 古气候学 07.021

PAR 光合有效辐射 08.052

parameterization 参数化 05.349

paranthelion 远幻日 03.404

parantiselene 远幻月 03.406

paraselene 假月 03.405

paraselenic circle 幻月环 03.407

parhelic circle 幻日环 03.408

parhelion 假日 03.403

partly cloudy 少云 01.260

passive remote sensing technique 被动遥感技术 02.267

past weather 过去天气 06.017

pattern recognition technique 图形识别技术 03.210

pearl lightning 串珠状闪电，*珠状闪电 01.389

pearl-necklace lightning 串珠状闪电，*珠状闪电 01.389

penetrative convection 穿透对流 05.329

pennant 风三角 06.010

pentad 候 07.122

percentage of sunshine 日照百分率 01.414

percolation 渗透作用 08.014

perfect prediction 完全预报 06.374

pergelisol 永冻土 08.048

perigee 近地点 02.274

perihelion 近日点 02.272

period 周期 07.119

period average 长期平均 07.084

periodogram 周期图 07.118

permafrost 永冻土 08.048

permanent anticyclone 永久性反气旋 06.167

permanent depression 永久性低压 06.133

permanent high 永久性高压 06.166

perpetual frost climate 永冻气候亚类 07.192

persistence 持续性 06.365

persistence forecast 持续性预报 06.362

persistence tendency 持续性趋势 06.366

perturbation 摄动 02.278

perturbation equation 扰动方程 05.102

perturbation method 小扰动法 05.473

phase 相 05.061

phase change 相变 05.062

phase function 相函数 05.063

phase spectrum 位相谱 05.064

phase velocity 相速[度] 05.065

phenodate 物候日 07.276

phenogram 物候图 07.278

phenological division 物候分区 07.274

phenological observation 物候观测 07.275

phenology 物候学 08.124

phenophase 物候期 08.125

phenospectrum 物候谱 07.277

photochemical pollution *光化学污染 04.044

photochemical reaction 光化学反应 04.043

photochemical smog 光化学烟雾 04.044

photochemistry 光化学 08.055

photoperiodism 光周期[性] 08.050

photophase 光照阶段 08.057

photosynthesis 光合作用 08.056

photosynthetically active radiation 光合有效辐射 08.052

pH value pH值 04.048

physical climate 物理气候 07.029

physical climatology 物理气候学 07.010

physical meteorology 物理气象学 01.007

physical mode 物理模[态] 05.480

phytoclimate 植物[小]气候 08.133

phytoclimatology 植物气候学 08.126

phytotron 人工气候室,*育苗室 08.278

pibal 气球测风 02.031

picture mosaic 拼图 03.236

pilot balloon observation 测风气球观测 02.030

pilot-balloon plotting board 测风绘图板 02.152

pilot meteorological report 飞行员气象报告 08.169

pixel 像素,*像元 03.235

plain-language report 明语气象报告 08.167

β-plane β平面 05.214

planetary albedo 行星反照率,*地球反射率 05.211

planetary atmosphere 行星大气 01.049

planetary boundary layer *行星边界层 03.014

planetary scale 行星尺度 05.455

planetary scale system 行星尺度系统 06.259

planetary temperature 行星温度 03.347

planetary vorticity 行星涡度 05.210

planetary vorticity effect 行星涡度效应 05.212

planetary wave *行星波 05.261

planetary wind system 行星风系,*行星风带 07.138

plane wave 平面波 05.066

plan position indicator 平面位置显示器 02.259

plan shear indicator 平面切变显示器 02.261

plasmapause 等离子体层顶 01.043

plasmasphere 等离子体层 01.042

plateau climate 高原气候 07.066

plateau meteorology 高原气象学 06.351

plateau monsoon 高原季风 07.151

plotting symbol 填图符号 06.007

plume height 烟羽高度 08.291

plume rise 烟羽抬升 08.290

plume type 烟羽类型 08.289

plum rain 梅雨 06.305

pluvial period 多雨期 07.093

pluviograph 雨量计 02.166

pluviometry 雨量测定学 03.005

PMP 可能最大降水,*可能最大暴雨 08.326

point discharge 尖端放电 03.439

point of occlusion 锢囚点 06.213

point vortex 点涡 05.218

polar air mass 极地气团 06.197

polar anticyclone 极地反气旋 06.336

polar climate 极地气候,*寒带气候 07.168,极地气候类 07.190

polar continental air 极地大陆空气 06.198

polar cyclone 极地气旋 06.337

polar easterlies 极地东风[带] 07.144

polar front 极锋 06.232

polar front theory 极锋理论,*极锋学说 06.233

polar high *极地高压 06.334

polar low 极地低压 06.335

polar meteorology 极地气象学 06.330

polar night jet 极夜急流 05.319

polar-orbiting meteorological satellite 极轨气象卫星 02.288

polar orbiting satellite 极轨卫星 02.289

polar vortex 极涡 06.331

pollution meteorology 污染气象学 08.256

polytropic atmosphere 多元大气 01.055

polytropic process 多元过程 01.056

POS 极轨卫星 02.289

positive vorticity advection 正涡度平流 05.207

post-glacial climate 冰后期气候 07.267

potential energy 位能,*势能 05.121

potential evaporation 潜在蒸发，*蒸发力 03.108

potential evapotranspiration 潜在蒸散，*蒸散势，*可能蒸散 08.012

potential instability *位势不稳定 05.146

potential temperature 位温 05.074

potential vorticity 位势涡度，*位涡 05.224

Köppen's climate classification 柯本气候分类 07.174

PPI 平面位置显示器 02.259

prairie climate 草原气候 07.061

Prandtl mixinglength theory 普朗特混合长理论 05.415

Prandtl number 普朗特数 05.274

precipitable water 可降水量 08.325

precipitation 降水 01.269

precipitation acidity 降水酸度 08.288

precipitation attenuation 降水衰减 03.217

precipitation chart *降水量图 06.031

precipitation chemistry 降水化学 04.046

precipitation day 降水日 01.272

precipitation duration 降水持续时间 01.273

precipitation echo 降水回波 03.170

precipitation intensity 降水强度 01.274

precipitation inversion 降水逆减 08.018

precipitation physics 降水物理学 03.004

precipitation regime 降水季节特征 06.084

precision 精〔密〕度 02.040

predictability 可预报性 06.381

predictand 预报量 06.388

predictor 预报因子 06.385

predominant wind direction 主导风向 08.230

present weather 现在天气 06.016

pressure altimeter 气压测高表 02.097

pressure broadening *压力[谱线]增宽 03.366

pressure coordinate system 气压坐标系 05.177

pressure field 气压场 06.069

pressure gradient 气压梯度 01.077

pressure gradient force 气压梯度力 01.079

pressure reduction [海平面]气压换算，*海平面气压订正 02.050

pressure surge line 气压涌升线 06.089

pressure system 气压系统 06.081

pressure tendency 气压倾向 06.065

pressure variation 气压变量 06.068

pressure wave 气压波 06.090

prevailing wind 盛行风 08.231

primary circulation 主级环流 05.372

primary pollutant 原生污染物，*原发性污染物 08.265

primary scattering 一次散射 03.370

primitive equation 原始方程 05.542

primitive equation model 原始方程模式 05.447

principal front 主锋 06.223

principal synoptic observation 基本天气观测 02.006

probability 概率 07.243

probability distribution 概率分布 07.244

probability forecast 概率预报 07.242

probable maximum flood 可能最大洪水 08.320

probable maximum precipitation 可能最大降水，*可能最大暴雨 08.326

profile 廓线 05.020

profiler 廓线仪 02.212

prognosis 形势预报 06.357

progressive wave 前进波 05.266

propeller anemometer 螺旋桨[式]风速表 02.183

protium 氕 04.029

pseudo-adiabatic diagram 假绝热图 05.072

pseudo-adiabatic lapse rate 假绝热直减率 05.073

pseudo-adiabatic process 假绝热过程 05.043

pseudo-color cloud picture 伪彩色云图 03.250

pseudo-equivalent potential temperature 假相当位温 05.075

pseudospectral method 假谱方法 05.514

PSI 平面切变显示器 02.261

psychrometer 干湿表 02.113

psychrometric formula 测湿公式 01.111

pulse radar 脉冲雷达 02.245

PVA 正涡度平流 05.207

pycnocline 密度跃层 08.337

pyranometer 总辐射表 02.145

pyrheliometer 直接辐射表 02.142

pyrheliometry 直接日射测量学，*太阳直接辐射测量学 03.012

Q

QBO 准两年振荡 06.320

Qinghai-Xizang high 青藏高压 06.352

QPF 定量降水预报 06.348

quadrature spectrum 求积谱 05.465

quantitative precipitation forecast 定量降水预报 06.348

quantized signal 量化信号 03.199

quasi-biennial oscillation 准两年振荡 06.320

quasi-geostrophic model 准地转模式 05.443

quasi-geostrophic motion 准地转运动 05.356

quasi-nondivergence 准无辐散 05.361

quasi-periodic 准周期性 07.217

quasi-stationary front ＊准静止锋 06.227

Quaternary climate 第四纪气候 07.269

R

radar algorithm 雷达算法 03.212

radar calibration 雷达标定 03.145

radar climatology 雷达气候学 03.140

radar echo 雷达回波 03.153

radar equivalent reflectivity factor 雷达等效反射率因子 03.149

radar meteorological observation 雷达气象观测 03.146

radar meteorology 雷达气象学 03.139

radar network composite 雷达组网 02.241

radar rainfall integrator 雷达雨量积分器 02.253

radar reflectivity 雷达反射率 03.184

radar reflectivity factor 雷达反射率因子 03.147

radar resolution volume 雷达分辨体积 03.196

radarsonde 雷达测风仪 02.264

radar sounding 雷达探空 02.243

radar storm detection 雷达风暴探测 03.065

radar wind sounding 雷达测风 03.214

radial inflow 径向流入 05.295

radial wind 径向风 05.307

radiance 辐射率 03.328

radiant exposure 辐照量 03.335

radiant flux 辐射通量，＊辐射功率 03.330

radiant intensity 辐射强度 03.331

radiation balance 辐射平衡，＊辐射差额 03.303

radiation chart 辐射图 03.355

radiation climate 辐射气候 07.044

radiation cooling 辐射冷却 05.023

radiation fog 辐射雾 01.401

radiation frost 辐射霜 01.328

radiation inversion 辐射逆温 05.022

radiation model 辐射模式 05.446

radiation thermometer 辐射温度表 02.133

radiation transfer equation 辐射传输方程 02.332

radiocarbon dating 碳定年法，＊放射性碳定年法，＊碳－14 定年法 04.013

radio meteorology 无线电气象学 03.010

radiosonde 无线电探空仪 02.198

radiosonde balloon 探空气球 02.201

radio sounding 无线电探空 02.026

radio theodolite 无线电经纬仪 02.195

radiowind observation 无线电测风观测 02.032

radome ［雷达］天线罩 02.254

radon 氡 04.011

rain 雨 01.280

rainband 雨带 06.032

rainbow 虹 03.418

rain day 雨日 01.287

rain drop 雨滴 01.284

raindrop disdrometer 雨滴谱仪 03.081

raindrop size distribution 雨滴谱 03.078

rain erosion 雨蚀 08.299

rainfall ［amount］ 雨量 01.288

rainfall chart 雨量图 06.031

rainfall intensity recorder 雨强计 02.173

raingauge 雨量器 02.164

rain-out 雨洗 08.279

rain shadow 雨影 01.285

rain virga 雨幡 01.283

Rain Water 雨水 08.065

rainy season 雨季 07.092

random Elsasser band model 随机爱尔沙色带模式 03.344

random forecast 随机预报 06.340

range ambiguity 距离模糊 03.205

range attenuation 距离衰减 03.218

range averaging 距离平均 03.191

range bin 距离库 03.189

range-height indicator 距离高度显示器 02.256

range resolution 距离分辨率 03.193

range velocity display 距离速度显示 02.255

rapidly moving cold front 快行冷锋,∗第二型冷锋 06.217

rawinsonde 无线电探空测风仪 02.199

Rayleigh number 瑞利数 05.275

Rayleigh scattering 瑞利散射,∗分子散射 03.374

real time data 实时资料 02.322

real-time display 实时显示 03.209

receiver [noise] temperature 接收机[噪声]温度 03.150

recording raingauge 雨量计 02.166

reference atmosphere ∗参考大气 01.050

reflected radiation 反射辐射 03.337

reflected solar radiation 反射太阳辐射 03.317

reflectivity 反射率 03.339

regeneration of a depression 低压再生 06.128

regional climate 区域气候 07.043

regional forecast 区域预报 06.377

regional model ∗区域模式 05.523

regional standard barometer 区域标准气压表 02.100

regular band model 规则带模式,∗爱尔沙色带模式 03.343

relative humidity 相对湿度 01.094

relative number of sunspot 黑子相对数 03.294

relative soil moisture 土壤相对湿度 08.023

relative vorticity 相对涡度 05.208

relaxation method 张弛法 05.513

residual layer 残留层 03.024

resonance theory 共振理论 05.234

responsible forecasting area 预报责任区 06.304

resultant wind 合成风 07.126

retrograde wave 后退波 05.267

retrogression 退行 05.265

returning flow weather 回流天气 06.311

return stroke 回击 01.383

reversible adiabatic process 可逆绝热过程 05.007

Reynolds number 雷诺数 05.276

Reynolds stress 雷诺应力 05.112

RHI 距离高度显示器 02.256

Richardson number 里查森数 05.277

ridge 高压脊 06.152

ridge line 脊线 06.155

right ascension 赤经 05.187

rigid boundary condition 刚体边界条件 05.493

rime 雾凇 01.412

RMS error 均方根误差,∗均方差 02.043

Rn 氡 04.011

rocket lightning 火箭状闪电 01.390

rocket sounding 火箭探测 02.025

roll vortex 滚轴涡旋 06.290

root-mean-square error 均方根误差,∗均方差 02.043

Rossby diagram 罗斯贝图解 05.286

Rossby number 罗斯贝数 05.284

Rossby parameter 罗斯贝参数 05.285

Rossby regime 罗斯贝域 05.290

Rossby wave 罗斯贝波 05.261

rotating dishpan experiment 转盘实验 05.288

rotation band 转动谱带 03.203

rotor clouds 滚轴云 01.188

roughness length 粗糙度长度 03.027

roughness parameter ∗粗糙度参数 03.025

round-off error ∗舍入误差 05.492

running average ∗滑动平均 07.208

runway visual range 跑道能见度,∗跑道视程 08.161

RVD 距离速度显示 02.255

S

salt nucleus 盐核 03.119

salt-seeding 盐粉播撒 03.129

sampling interval 采样间隔 08.262

sand and dust storm 沙尘暴 01.306

sand and dust storm weather 沙尘暴天气 01.309

sand and dust weather 沙尘天气 01.305

sand haze 沙霾 01.316

sandstorm 沙尘暴 01.306

sand wall 沙壁 01.312

SAR 合成孔径雷达 02.235

sastrugi 雪面波纹 01.357

satellite climatology 卫星气候学 07.009

satellite cloud picture 卫星云图 03.233

satellite cloud picture analysis 卫星云图分析 03.273

satellite derived wind 卫星云迹风 03.271

satellite meteorology 卫星气象学 03.224

satellite sounding 卫星探测 03.229

saturated air 饱和空气 01.103

saturation deficit 饱和差 01.112

saturation mixing ratio with respect to ice 冰面饱和混合比 01.098

saturation mixing ratio with respect to water 水面饱和混合比 01.099

saturation moisture capacity 饱和持水量 08.019

saturation specific humidity 饱和比湿 01.105

saturation vapor pressure 饱和水汽压 01.106

saturation vapor pressure in the pure phase with respect to ice 纯冰面饱和水汽压 01.107

saturation vapor pressure in the pure phase with respect to water 纯水面饱和水汽压 01.108

saturation vapor pressure of moist air with respect to ice 湿空气冰面饱和水汽压 01.109

saturation vapor pressure of moist air with respect to water 湿空气水面饱和水汽压 01.110

Sc 层积云 01.161

scale analysis 尺度分析 05.452

scale factor 地图[放大]因子 05.537

scaling 尺度分析 05.452

scanning multifrequency microwave radiometer 多通道微波扫描辐射仪 02.311

scanning radiometer 扫描辐射仪 02.305

scatter diagram 点聚图, *散布图 06.035

scattered radiation 散射辐射 03.309

scattering coefficient 散射系数, *散射函数 03.382

scattering cross-section 散射截面 03.378

Sc cast 堡状层积云 01.165

Sc cug 积云性层积云 01.164

Sc lent 荚状层积云 01.166

Sc op 蔽光层积云 01.163

screen 百叶箱 02.068

Sc tra 透光层积云 01.162

sea breeze *海风 01.235

sea breeze front 海风锋 06.253

sea fog 海雾 01.397

sea-land breeze 海陆风 01.235

sea-level pressure 海平面气压 01.076

sea salt nucleus 海盐核 03.120

sea smoke 海面蒸汽雾 01.405

season 季节 07.086

seasonal forecast 季节预报 06.367

seasonality 季节性 07.087

sea surface albedo 海面反照率 08.342

sea surface radiation 海面辐射 08.340

sea surface temperature 海面温度 08.341

secondary cold front 副冷锋 06.225

secondary cyclone 次生气旋, *副气旋 06.121

secondary depression 次生低压 06.135

secondary front 副锋 06.224

secondary pollutant 次生污染物, *继发性污染物 08.266

secondary rainbow 霓 03.421

second trip echo 二次回波 03.158

sectorized cloud picture 分区云图 03.234

secular trend in climate 长期气候趋势 06.219

sedimentation 沉降 08.295

seeding agent 云催化剂 03.134

semiannual oscillation 半年振荡 06.319

semi-arid climate 半干旱气候 07.056

semi-diurnal wave　半日波　06.322

semigeostrophic equations　半地转方程　05.119

semigeostrophic motion　半地转运动　05.357

semigeostrophic theory　半地转理论　05.117

semi-implicit scheme　半隐式格式　05.467

semi-permanent depression　半永久性低压　06.134

semi-permanent high　半永久性高压　06.168

sensible heat　感热　05.005

sensible temperature　感觉温度　08.211

serein　晴空雨　01.293

severe sand and dust storm　强沙尘暴　01.310

severe tropical storm　强热带风暴　06.293

severe typhoon　强台风　06.295

severe weather　灾害性天气　06.003

severe weather threat index　灾害性天气征兆指数　06.387

severe weather warning　危险天气警报　06.342

shallow convection　浅对流　05.330

shallow convection parameterization　浅对流参数化　05.351

shallow low　浅低压　06.082

shallow water wave　浅水波　05.333

shearing instability　切变不稳定　05.163

shearing vorticity　切变涡度　05.222

shearing wave　切变波　05.268

shear layer　切变层　05.164

shear line　切变线　06.061

sheet lightning　片状闪电　01.385

shield cloud　盾状云　03.261

ship-barometer　船用气压表　02.095

ship observation　船舶观测　02.015

short-range [weather] forecast　短期[天气]预报　06.356

showery precipitation　阵性降水　01.275

showery rain　阵雨　01.291

showery snow　阵雪　01.340

Siberian high　西伯利亚高压　06.170

significance level　显著性水平　07.207

significant level　特性层　01.022

significant meteorological information　重要气象信息　08.152

significant weather　重要天气　08.180

significant weather chart　重要天气图，*恶劣天气预报图　08.181

silver iodide seeding　碘化银[云]催化　03.130

similarity theory of turbulence　湍流相似理论　05.404

single station [weather] forecast　单站[天气]预报　06.346

sinking mirage　下现蜃景　03.397

siphon barometer　虹吸气压表　02.107

siphon rainfall recorder　虹吸[式]雨量计　02.171

skill score　技巧[评]分　05.483

sky brightness　天空亮度　03.390

sky condition　天空状况　01.268

sky luminance　天空亮度　03.390

sky radiation　天空辐射，*天空散射辐射　03.314

sky radiometer diffusometer　天空辐射表　02.146

slant visibility　倾斜能见度，*斜能见度　01.256

sleet　雨夹雪　01.339

slice method　薄片法　05.161

sling psychrometer　手摇干湿表　02.122

slope of an isobaric surface　等压面坡度　06.030

slope wind　坡风　01.241

slowly moving cold front　慢行冷锋，*第一型冷锋　06.218

SLP　海平面气压　01.076

SMMR　多通道微波扫描辐射仪　02.311

smog　烟雾　08.283

smog aerosol　烟雾气溶胶　08.281

smoke　烟　08.301

smoke cloud　*烟云　08.302

smoke pall　厚烟层　08.303

smoke plume　烟羽，*烟流　08.302

smoke screen　烟幕　08.284

snow　雪　01.337

snow blindness　雪盲　08.210

snow cover　积雪　01.352，雪盖　07.131

snow crystal　雪晶　01.341

snow damage　雪灾　08.101

snow day　雪日　01.359

snow density　雪密度　01.358

snow depth　雪深　01.356

snow depth scale　量雪尺　02.207

snowfall [amount]　雪量　01.354

snowflake　雪花　01.342

snow grains　米雪　01.343

snow-line　雪线　07.133

snow load　雪荷载　08.226

snow pack 积雪总量 01.360

snow pressure 雪压 08.241

snow scale 量雪尺 02.207

snow stage 成雪阶段 03.114

snowstorm 雪暴 01.346

snow virga 雪幡 01.338

SO 南方涛动 06.317

sodar 声[雷]达 02.238

soil climate 土壤气候 08.132

soil evaporation 土壤蒸发 08.027

soil temperature 土壤温度 08.035

soil thermometer *土壤温度表 02.078

soil water balance 土壤水分平衡 08.013

soil water content 土壤含水量 08.015

soil water potential 土壤水势 08.028

solar activity 太阳活动 03.296

solar climate 太阳气候 07.036

solar constant 太阳常数 03.295

solar corona 日华 03.415

solar cycle 太阳活动周期 03.297

solar energy demarcation 太阳能区划 08.255

solar energy resources 太阳能资源 08.254

solar flare 太阳耀斑 03.298

solar halo 日晕 03.413

solar radiation 太阳辐射,*短波辐射 03.291

solar synchronous meteorological satellite *太阳同步气
  象卫星 02.288

solar wind 太阳风 03.292

solidification 凝固 03.109

solitary wave 孤立波 05.264

sonde 探空仪 02.211

sounding 探空 02.021

sounding balloon 探空气球 02.201

sounding rocket 探空火箭 02.219

source of thunderstorm activity 雷暴活动源地 06.177

South Asia high 南亚高压 06.171

South China quasi-stationary front 华南准静止锋
  06.250

South China Sea depression 南海低压 06.140

southern branch jet stream 南支急流 05.321

southern oscillation 南方涛动 06.317

Southwest China vortex 西南[低]涡 06.147

space-based observation 天基观测 02.017

space-based subsystem 空基子系统 03.226

space meteorology 空间气象学 03.227

space smoothing 空间平滑 05.499

space weather 空间天气 03.228

spatial resolution 空间分辨率 02.329

specific humidity 比湿 01.096

spectral model 谱模式 05.461

spindown time 消转时间,*旋转减弱时间 05.450

spinup time 起转时间 05.451

spiral cloud band 螺旋云带 03.257

spiral rain-band echo 螺旋雨带回波 03.165

split-explicit scheme 分离显式格式 05.504

spongy boundary condition 海绵边界条件 05.495

Spring Beginning 立春 08.064

Spring Equinox 春分 08.067

squall 飑 01.335

squall cloud 飑[线]云 03.260

squall line 飑线 06.062

SR 扫描辐射仪 02.305

SST 海面温度 08.341

St 层云 01.167

stability parameter 稳定度参数 05.150

stable air 稳定空气 05.151

stable air mass 稳定气团 06.185

staggered grid 交错网格,*跳点网格 05.510

stagger scheme 交错格式,*跳点格式 05.511

standard aspirated psychrometer 标准通风干湿表
  02.121

standard atmosphere 标准大气 01.050

standard atmosphere pressure 标准大气压 01.074

standard deviation 标准差 02.044

standard isobaric surface 标准等压面 06.027

standard pan 标准蒸发器 02.158

standard [pressure] level 标准层 01.023

standard raingauge 标准雨量计 02.167

standard time of observation 标准观测时间 02.033

standing cloud 驻云 01.189

standing wave 驻波 05.269

state of ground 地面状态 01.265

static initialization 静力初值化 05.490

static instability 静力不稳定[性] 05.130

static stability 静力稳定度 05.138

stationary front 静止锋 06.227

stationary wave 定常波 05.262

station circle 站圈 06.012

station index number 区站号 06.013

station location 站址 06.014

station pressure 本站气压 01.075

statistical band model 统计带模式 03.342

statistical climatology 统计气候学 07.007

statistical-dynamic model 统计动力模式 07.228

statistical-dynamic prediction 统计动力预报 05.525

statistical forecast 统计预报 06.368

statistical interpolation method 统计插值法 05.518

statistical model 统计模式 07.227

steady wind pressure 稳定风压 08.237

steering flow 引导气流 05.204

steering level 引导高度 05.205

steppe climate 草原气候亚类 07.180

storm 10级风，*狂风 01.220，风暴 01.304

storm center 风暴中心 06.301

storm of Bay of Bengal 孟加拉湾风暴 06.303

storm surge 风暴潮 06.302

storm warning 风暴警报 06.343

strange attractor 奇怪吸引子 05.155

stratification curve 层结曲线 05.059

stratiform cloud 层状云 01.170

stratocumulus 层积云 01.161

stratocumulus castellanus 堡状层积云 01.165

stratocumulus cumulogenitus 积云性层积云 01.164

stratocumulus lenticularis 荚状层积云 01.166

stratocumulus opacus 蔽光层积云 01.163

stratocumulus translucidus 透光层积云 01.162

stratopause 平流层顶 01.032

stratosphere 平流层，*同温层 01.031

stratospheric aerosol 平流层气溶胶 03.056

stratospheric coupling 平流层耦合作用 05.401

stratospheric pollution 平流层污染 08.294

stratospheric steering 平流层引导 05.402

stratospheric sudden warming 平流层爆发［性］增温 05.400

stratus 层云 01.167

stratus fractus 碎层云 01.168

streak lightning 条状闪电 01.388

streamline 流线 05.325

streamline chart 流线图 06.033

stretched data 时展资料 02.324

strong breeze 6级风，*强风 01.216

strong gale 9级风，*烈风 01.219

strong-line approximation 强线近似 03.345

strong wind anemograph 强风仪 02.187

structure function 结构函数 05.501

subarctic climate 副极地气候 07.169

subfrontal cloud 锋下云 01.190

subgeostrophic wind 次地转风 05.310

subgradient wind 次梯度风 05.301

subgrid scale parameterization 次网格［尺度］参数化 05.485

subgrid-scale process 次网格尺度过程 05.484

subjective forecast 经验预报 06.375

sublimation 升华 03.111

sub-satellite point ［卫星］星下点 02.325

subsidence inversion 下沉逆温 05.025

subsynoptic scale system 次天气尺度系统，*中间尺度天气系统 06.262

subtropical anticyclone *副热带反气旋 06.169

subtropical calms 副热带无风带 06.284

subtropical climate 副热带气候 07.171

subtropical cyclone *副热带气旋 06.143

subtropical easterlies 副热带东风带 06.282

subtropical high 副热带高压 06.169

subtropical jet stream 副热带急流 05.323

subtropical westerlies 副热带西风带 06.286

successive correction analysis 逐步订正法 05.515

suction vortices 抽吸性涡旋 01.331

sulfur rain 黄雨 08.287

summer monsoon 夏季风 07.148

Summer Solstice 夏至 08.073

sun glint 日照亮斑 03.283

sun pillar 日柱 03.416

sunshine *日照 01.415

sunshine duration 日照时数 01.415

sunshine recorder 日照计 02.134

sunspot cycle 太阳黑子周期 03.299

superadiabatic lapse rate 超绝热直减率 05.053

supercell 超级单体 03.176

supercooled cloud 过冷云 01.179

supercooled cloud droplet 过冷云滴 03.085

supercooled fog 过冷却雾 01.406

supercooled rain 过冷却雨 01.294

supergeostrophic wind 超地转风 05.311

supergradient wind 超梯度风 05.302

superior mirage 上现蜃景 03.398

supernumerary rainbow 附属虹 03.420

superrefraction 超折射 03.185

superrefraction echo 超折射回波 03.157

super-saturated air 过饱和空气 01.104

super TY 超强台风 06.296

super typhoon 超强台风 06.296

supplementary observation 补充观测 02.045

supplementary [weather] forecast 补充[天气]预报 06.347

surface boundary layer 地面边界层 03.018

surface chart 地面[天气]图 06.020

surface data 地面资料 02.047

surface forecast chart 地面预报图 06.021

surface front 地面锋 06.236

surface geothermometer 地面温度表，*零厘米温度表 02.079

surface inversion 地面逆温 05.021

surface layer 近地层 03.023

surface observation 地面观测 02.009

surface pressure *地面气压 01.075

surface radiation budget 地表辐射收支 03.308

surface roughness 地面粗糙度 03.025

surface temperature 地面温度 08.032

surface trough 地面槽 06.094

surface visibility 地面能见度 01.253

surface wind 地面风 01.227

suspended dust 浮尘 01.307

synoptic analysis 天气分析 06.254

synoptic chart 天气图 06.004

synoptic climatology 天气气候学 07.006

synoptic code 天气电码 06.391

synoptic data 天气资料 02.319

synoptic hour 天气观测时间 02.005

synoptic meteorology 天气学 06.002

synoptic observation 天气观测 02.004

synoptic process 天气过程 06.257

synoptic report 天气报告 06.015

synoptic scale 天气尺度 05.454

synoptic scale system 天气尺度系统 06.260

synoptic situation 天气形势 06.256

synoptic system 天气系统 06.258

synoptic type 天气型 06.132

synthetic aperture radar 合成孔径雷达 02.235

T

tail wind 顺风 08.194

tangential wind 切向风 01.233

target area 目标区 03.127

teleconnection 遥相关 07.241

telemetering pluviograph 遥测雨量计 02.174

telethermometer 遥测温度表 02.073

temperate climate 温带气候 07.170

temperate westerlies 温带西风带 07.143

temperature advection 温度平流 05.037

temperature correction 温度订正 01.069

temperature field 温度场 06.078

temperature gradient 温度梯度 05.036

temperature inversion 逆温 05.018

temperature lapse rate 气温直减率 05.049

temperature of the soil surface 土壤表面温度 08.033

temperature profile 温度廓线 01.065

temperature range 温度较差 08.038

temperature retrieval 温度反演 02.269

temporal resolution 时间分辨率 02.326

tendency equation 倾向方程 05.169

tephigram 温熵图 05.033

terrestrial radiation 地球辐射 03.284

tertiary circulation 三级环流 05.373

Tertiary climate 第三纪气候 07.270

tetroon 等容气球 02.205

Th 钍射气 04.010

thaw 解冻 01.363

theoretical meteorology 理论气象学 01.004

K theory of turbulence 湍流 K 理论 05.414

thermal 热泡 05.337

thermal convection 热对流 05.336

thermal high 热成高压 06.151

thermal low 热低压 06.095,热成低压 06.153

thermal pollution 热污染 08.261

thermal roughness 热粗糙度 03.028

thermal steering 热引导 06.220

thermal stratification 热力层结 05.058

thermal vorticity 热涡度 05.219

thermal wind　热成风　05.303

thermal wind equation　热成风方程　05.103

thermal zone　高温带　08.121

thermistor anemometer　热敏电阻风速表　02.185

thermodynamic diagram　热力学图　05.029

thermodynamic equation　热力学方程　05.012

thermodynamic frost-point temperature　热力学霜点温度　05.079

thermodynamic ice-bulb temperature　热力学冰球温度　05.080

thermodynamic wet-bulb temperature　热力学湿球温度　05.081

thermogram　温度自记曲线　01.067

thermograph　温度计　02.074

thermohygrogram　温湿自记曲线　01.070

thermohygrograph　温湿计　02.114

thermohygrometer　温湿表　02.115

thermometer　温度表　02.069

thermopause　热层顶　01.036

thermoperiodism　温周期[性]　08.051

thermosphere　热层　01.035

thermotropic model　正温[大气]模式　05.544

thickness line　厚度线　06.052

Thornthwaite's climatic classification　桑思韦特气候分类　07.193

thoron　钍射气　04.010

three-cell [meridional] circulation　三圈[经向]环流　05.384

threshold contrast　视觉感阈,＊对比阈值　01.248

threshold temperature of ice nucleation　成冰阈温　04.056

thunder　雷　01.370

thunder shower　雷阵雨　01.375

thunder squall　雷飑　01.336

thunderstorm　雷暴　01.371

thunderstorm cell　雷暴单体　01.377

thunderstorm day　雷暴日　06.091

thunderstorm high　雷暴高压　06.176

thunderstorm monitoring　雷暴监测　03.213

thunderstorm outflow　雷暴泄流　06.178

thunderstorm turbulence　雷暴湍流　06.179

thundery cloud system　雷雨云系　06.180

thundery precipitation　雷雨云降水　01.278

Tianshan quasi-stationary front　天山准静止锋　06.252

tilting bucket raingauge　翻斗[式]雨量计　02.169

time cross-section　时间剖面图　06.034

time smoothing　时间平滑　05.498

TIROS　泰罗斯卫星　02.290

TIROS-N　泰罗斯－N卫星　02.290

T-ln*p* diagram　温度－对数压力图　05.035

topoclimate　地形气候　07.046

topoclimatology　地形气候学　07.014

topographic isobar　地形等压线　06.044

topographic trough　地形槽　06.107

tornado　龙卷　01.329

tornado echo　龙卷回波　03.171

torrential rain　暴雨　01.299

total cloud cover　总云量　01.125

total ozone　臭氧总量　04.038

total radiation　全辐射　03.305

trace element　痕量元素　04.042

tracer diffusion experiment　示踪扩散实验　03.022

tracking radar echoes by correlation　雷达回波相关跟踪法　03.211

track of a depression　低压路径　06.085

trade-wind belt　信风带　07.140

trade-wind circulation　信风环流　05.380

trade-wind front　信风锋　06.238

trade-wind inversion　信风逆温　05.027

trade winds　信风,＊贸易风　07.139

trailing front　曳式锋　06.239

transfer of water vapor　水汽输送　01.089

transformed air mass　变性气团　06.193

transient eddies　瞬变涡动　05.410

transient wave　瞬变波　05.263

transitional flow　过渡气流　03.042

transition layer　过渡层　01.025

transition season　过渡季节　07.089

transpiration　蒸腾　08.011

travelling ionospheric disturbance　电离层行扰　03.453

TREC　雷达回波相关跟踪法　03.211

tritium　氚　04.028

tropical air fog　热带气团雾　01.411

tropical air mass　热带气团　06.200

tropical circulation　热带环流　06.277

tropical climate　热带气候　07.172, 热带气候类　07.175

tropical climatology　热带气候学　07.005

tropical cloud cluster 热带云团 03.259

tropical cyclone 热带气旋 06.287

tropical depression 热带低压 06.291

tropical disturbance 热带扰动 06.289

tropical easterlies *热带东风带 06.282

tropical easterlies jet 热带东风急流 06.274

tropical high 热带高压 06.275

tropical marine air mass 热带海洋气团 06.204

tropical meteorology 热带气象学 06.272

tropical monsoon 热带季风 06.279

tropical monsoon rain climate 热带季风雨气候亚类 07.178

tropical rain forest *热带雨林 07.068

tropical rainforest climate *热带雨林气候 07.176

tropical rainy climate 热带常湿气候亚类 07.176

tropical steppe climate *热带[稀树]草原气候 07.177

tropical storm 热带风暴 06.292

tropical upper-tropospheric trough 热带对流层高空槽, *洋中槽 06.113

tropical winter dry climate 热带冬干气候亚类 07.177

tropopause 对流层顶 01.030

tropopause funnel 对流层顶漏斗 06.145

tropopause wave 对流层顶波动 06.146

troposphere 对流层 01.029

tropospheric ozone 对流层臭氧 04.039

tropospheric refraction 对流层折射 03.187

trough 低压槽 06.099

trough line 槽线 06.102

true wind 真风 01.203

truncation error 截断误差 05.492

tube-typed geothermometer 直管地温表 02.081

tundra climate 苔原气候亚类 07.191

turbidity factor 浑浊因子 03.395

turbulence cloud 湍流云 01.180

turbulence condensation level 湍流凝结高度 05.056

turbulence energy 湍流能量 05.422

turbulence inversion 湍流逆温 05.019

turbulence spectrum 湍流谱 05.420

turbulent boundary layer 湍流边界层 05.418

turbulent diffusion 湍流扩散 05.429

turbulent exchange 湍流交换 05.428

turbulent flux 湍流通量 05.412

twenty-four solar terms 二十四节气 08.063

twilight 曙暮光 03.399

twilight colors 霞 03.426

two-dimensional turbulence 二维湍流 05.405

two-way attenuation 双程衰减 03.381

typhoon 台风 06.294

typhoon eye 台风眼 06.300

typhoon warning 台风警报 06.344

U

UHF Doppler radar 超高频雷达 02.250

ultra-long wave 超长波 05.271

ultrasonic anemometer 超声测风仪 02.203

Umkehr effect 回转效应 03.435

unambiguous velocity 不模糊速度 03.208

unflyable weather 禁飞天气 08.166

universal gas constant 普适气体常数, *摩尔气体常数 05.089

unstable air 不稳定空气 05.134

unstable air mass 不稳定气团 05.135

unstable wave 不稳定波 05.272

updraught 上曳气流 03.040

upglide cloud 上滑云 01.191

upper-air analysis 高空分析 06.019

upper air chart 高空[天气]图 06.018

upper air data 高空资料 02.048

upper air observation 高空观测 02.022

upper atmosphere 高层大气 01.028

upper front 高空锋 06.237

upper-level anticyclone 高空反气旋 06.199

upper-level cyclone 高空气旋 06.116

upper-level jet stream 高空急流 06.266

upper-level ridge 高空脊 06.154

upper-level trough 高空槽 06.100

upper-level wind 高空风 01.228

upslope fog 上坡雾 01.409

upstream scheme 迎风差格式 05.471

upward flow 上升气流 05.346

upward [total] radiation 向上[全]辐射 03.315

Ural blocking high 乌拉尔山阻塞高压 06.174

urban air pollution 城市空气污染 08.300

urban climate 城市气候 07.047

urban climatology 城市气候学 06.028

urban-rural circulation 城乡环流 05.383

urban weather 城市天气 06.345

V

VAD 速度方位显示 02.257

valley breeze ＊谷风 01.232

Van Allen radiation belt 范艾伦辐射带，＊地球内辐射带 03.321

vane anemometer 风杯风速计 02.194

VARD 速度方位距离显示 02.263

variable wind 不定风 01.204

variance analysis 方差分析 05.478

variational objective analysis 变分客观分析 05.479

veering wind 顺转风 05.304

vegetation index 植被指数 08.135

velocity ambiguity 速度模糊 03.207

velocity azimuth display 速度方位显示 02.257

velocity azimuth range display 速度方位距离显示 02.263

velopause 零风速层顶 01.200

Vernal Equinox 春分 08.067

vertical-beam radar 垂直射束雷达 02.249

vertical climatic zone 垂直气候带 07.067

vertical cross section 垂直剖面图 06.022

vertical extent of a cloud 云厚度 01.115

vertical profile 垂直廓线 01.063

vertical temperature profile radiometer 温度垂直廓线辐射仪 02.308

vertical visibility 垂直能见度 01.255

vertical wind shear 风的垂直切变 01.205

vertical wind velocity 垂直风速 01.206

very high resolution radiometer 甚高分辨率辐射仪 02.306

very short-range [weather] forecast 甚短期[天气]预报 06.355

VHF radar 甚高频雷达 02.251

VHRR 甚高分辨率辐射仪 02.306

violent storm 11级风，＊暴风 01.221

virtual temperature 虚温 05.067

viscous dissipation ＊黏滞耗散 05.423

visibility 能见度 01.247

visibility marker 能见度目标物 01.250

visibility meter 能见度表 02.161

visible cloud picture 可见光云图 03.241

visible light 可见光 03.302

visiometer 能见度表 02.161

visual observation 目测 02.010

visual range of light 灯光能见距离 01.252

visual storm signal 风暴信号 08.199

volcanic ash 火山灰 03.055

volcanic dust 火山灰 03.055

VOLMET broadcast 对空气象广播 08.173

volume average 体积平均 03.190

volume scattering function 体散射函数 03.375

volume target ＊体积目标 02.230

vortex 低涡 06.129

vortex cloud system 涡旋云系 03.269

vorticity 涡度 05.206

vorticity advection 涡度平流 05.213

vorticity equation 涡度方程 05.094

V-shaped depression V形低压 06.101

V-shaped isobar V形等压线 06.046

W

wake 尾流 08.187

wake depression 尾流低压 08.188

Walker cell 沃克环流[圈] 05.377

warm advection 暖平流 05.344

warm air mass 暖气团 06.194

warm anticyclone ＊暖性反气旋 06.150

warm cloud 暖云 01.181

warm cyclone ＊暖性气旋 06.092

warm fog 暖雾 01.234

warm front 暖锋 06.209

warm front cloud system 暖锋云系 06.244

warm high 暖高压 06.150

warm low 暖低压 06.092

warm occluded front 暖性锢囚锋 06.215

warm rain 暖雨 01.282

warm ridge 暖脊 06.156

warm sector 暖区 06.242

warm tongue 暖舌 06.080

warm vortex 暖涡 06.131

warm-wet climate 湿热气候 07.058

water budget 水分收支，*水分差额 08.319

water circulation coefficient 水循环系数 07.101

water cloud 水云 01.183

water content of cloud 云含水量 03.073

water cycle 水循环 07.100

water equivalent of snow 雪水当量 01.355

water resources 水资源 08.221

water spout 水龙卷 01.332

water vapor 水蒸气，*水汽 01.088

water vapor pressure 水汽压 01.092

water vapor profile 水汽廓线 01.090

water vapor retrieval 水汽反演 03.279

water-vapour bands 水汽带 03.356

wave cloud 波状云 01.192

wave theory of cyclogenesis 气旋生成的波动理论 06.126

weak cell 弱单体 03.223

weak echo vault 弱回波穹窿 03.169

weak-line approximation 弱线近似 03.346

weather 天气 06.001

weather echo 天气回波 03.154

weather facsimile 天气图传真 02.318

weather forecast 天气预报 06.338

weather grade of forest 森林火险天气等级 08.312

weathering 风化[作用] 08.224

weather modification 人工影响天气 03.124

weather outlook 天气展望 06.390

weather phenomenon 天气现象 01.258

weather radar 天气雷达 02.221

weather routing 天气导航 08.349

weather service 天气服务 06.341

weather symbol 天气符号 06.006

weather warning 天气警报 08.154

WEFAX 天气图传真 02.318

weighing barometer 称重式气压表 02.093

weighing raingauge 称重式雨量器 02.172

weighting snow-gauge 称雪器 02.208

westerlies 西风带 07.142

westerly jet 西风急流 05.326

westerly trough 西风槽 06.110

west wind drift *西风漂流 08.329

wet-bulb depression 干湿球温差 01.064

wet-bulb potential temperature 湿球位温 05.076

wet-bulb pseudo potential temperature 假湿球位温 05.077

wet-bulb pseudo-temperature 假湿球温度 05.078

wet-bulb temperature 湿球温度 01.060

wet-bulb thermometer 湿球温度表 02.132

wet damage 湿害，*渍害 08.096

wet deposition 湿沉降 03.044

wet fog 湿雾 01.396

wet snow 湿雪 01.344

wet tongue 湿舌 06.075

whirling echo 涡旋状回波 03.164

whirling psychrometer 手摇干湿表 02.122

white dew 冻露 01.322

White Dew 白露 08.078

wilting moisture 凋萎湿度 08.026

wilting point 萎蔫点 08.030

wind 风 01.193

windage effect 风阻影响 08.236

wind aloft 高空风 01.228

wind arrow 风矢 06.011

wind break 风障 08.310

wind-chill index 风寒指数 08.212

wind damage 风害 08.099

wind direction 风向 01.194

wind energy 风能 08.243

wind energy content 风能资源储量 08.250

wind energy demarcation 风能区划 08.249

wind energy density 风能密度 08.251

wind energy potential 风能潜力 08.248

wind energy resources 风能资源 08.244

wind energy rose 风能玫瑰[图] 08.247

wind erosion 风蚀 04.005

wind farm 风力田，*风电场 08.253

wind field 风场 06.070

windfinding radar 测风雷达 02.244

wind force 风力 01.207

wind force scale 风级 01.208

wind induced oscillation 风振 08.223

wind load 风荷载 08.228

wind pressure 风压 08.233

wind recorder 自记测风器 02.196

wind rose 风玫瑰[图] 07.123

wind shaft 风矢杆 06.009

wind shear 风切变 05.306

wind-shift line 风向突变线 06.054

wind site assessment 风场评价 08.252

wind sleeve 风向袋 08.198

wind speed 风速 01.195

wind speed profile 风速廓线 01.199

wind stress 风应力 08.227

wind vane 风向标 02.176

wind vector 风矢量，*风向量 07.124

wind velocity 风速 01.195

wind velocity fluctuation 风速脉动 08.232

winter cold and rainy climate 冬寒常湿气候亚类
07.188

winter cold and winter dry climate 冬寒冬干气候亚类
07.189

winter cold climate 冬寒气候类 07.186

winter moderate and rainy climate 冬温常湿气候亚类
07.185

winter moderate and summer dry climate 冬温夏干气候亚
类 07.184

winter moderate and winter dry climate 冬温冬干气候亚
类 07.183

winter moderate climate 冬温气候类 07.182

winter monsoon 冬季风 07.149

Winter Solstice 冬至 08.085

wire icing 电线积冰 01.364

world climate *世界气候 07.038

X

XBT 投弃式温深仪，*消耗性温深仪 02.120

Y

yellow rain 黄雨 08.287

Z

zonal circulation 纬向环流 05.375

Z-R relation Z－R关系 03.152

汉英索引

A

阿拉果点　Arago point　03.412
阿留申低压　Aleutian low　06.136
阿斯曼干湿表　Assmann psychrometer　02.123
锕射气　actinon, An　04.009
埃克曼层　Ekman layer　05.368
埃克曼抽吸　Ekman pumping　05.335
埃克曼流　Ekman flow　05.334
埃克曼螺线　Ekman spiral　05.369
*埃玛图　emagram　05.035
*埃斯特朗补偿式直接辐射表　Angström compensation
　pyrheliometer　02.151
*霭　mist　01.395

艾萨卫星　ESSA　02.292
艾特肯核　Aitken nucleus　03.067
艾特肯计尘器　Aitken dust counter　03.075
艾托斯卫星　ITOS　02.293
*爱尔沙色带模式　regular band model　03.343
*爱根核　Aitken nucleus　03.067
*爱根计尘器　Aitken dust counter　03.075
鞍形气压场　col pressure field　06.157
*暗筒式日照计　Jordan sunshine recorder　02.140
昂斯特伦补偿直接辐射表　Angström compensation pyr-
　heliometer　02.151

B

*巴塘管　Bourdon tube　02.090
巴塘温度表　Bourdon thermometer　02.077
白贝罗定律　Buys Ballots' law　05.291
白露　White Dew　08.078
白霜　hoar frost　01.324
百叶箱　screen, instrument shelter　02.068
半地转方程　semigeostrophic equations　05.119
半地转理论　semigeostrophic theory　05.117
半地转运动　semigeostrophic motion　05.357
半干旱气候　semi-arid climate　07.056
半年振荡　semiannual oscillation　06.319
半球模式　hemispherical model　05.449
半日波　semi-diurnal wave　06.322
半隐式格式　semi-implicit scheme　05.467
半永久性低压　semi-permanent depression　06.134
半永久性高压　semi-permanent high　06.168
雹瓣　hail lobe　03.060
雹暴　hail storm　01.313
雹核　hail embryo　03.059
雹块　hailstone　01.367
雹粒　hail pellet　03.061
*雹胚　hail embryo　03.059

雹雨分离器　hail-rain separator　02.153
雹灾　hail damage　08.102
饱和比湿　saturation specific humidity　01.105
饱和差　saturation deficit　01.112
饱和持水量　saturation moisture capacity　08.019
饱和空气　saturated air　01.103
饱和水汽压　saturation vapor pressure　01.106
宝光[环]　glory　03.433
保守性　conservative property　05.093
堡状层积云　stratocumulus castellanus, Sc cast　01.165
堡状高积云　altocumulus castellanus, Ac cast　01.149
鲍恩比　Bowen ratio　08.025
*暴风　violent storm　01.221
暴雨　torrential rain　01.299
北冰洋[烟]雾　arctic [sea] smoke　08.344
*北极冰山　arctic pack　08.339
北极反气旋　arctic anticyclone　06.334
北极锋　arctic front　06.234
北极浮冰群　arctic pack　08.339
北极光　aurora borealis　03.401
北极霾　arctic haze　01.318
北极气候　arctic climate　07.064

北极气团　arctic air mass　06.196

北太平洋涛动　North Pacific Oscillation　06.318

北支急流　northern branch jet stream　05.320

贝纳胞　Benard cell　03.037

贝纳对流　Benard convection　03.038

背风波　lee wave　05.255

*背风槽　lee trough　06.107

*背风坡低压　lee depression　06.098

被动遥感技术　passive remote sensing technique　02.267

*本底浓度　background concentration　08.257

本底污染观测　background pollution observation　02.011

本站气压　station pressure　01.075

*比辐射率　emissivity　03.329

比湿　specific humidity　01.096

毕晓普光环　Bishop's corona　03.434

*毕旭甫光环　Bishop's corona　03.434

闭合系统　closed system　05.090

蔽光层积云　stratocumulus opacus, Sc op　01.163

蔽光高层云　altostratus opacus, As op　01.152

蔽光高积云　altocumulus opacus, Ac op　01.145

避雷针　lightning rod, lightning conductor　02.216

边际效应　marginal effect　08.134

边界层急流　boundary layer jet stream　06.268

边界层廓线仪　boundary layer profiler　02.213

边界层雷达　boundary layer radar　02.223

边界层气候　boundary layer climate　03.013

边界层气象学　boundary layer meteorology　03.011

边缘波　edge wave　03.021

变分客观分析　variational objective analysis　05.479

变形场　deformation field　06.159

变形[类]温度表　deformation thermometer　02.071

变性气团　transformed air mass　06.193

变压场　allobaric field　06.071

变压风　isallobaric wind　05.313

标准层　standard [pressure] level　01.023

标准差　standard deviation　02.044

标准大气　standard atmosphere　01.050

标准大气压　standard atmosphere pressure　01.074

标准等压面　standard isobaric surface, mandatory level　06.027

标准观测时间　standard time of observation　02.033

标准气压表　normal barometer　02.098

标准通风干湿表　standard aspirated psychrometer　02.121

标准雨量计　standard raingauge　02.167

标准蒸发器　standard pan　02.158

飑　squall　01.335

*飑锋　gust front　01.373

飑线　squall line　06.062

飑[线]云　squall cloud　03.260

表速　indicated air speed, IAS　08.159

滨海气候　coastal climate　07.059

[冰]雹　hail　01.365

冰雹生成区　hail generation zone　03.057

[冰]雹云　hail cloud　01.185

冰暴　ice storm　01.369

冰川风　glacier breeze　01.242

冰川减退　deglaciation　01.243

冰川气候　glacioclimate　07.062

冰岛低压　Icelandic low　06.137

冰点　ice point　03.105

*冰冻圈　cryosphere　07.025

冰冻学　cryology　05.185

冰核　ice nucleus　03.104

冰后期气候　post-glacial climate　07.267

冰积区　accumulation area　07.130

冰积[作用]　accumulation　07.128

冰晶　ice crystal　03.099

冰面饱和混合比　saturation mixing ratio with respect to ice　01.098

冰期　ice age　07.264

冰水混合云　ice-water mixed cloud　03.071

冰丸　ice pellet　01.368

冰雾　ice fog　01.398

冰消作用　ablation　07.129

冰雪气候　nival climate　07.060

冰雪圈　cryosphere　07.025

冰云　ice cloud　01.182

冰针　ice needle　03.103

并合　coalescence　03.092

并合系数　coalescence efficiency　03.093

波导　duct　03.142

*波顿管　Bourdon tube　02.090

波尔兹曼常数　Boltzmann's constant　05.088

波束充塞系数　beam filling coefficient　03.188

波特　baud　02.053

*波型　mode　05.364

波状云　wave cloud　01.192

播云　cloud seeding　03.132
播云剂　cloud seeding agent　03.133
伯格数　Burger number　05.282
伯努利定理　Bernoulli's theorem　05.392
箔丝播撒　chaff seeding　03.424
薄幕卷层云　cirrostratus nebulosus, Cs nebu　01.140
薄片法　slice method　05.161
补充观测　supplementary observation　02.045
补充[天气]预报　supplementary [weather] forecast　06.347
捕获系数　collection efficiency　03.095
不定风　variable wind　01.204
不可逆绝热过程　irreversible adiabatic process　05.010
不可压缩流体　incompressible fluid　05.016
不连续[性]　discontinuity　05.086

不模糊速度　unambiguous velocity　03.208
不适指数　discomfort index　08.214
不稳定波　unstable wave　05.272
不稳定空气　unstable air　05.134
不稳定气团　unstable air mass　05.135
不稳定线　instability line　06.064
布尔东管　Bourdon tube　02.090
布朗运动　Brownian motion　03.097
布伦特－韦伊塞莱频率　Brunt-Väisälä frequency　05.281
*布伦特－维赛拉频率　Brunt-Väisälä frequency　05.281
布西内斯克方程　Boussinesq equation　05.099
布西内斯克近似　Boussinesq approximation　05.098

C

采暖度日　heating degree-day　08.219
采样间隔　sampling interval　08.262
*参考大气　reference atmosphere　01.050
参数化　parameterization　05.349
残留层　residual layer　03.024
槽线　trough line　06.102
草温表　grass thermometer　02.082
草原气候　prairie climate　07.061
草原气候亚类　steppe climate　07.180
侧风　cross wind　08.195
侧向混合　lateral mixing　05.431
测雹板　hailpad　02.165
测风绘图板　pilot-balloon plotting board　02.152
测风经纬仪　aerological theodolite　02.197
测风雷达　windfinding radar　02.244
测风气球观测　pilot balloon observation　02.030
*测量误差　observational error　02.036
测露表　drosometer, dewgauge　02.209
测湿公式　psychrometric formula　01.111
测云雷达　cloud-detection radar　02.224
测云仪　nephoscope　02.192
层积云　stratocumulus, Sc　01.161
层结曲线　stratification curve　05.059
层流边界层　laminar boundary layer　05.419
层云　stratus, St　01.167
层状回波　layered echo　03.166

层状云　stratiform cloud　01.170
叉状闪电　forked lightning　01.387
插值法　interpolation　05.517
查普曼机制　Chapman mechanism　04.025
差动弹道风　differential ballistic wind　01.245
差动风　differential wind　01.246
*差分分析　differential analysis　05.200
差分格式　difference scheme　05.507
差分模式　finite difference model　05.469
长波槽　long-wave trough　06.111
长波调整　adjustment of longwave　05.235
*长波辐射　atmospheric radiation　03.285
长期平均　period average　07.084
长期气候趋势　secular trend in climate　06.219
长期[天气]预报　long-range [weather] forecast　06.359
常规观测　conventional observation　02.013
*常规雷达　incoherent radar　02.240
场面气压　airdrome pressure　08.193
超长波　ultra-long wave　05.271
超长期[天气]预报　extra long-range [weather] forecast　06.360
超地转风　supergeostrophic wind　05.311
超高频雷达　UHF Doppler radar　02.250
超级单体　supercell　03.176
超绝热直减率　superadiabatic lapse rate　05.053
超强台风　super typhoon, super TY　06.296

超声测风仪 ultrasonic anemometer 02.203

超梯度风 supergradient wind 05.302

超折射 superrefraction 03.185

超折射回波 superrefraction echo 03.157

尘埃层顶 dust horizon 01.046

尘卷风 dust devil 01.333

尘旋 dust whirl 01.334

沉降 sedimentation 08.295

沉降风 fallout wind 08.298

沉降物 fallout 08.296

称雪器 weighting snow-gauge 02.208

称重式气压表 weighing barometer 02.093

称重式雨量器 weighing raingauge 02.172

成冰阈温 threshold temperature of ice nucleation 04.056

成雪阶段 snow stage 03.114

城市空气污染 urban air pollution 08.300

城市气候 urban climate 07.047

城市气候学 urban climatology 06.028

城市天气 urban weather 06.345

城乡环流 urban-rural circulation 05.383

持续性 persistence 06.365

持续性趋势 persistence tendency 06.366

持续性预报 persistence forecast 06.362

尺度分析 scale analysis, scaling 05.452

赤道槽 equatorial trough 06.325

赤道低压 equatorial low 06.324

赤道东风带 equatorial easterlies 06.326

*赤道辐合带 equatorial convergence belt 06.273

赤道缓冲带 equatorial buffer zone 06.280

赤道气候 equatorial climate 07.173

赤道气团 equatorial air mass 06.201

赤道无风带 equatorial calms 06.329

赤道西风带 equatorial westerlies 06.328

赤道雨林 equatorial rain forest 07.068

赤经 right ascension 05.187

赤纬 declination 05.186

抽吸性涡旋 suction vortices 01.331

臭氧 ozone 04.037

臭氧层 ozonosphere 01.047

臭氧计 ozonometer 02.217

臭氧总量 total ozone 04.038

出梅 ending of Meiyu 06.309

初估值 first guess 05.496

初始条件 initial condition 05.497

初霜 first frost 01.326

初值化 initialization 05.487

处暑 End of Heat 08.077

氚 tritium 04.028

穿透对流 penetrative convection 05.329

传导 conduction 03.290

传真天气图 facsimile weather chart 06.025

船舶观测 ship observation 02.015

船用气压表 ship-barometer 02.095

串珠状闪电 pearl-necklace lightning, pearl lightning, beaded lightning 01.389

吹雪 driven snow 01.349

垂直风速 vertical wind velocity 01.206

垂直廓线 vertical profile 01.063

垂直能见度 vertical visibility 01.255

垂直剖面图 vertical cross section 06.022

垂直气候带 vertical climatic zone 07.067

垂直射束雷达 vertical-beam radar 02.249

春分 Vernal Equinox, Spring Equinox 08.067

纯冰面饱和水汽压 saturation vapor pressure in the pure phase with respect to ice 01.107

*纯洁冰 blue ice 03.101

纯水面饱和水汽压 saturation vapor pressure in the pure phase with respect to water 01.108

磁暴 magnetic storm 03.454

磁层 magnetosphere 01.040

磁层顶 magnetopause 01.041

磁倾赤道 dip equator, magnetic equator 05.190

磁倾角 magnetic inclination, magnetic dip 05.189

次地转风 subgeostrophic wind 05.310

次生低压 secondary depression 06.135

次生气旋 secondary cyclone 06.121

次生污染物 secondary pollutant 08.266

次梯度风 subgradient wind 05.301

次天气尺度系统 subsynoptic scale system 06.262

次网格[尺度]参数化 subgrid scale parameterization 05.485

次网格尺度过程 subgrid-scale process 05.484

*粗边界层 bulk boundary layer 03.015

*粗糙度 aerodynamic roughness 03.026

*粗糙度参数 roughness parameter 03.025

粗糙度长度 roughness length 03.027

*粗里查森数 bulk Richardson number 05.278

* 粗粒散射 Mie scattering 03.372

D

* 达因测风表 Dines anemometer 02.179
大尺度环流 large-scale circulation 05.398
大尺度天气[过程] large scale weather [process] 06.261
* 大风 gale 01.218
大风警报 gale warning 08.347
大寒 Great Cold 08.087
大陆度 continentality 07.097
大陆度指数 continentality index 07.051
大陆架 continental shelf 01.419
* 大陆棚 continental shelf 01.419
大陆漂移 continental drift 01.418
大陆气团 continental air mass 06.202
大陆性气候 continental climate 07.050
大气 atmosphere 01.008
大气本底[值] atmospheric background 08.257
大气边界层 atmospheric boundary layer 03.014
[大气]标高 [atmospheric] scale height 01.057
大气波导 atmospheric duct 03.143
大气波动 atmospheric wave 05.231
[大气]不稳定度 [atmospheric] instability 05.137
* 大气层 atmosphere 01.008
* 大气层结 atmospheric stratification 05.058
* 大气长波 atmospheric long wave 05.261
大气潮 atmospheric tide 01.073
大气尘粒 lithometeor 08.297
大气成分 atmospheric composition 01.013
大气臭氧 atmospheric ozone 04.006
大气传输模式 atmospheric transmission model 02.333
大气窗 atmospheric window 03.352
大气电场 atmospheric electric field 03.441
大气电导率 atmospheric electric conductivity 03.456
大气电学 atmospheric electricity 03.436
大气动力学 atmospheric dynamics 05.082
大气放射性 atmospheric radioactivity 04.008
大气分层 atmospheric subdivision 01.018
大气辐射 atmospheric radiation 03.285
大气光化学 atmospheric photochemistry 04.002
大气光解[作用] atmospheric photolysis 04.003
大气光谱 atmospheric optical spectrum 03.362

大气光学 atmospheric optics 03.359
大气光学厚度 atmospheric optical thickness, atmospheric optical depth 03.391
大气光学现象 atmospheric optical phenomena 03.393
大气光学质量 atmospheric optical mass 03.369
大气痕量气体 atmospheric trace gas 04.040
大气候 macroclimate 07.040
大气候学 macroclimatology 07.015
大气化学 atmospheric chemistry 04.001
大气环境评价 assessment of atmospheric environment 08.305
大气环境容量 atmospheric environment capacity 08.306
大气环流 atmospheric circulation 05.371
大气环流模式 general circulation model, GCM 05.539
大气浑浊度 atmospheric turbidity 03.394
大气活动中心 atmospheric center of action, center of action 05.399
大气净化 atmospheric cleaning 08.267
大气科学 atmospheric science 01.001
大气扩散 atmospheric diffusion 01.012
大气扩散方程 atmospheric diffusion equation 08.268
大气离子 atmospheric ion 01.014
大气密度 atmospheric density 01.017
大气逆辐射 atmospheric counter radiation 03.327
大气偏振 atmospheric polarization 03.387
大气品位 air quality 01.016
大气品位标准 atmospheric quality standard 08.263
大气强迫 atmospheric forcing 05.527
* 大气圈 atmosphere 01.008
大气扰动 atmospheric disturbance 05.153
大气热力学 atmospheric thermodynamics 05.002
大气生物学 aerobiology 08.138
大气声学 atmospheric acoustics 03.457
大气衰减 atmospheric attenuation 03.348
大气探测 atmospheric sounding and observing 02.001
[大气]透明度 [atmospheric] transparency 03.392
大气透射率 atmospheric transmissivity 03.320
大气湍流 atmospheric turbulence 05.403
[大气]稳定度 [atmospheric] stability 05.136

大气污染 atmospheric pollution 08.258

大气污染监测 atmospheric pollution monitoring 08.304

大气污染物 atmospheric pollutant 08.280

大气污染源 atmospheric pollution sources 08.264

大气物理[学] atmospheric physics 03.001

大气吸收 atmospheric absorption 03.349

[大气]吸收率 [atmospheric] absorptivity 03.353

大气现象 meteor 01.257

大气消光 atmospheric extinction 03.350

大气悬浮物 atmospheric suspended matter 01.011

大气演化 evolution of atmosphere 01.009

大气遥感 atmospheric remote sensing 02.265

大气杂质 atmospheric impurity 01.010

大气噪声 atmospheric noise 05.273

大气折射 atmospheric refraction 03.368

大气质量 atmospheric mass 01.015

*大气质量标准 atmospheric quality standard 08.263

大暑 Greater Heat 08.075

大型蒸发器 evaporation tank 02.157

大雪 Heavy Snow 08.084

大雨 heavy rain 01.298

X带 X-band 03.151

带模式 band model 03.341

带通滤波[器] band pass filter 02.330

带状回波 banded echo 03.167

带状闪电 band lightning 01.384

带状云系 banded cloud system 03.268

丹斯测风表 Dines anemometer 02.179

单程衰减 one-way attenuation 03.380

单色辐射 monochromatic radiation 03.300

单体 cell 03.035

单体回波 cell echo 03.175

单站[天气]预报 single station [weather] forecast 06.346

弹道风 ballistic wind 08.205

弹道空气密度 ballistic air density 08.207

弹道温度 ballistic temperature 08.206

淡积云 cumulus humilis, Cu hum 01.154

氘 deuterium 04.026

氘核 deuteron 04.027

导航测风 navaid wind-finding 02.188

倒槽 inverted trough 06.103

倒春寒 late spring cold 08.091

道尔顿定律 Dalton's law 05.008

灯光能见距离 visual range of light 01.252

等变高线 isallohypse 06.050

等变温线 isallotherm 06.042

等变压线 isallobar 06.047

等风速线 isotach 06.053

等风向线 isogon 06.055

等高平面位置显示器 constant altitude plan position indicator, CAPPI 02.258

等高线 contour line 06.049

等厚度线 isopleth of thickness 06.051

等回波线 iso-echo contour 03.220

等距平线 isanomaly 06.056

等离子体层 plasmasphere 01.042

等离子体层顶 plasmapause 01.043

等露点线 isodrosotherm 06.041

等日照线 isohel 07.136

等容气球 tetroon 02.205

等熵分析 isentropic analysis 05.032

等熵面图 isentropic chart 05.031

等熵凝结高度 isentropic condensation level 05.047

等湿度线 isohume 06.057

等温层 isothermal layer 01.024

等温大气 isothermal atmosphere 01.053

等温过程 isothermal process 01.054

等温线 isotherm 06.039

等物候线 isophene 07.279

等效反射[率]因子 equivalent reflectivity factor 03.340

等效机场高度 equivalent altitude of areodrome 08.165

等效晴空辐射率 equivalent clear column radiance 03.319

等雪量线 isochion 07.135

等压面 isobaric surface 06.026

等压面坡度 slope of an isobaric surface 06.030

等压面图 contour chart 06.029

等压线 isobar 06.043

*等压相当温度 isobaric equivalent temperature 05.060

等雨量线 isohyet 06.060

等云量线 isoneph 07.134

等值线 isoline 06.038

低层大气 lower atmosphere 01.026

低吹沙 drifting sand 01.320

低吹雪 drifting snow 01.350

低分辨率[云图]传真 low resolution facsimile, LR-FAX 02.315

低空风切变 low-level wind shear 08.192

低空急流 low-level jet stream 06.267

低[气]压 low [pressure], depression 06.083

低温气候 microthermal climate 07.187

低涡 vortex 06.129

低压槽 trough 06.099

低压加深 deepening of a depression 06.086

低压路径 track of a depression 06.085

低压填塞 filling of a depression 06.087

低压再生 regeneration of a depression 06.128

低云 low cloud 01.118

低指数 low index 05.388

滴谱 drop spectrum 03.086

滴谱参数 drop-size distribution parameter 03.080

地表辐射收支 surface radiation budget 03.308

地方性风 local wind 01.226

地方性降水 local precipitation 01.301

地方性天气 local weather 06.394

地基观测 ground-based observation 02.019

地理信息系统 geographic information system, GIS 08.005

地貌学 geomorphology 08.006

地面边界层 surface boundary layer 03.018

地面槽 surface trough 06.094

地面粗糙度 surface roughness 03.025

地面风 surface wind 01.227

地面锋 surface front 06.236

地面观测 surface observation 02.009

地面能见度 surface visibility 01.253

地面逆温 surface inversion 05.021

*地面气压 surface pressure 01.075

地面[天气]图 surface chart 06.020

地面温度 surface temperature 08.032

地面温度表 surface geothermometer 02.079

地面雾 ground fog 01.407

地面预报图 surface forecast chart 06.021

地面状态 state of ground 01.265

地面资料 surface data 02.047

地气系统反照率 albedo of the earth-atmosphere system 03.322

*地球反射率 planetary albedo 05.211

地球辐射 terrestrial radiation 03.284

地球辐射带 earth radiation belt 03.325

地球辐射收支试验 Earth Radiation Budget Experiment, ERBE 02.281

地球辐射收支卫星 Earth Radiation Budget Satellite, ERBS 02.282

地球观测系统 Earth Observing System, EOS 02.280

地球静止气象卫星 geostationary meteorological satellite, GMS 02.294

*地球内辐射带 Van Allen radiation belt 03.321

*地球同步卫星 geosychronous satellite 02.294

地球物理学 geophysics 08.007

地球资源技术卫星 Earth Resources Technology Satellite, ERTS 02.283

地图[放大]因子 map factor, scale factor 05.537

地图投影 map projection 05.538

地温 ground temperature 08.034

地温表 geothermometer 02.078

地物回波 ground echo 03.161

地形波 orographic wave 05.254

地形槽 topographic trough 06.107

地形等压线 topographic isobar 06.044

地形低压 orographic depression 06.098

地形锋生 orographic frontogenesis 06.231

地形锢囚锋 orographic occluded front 06.247

地形降水 orographic precipitation 01.279

地形静止锋 orographic stationary front 06.249

地形雷暴 orographic thunderstorm 01.376

地形气候 topoclimate 07.046

地形气候学 topoclimatology 07.014

地形拖曳 orographic drag 05.253

地形小气候 contour microclimate 07.013

地形雪线 orographic snowline 06.045

地形雨 orographic rain 01.302

地形雨量 orographic rainfall 01.303

地形[障碍]急流 barrier jet 06.269

地云闪电 ground-to-cloud discharge 03.444

地中海气候 Mediterranean climate 07.053

*地中海型气候 Mediterranean type climate 07.184

地转风 geostrophic wind 05.308

地转流 geostrophic current 08.333

*地转偏差 geostrophic deviation 05.312

*地转偏向力 Coriolis force 01.080

地转平流 geostrophic advection 05.217

地转适应 geostrophic adjustment 05.118

地转涡度　geostrophic vorticity　05.216

地转运动　geostrophic motion　05.353

第二类条件[性]不稳定　conditional instability of the second kind, CISK　05.162

*第二型冷锋　rapidly moving cold front　06.217

第三纪气候　Tertiary climate　07.270

第四纪气候　Quaternary climate　07.269

*第一型冷锋　slowly moving cold front　06.218

点聚图　scatter diagram　06.035

点涡　point vortex　05.218

碘化银[云]催化　silver iodide seeding　03.130

电化学探空仪　electrochemical sonde　04.033

电集流　electrojet　01.039

电接[式]风速表　contact anemometer　02.181

电离层　ionosphere　01.038

电离层暴　ionospheric storm　03.451

电离层突扰　ionospheric sudden disturbance　03.452

电离层行扰　travelling ionospheric disturbance　03.453

电离图　ionogram　03.248

电码格式　code form　02.054

*电码型式　code form　02.054

电码种类　code kind　02.055

*电码种类名称　code kind　02.055

电码组　code group　02.056

电线积冰　wire icing　01.364

凋萎湿度　wilting moisture　08.026

订正预报　forecast amendment　06.379

*定槽式气压表　kew pattern barometer　02.106

定常波　stationary wave　05.262

定点观测　fixed point observation　02.016

定高气球　constant level balloon　02.202

定量降水预报　quantitative precipitation forecast, QPF　06.348

东北低压　Northeast China low　06.142

东风波　easterly wave　06.281

东风带　easterly belt, easterlies　06.327

东亚大槽　East Asia major trough　06.112

东亚季风　East Asian monsoon　07.150

冬寒常湿气候亚类　winter cold and rainy climate　07.188

冬寒冬干气候亚类　winter cold and winter dry climate　07.189

冬寒气候类　winter cold climate　07.186

冬季风　winter monsoon　07.149

冬温常湿气候亚类　winter moderate and rainy climate　07.185

冬温冬干气候亚类　winter moderate and winter dry climate　07.183

冬温气候类　winter moderate climate　07.182

冬温夏干气候亚类　winter moderate and summer dry climate　07.184

冬至　Winter Solstice　08.085

氡　radon, Rn　04.011

*动槽式气压表　Fortin baxometer　02.105

动力播云　dynamic cloud seeding　03.138

动力不稳定[性]　dynamic instability　05.149

动力初值化　dynamic initialization　05.489

动力高度　dynamic height　05.126

动力米　dynamic meter　05.124

动力黏性　dynamic viscosity　05.227

动力气候学　dynamic climatology　07.011

动力气象学　dynamic meteorology　05.001

动力稳定[性]　dynamic stability　05.148

动力相似　dynamic similarity　05.534

*动力[性]低压　dynamic low　06.098

动态平均　consecutive mean　07.208

冻害　freezing injury　08.094

冻结　freezing　03.113

冻结核　freezing nucleus　03.116

冻露　white dew　01.322

冻土　frozen soil　08.047

冻土器　frozen soil apparatus　02.210

冻雾　freezing fog　01.394

冻雨　freezing rain　01.292

逗点云系　comma cloud system　03.267

度日　degree-day　08.218

22度晕　22° halo　03.411

46度晕　46° halo　03.410

*短波辐射　solar radiation　03.291

*短期气候预报　extra long-range [weather] forecast　06.360

短期[天气]预报　short-range[weather] forecast　06.356

*短时预报　nowcast　06.354

*对比阈值　contrast threshold, threshold contrast　01.248

对空气象广播　VOLMET broadcast　08.173

对流　convection　03.032

对流边界层　convective boundary layer, CBL　03.017

对流不稳定　convective instability　05.146
对流参数化　convective parameterization　05.350
对流层　troposphere　01.029
对流层臭氧　tropospheric ozone　04.039
对流层顶　tropopause　01.030
对流层顶波动　tropopause wave　06.146
对流层顶漏斗　tropopause funnel　06.145
对流层折射　tropospheric refraction　03.187
对流层中层气旋　mid-tropospheric cyclone　06.143
对流单体　convection cell　03.036
对流回波　convective echo　03.163
对流模式　convection model　03.039
对流凝结高度　convective condensation level, CCL
　05.046
对流调整　convective adjustment　05.348
对流性降水　convective precipitation　01.276
对流性雷暴　convective thunderstorm　01.372
对流[性]稳定度　convective stability　05.147
对流云　convective cloud　05.327
对消比　cancellation ratio　03.202
盾状云　shield cloud　03.261

多波段图像　multi-spectral image, MSI　03.242
多布森单位　Dobson unit, DU　04.032
多布森分光光度计　Dobson spectrophotometer　04.031
*多层模式　multilevel model　05.541
多次散射　multiple scattering　03.373
多单体回波　multiple-cell echo　03.177
*多光谱云图　multi-spectral image, MSI　03.242
多级采样器　cascade impactor　03.082
多普勒激光雷达　Doppler lidar　02.247
多普勒[谱线]增宽　Doppler broadening　03.367
多普勒声[雷]达　Doppler sodar　02.246
多普勒速度　Doppler velocity　03.204
多普勒天气雷达　Doppler radar　02.239
*多水年　high flow year　08.316
多通道微波扫描辐射仪　scanning multifrequency microwave radiometer, SMMR　02.311
多雨期　pluvial period　07.093
多元大气　polytropic atmosphere　01.055
多元过程　polytropic process　01.056
多云　cloudy　01.261

E

*峨眉宝光　glory　03.433
厄尔尼诺　El Niño　06.314
*恶劣天气预报图　significant weather chart　08.181
鄂霍次克海高压　Okhotsk high　06.175
恩索　ENSO　06.315
二次回波　second trip echo　03.158
二分点　Equinoxes　08.088
二分[点]雨　equinoctial rains　01.281
二甲[基]硫　dimethyl sulfide, DMS　04.030
二十四节气　twenty-four solar terms　08.063

二维湍流　two-dimensional turbulence　05.405
二项分布　binomial distribution　07.200
二氧化氮　nitrogen dioxide　04.035
二氧化碳　carbon dioxide　04.020
二氧化碳大气浓度　carbon dioxide atmospheric concentration　04.022
二氧化碳带　carbon dioxide band　03.351
二氧化碳当量　carbon dioxide equivalence　04.023
二氧化碳施肥　carbon dioxide fertilization　08.115

F

发射率　emissivity　03.329
翻斗[式]雨量计　tilting bucket raingauge　02.169
*反厄尔尼诺　anti El Niño　06.316
*反环流　indirect circulation　05.379
反气旋　anticyclone　06.160
反气旋环流　anticyclonic circulation　06.161
反气旋生成　anticyclogenesis　06.164

反气旋消散　anticyclolysis　06.165
反气旋[性]切变　anticyclonic shear　06.163
反气旋[性]曲率　anticyclonic curvature　06.162
反气旋[性]涡度　anticyclonic vorticity　05.221
反日　anthelion　03.402
反射辐射　reflected radiation　03.337
反射率　reflectivity　03.339

反射太阳辐射　reflected solar radiation　03.317

反梯度风　countergradient wind　05.300

反信风　anti-trade　07.141

反演法　inverse technique　02.268

反照率　albedo　03.338

反照率表　albedometer　02.148

范艾伦辐射带　Van Allen radiation belt　03.321

方差分析　variance analysis　05.478

ω方程　ω-equation　05.101

方位角分辨率　azimuth resolution　03.194

方位平均　azimuth averaging　03.192

防雹　hail suppression　03.136

防霜　frost prevention　03.131

*放射性碳定年法　carbon dating, radiocarbon dating　04.013

放射性污染　active pollution　04.012

飞灰　fly ash　03.050

飞机颠簸　aircraft bumpiness　08.185

飞机积冰　aircraft icing　08.183

飞机气象探测　airplane meteorological sounding　08.151

飞机探测　aircraft sounding　02.024

飞机天气侦察　aircraft weather reconnaissance　08.172

飞机尾迹　aircraft trail　08.186

飞机尾流　aircraft wake　08.191

*飞行能见度　flight visibility　08.160

飞行员气象报告　pilot meteorological report　08.169

非常规观测　non-conventional observation　02.014

非地转风　ageostrophic wind　05.312

非地转运动　ageostrophic motion　05.358

非对流性降水　non-convective precipitation　01.277

非绝热过程　diabatic process　05.044

非均质层　heterosphere　01.020

非黏性流体　inviscid fluid　05.113

非实时资料　non-real time data　02.323

非天气资料　non-synoptic data　02.321

非线性不稳定[性]　nonlinear instability　05.160

非相干回波　incoherent echo　03.159

非相干雷达　incoherent radar　02.240

费雷尔环流　Ferrel cell　05.385

费马原理　Fermat's principle　03.360

[废气]凝结尾迹　[exhaust] contrail　08.189

[废气]蒸发尾迹　[exhaust] evaporation trail　08.190

分贝反射率因子　decibel reflectivity factor, dBz　03.148

分布目标　distributed target　02.230

分岔　bifurcation　05.156

*分类分析　classification analysis　05.530

分离显式格式　split-explicit scheme　05.504

分流　diffluence　05.194

分区云图　sectorized cloud picture　03.234

分子黏性　molecular viscosity　05.432

*分子黏性系数　coefficient of molecular viscosity　05.227

分子黏滞系数　molecular viscosity coefficient　05.433

*分子气体常数　gas constant per molecule　05.088

*分子散射　Rayleigh scattering　03.374

焚风　foehn　01.229

焚风波　foehn wave　01.231

焚风墙　foehn wall　01.230

焚风效应　foehn effect　06.349

丰水年　high flow year　08.316

风　wind　01.193

风暴　storm　01.304

风暴潮　storm surge　06.302

风暴警报　storm warning　06.343

风暴信号　visual storm signal　08.199

风暴中心　storm center　06.301

风杯风速计　vane anemometer　02.194

风场　wind field　06.070

风场评价　wind site assessment　08.252

风的垂直切变　vertical wind shear　01.205

*风电场　wind farm　08.253

风害　wind damage　08.099

风寒指数　wind-chill index　08.212

风荷载　wind load　08.228

风化[作用]　weathering　08.224

风级　wind force scale　01.208

风浪区　fetch　08.330

风力　wind force　01.207

风力田　wind farm　08.253

风玫瑰[图]　wind rose　07.123

风能　wind energy　08.243

风能玫瑰[图]　wind energy rose　08.247

风能密度　wind energy density　08.251

风能潜力　wind energy potential　08.248

风能区划　wind energy demarcation　08.249

风能资源　wind energy resources　08.244

风能资源储量　wind energy content　08.250

风切变　wind shear　05.306

风三角　pennant　06.010

风蚀　corrasion, wind erosion　04.005

风矢　wind arrow　06.011

风矢杆　wind shaft　06.009

风矢量　wind vector　07.124

风速　wind speed, wind velocity　01.195

风速表　anemometer　02.178

风速测定法　anemometry　02.177

风速对数廓线　logarithmic velocity profile　05.370

风速计　anemograph　02.193

风速廓线　wind speed profile　01.199

风速脉动　wind velocity fluctuation　08.232

风速羽　barb　06.008

风向　wind direction　01.194

风向标　wind vane　02.176

风向袋　wind sleeve　08.198

风向风速表　anemorumbometer　02.184

*风向量　wind vector　07.124

风向突变线　wind-shift line　06.054

风压　wind pressure　08.233

*风压定律　Buys Ballots' law　05.291

风压系数　coefficient of wind pressure　08.235

风应力　wind stress　08.227

风障　wind break　08.310

风振　wind induced oscillation　08.223

风阻影响　windage effect　08.236

封闭型细胞状云　close [cloud] cells　03.264

锋面　frontal surface　06.205

*锋面波动　frontal wave　06.122

锋面分析　frontal analysis　06.240

锋面过境　frontal passage　06.241

锋面降水　frontal precipitation　06.246

锋面逆温　frontal inversion　05.026

锋面坡度　frontal slope　06.208

锋面天气　frontal weather　06.243

锋面雾　frontal fog　01.399

锋区　frontal zone　06.206

锋生　frontogenesis　06.228

锋生函数　function of frontogenesis　06.229

锋下云　subfrontal cloud　01.190

锋[线]　front　06.207

锋消　frontolysis　06.230

弗劳德数　Froude number　05.283

浮冰带　ice belt　08.338

浮尘　suspended dust　01.307

浮力　buoyancy force　05.292

浮力速度　buoyancy velocity　05.293

*浮粒　airborne particulate　03.046

浮升烟羽　buoyant plume　08.293

福丁气压表　Fortin barometer　02.105

辐合　convergence　05.192

辐合线　convergence line　06.063

辐散　divergence　05.197

*辐射差额　radiation balance　03.303

辐射传输方程　radiation transfer equation　02.332

辐射功率　radiant flux　03.330

辐射冷却　radiation cooling　05.023

辐射率　radiance　03.328

辐射模式　radiation model　05.446

辐射逆温　radiation inversion　05.022

辐射平衡　radiation balance　03.303

*辐射平衡表　net pyranometer　02.149

辐射气候　radiation climate　07.044

辐射强度　radiant intensity　03.331

辐射霜　radiation frost　01.328

辐射通量　radiant flux　03.330

辐射图　radiation chart　03.355

辐射温度表　radiation thermometer　02.133

辐射雾　radiation fog　01.401

辐照　irradiation　03.332

辐照度　irradiance　03.336

辐照量　radiant exposure　03.335

辅助船舶观测　auxiliary ship observation, ASO　02.023

辅助天气观测　intermediate synoptic observation　02.008

负变压线　katallobar　06.067

负变压中心　katallobaric center　06.073

负折射　negative refraction　03.186

附属虹　supernumerary rainbow　03.420

附属云　accessory cloud　01.131

复相关　multiple correlation　05.519

复相关系数　multiple correlation coefficient　05.520

副锋　secondary front　06.224

副极地气候　subarctic climate　07.169

副冷锋　secondary cold front　06.225

*副气旋　secondary cyclone　06.121

副热带东风带　subtropical easterlies　06.282

*副热带反气旋　subtropical anticyclone　06.169

副热带高压　subtropical high　06.169

副热带急流　subtropical jet stream　05.323

副热带气候　subtropical climate　07.171

＊副热带气旋　subtropical cyclone　06.143

副热带无风带　subtropical calms　06.284

副热带西风带　subtropical westerlies　06.286

傅里叶分析　Fourier analysis　05.437

覆盖逆温　capping inversion　05.024

G

概率　probability　07.243

概率分布　probability distribution　07.244

概率预报　probability forecast　07.242

干冰　dry ice　03.126

干沉降　dry deposition　03.043

干冻　dry freeze　03.115

干对流　dry convection　05.339

干旱　drought　08.104

＊干旱年　low flow year　08.317

干旱频数　drought frequency　07.102

干旱气候　arid climate　07.055

干旱指数　drought index　07.103

干季　dry season　07.096

干绝热过程　dry adiabatic process　05.068

干绝热直减率　dry adiabatic lapse rate　05.051

干冷锋　dry cold front　06.226

干霾　dry haze　01.315

干期　dry spell　07.104

干球温度　dry-bulb temperature　01.061

干球温度表　dry-bulb thermometer　02.131

干热风　dry hot wind　08.090

干舌　dry tongue　06.076

干湿表　psychrometer　02.113

干湿球温差　wet-bulb depression　01.064

干雾　dry fog　01.392

干线　dry line　06.077

干雪　dry snow　01.345

干雪崩　dust avalanche　01.348

干燥度　aridity　07.105

干燥度指数　aridity index　07.106

干燥气候类　arid climate　07.179

干增长　dry growth　03.088

感觉温度　sensible temperature　08.211

感热　sensible heat　05.005

刚体边界条件　rigid boundary condition　05.493

高层大气　upper atmosphere　01.028

高层云　altostratus, As　01.150

高潮　high tide　08.334

高吹沙　blowing sand　01.319

高吹雪　blowing snow　01.351

高度表拨定[值]　altimeter setting　08.182

高分辨[率]干涉探测器　high resolution interferometric sounder　02.301

高分辨[率]红外辐射探测器　high resolution infrared radiation sounder, HRIRS　02.304

高分辨[率]图像传输　high resolution picture transmission, HRPT　02.313

高分辨率[云图]传真　high resolution facsimile, HR-FAX　02.314

高积云　altocumulus, Ac　01.142

高空槽　upper-level trough　06.100

高空大气学　aeronomy　03.008

高空反气旋　upper-level anticyclone　06.199

高空分析　upper-air analysis　06.019

高空风　wind aloft, upper-level wind　01.228

高空风分析图　hodograph　06.048

高空锋　upper front　06.237

高空观测　upper air observation　02.022

高空急流　upper-level jet stream　06.266

高空脊　upper-level ridge　06.154

高空霾　haze aloft　01.317

高空气候学　aeroclimatology　07.004

高空气象学　aerology　03.009

高空气旋　upper-level cyclone　06.116

高空[天气]图　upper air chart　06.018

高空资料　upper air data　02.048

高[气]压　high [pressure]　06.148

高山[观测]站　mountain [observation] station　02.064

高山气压表　mountain barometer　02.096

高山气压计　mountain barograph　02.091

＊高斯定理　divergence theorem　05.201

高温带　thermal zone　08.121

高压坝　high pressure barrier　06.158

高压脊　ridge　06.152

高原季风　plateau monsoon　07.151

高原气候　plateau climate　07.066

高原气象　plateau meteorology　06.351

高云　high cloud　01.120

高指数　high index　05.387

各向同性湍流　isotropic turbulence　05.413

工业气候　industrial climate　08.217

*共谱　cospectrum　07.211

共振理论　resonance theory　05.234

钩卷云　cirrus uncinus, Ci unc　01.137

钩状回波　hook echo　03.168

孤立波　solitary wave　05.264

孤立单体　isolated cell　03.222

古气候　paleoclimate　07.049

古气候学　paleoclimatology　07.021

*谷风　valley breeze　01.232

谷雨　Grain Rain　08.069

固定船舶站　fixed ship station　02.062

锢囚点　point of occlusion　06.213

锢囚锋　occluded front　06.211

锢囚气旋　occluded cyclone　06.124

Z-R 关系　Z-R relation　03.152

观测场　observation site　02.059

观测次数　observational frequency　02.035

观测误差　observational error　02.036

*冠层　canopy　08.045

冠层温度　canopy temperature　08.046

惯性波　inertia wave　05.236

惯性不稳定　inertial instability　05.129

惯性力　inertial force　05.238

惯性稳定度　inertial stability　05.145

惯性预报　inertial forecast　06.373

惯性圆　inertial circle　05.237

惯性振荡　inertial oscillation　05.239

惯性重力波　inertia-gravity wave　05.245

光合有效辐射　photosynthetically active radiation, PAR
08.052

光合作用　photosynthesis　08.056

光化层　chemosphere　01.044

光化层顶　chemopause　01.045

光化学　photochemistry　08.055

光化学反应　photochemical reaction　04.043

*光化学污染　photochemical pollution　04.044

光化学烟雾　photochemical smog　04.044

光亮度　luminance　03.388

光学厚度　optical depth　03.361

光照长度　illumination length　08.053

光照阶段　photophase　08.057

光周期[性]　photoperiodism　08.050

光资源　light resources　08.058

归一化回波强度　normalized echo intensity　03.221

规则带模式　regular band model　03.343

*鬼波　angel echo　03.173

滚轴涡旋　roll vortex　06.290

滚轴云　rotor clouds　01.188

国际民航组织标准大气　ICAO standard atmosphere
08.158

国际气象学和大气科学协会　International Association of
Meteorology and Atmospheric Sciences, IAMAS　01.421

国际[天气]电码　international synoptic code　02.052

国际云图　international cloud atlas　01.113

国家标准气压表　national standard barometer　02.099

过饱和空气　super-saturated air　01.104

过渡层　transition layer　01.025

过渡季节　transition season　07.089

过渡气流　transitional flow　03.042

过冷却雾　supercooled fog　01.406

过冷却雨　supercooled rain　01.294

过冷云　supercooled cloud　01.179

过冷云滴　supercooled cloud droplet　03.085

过滤模式　filtered model　05.444

过去天气　past weather　06.017

H

哈得来环流[圈]　Hadley cell　05.376

哈得来域　Hadley regime　05.289

*海岸带气候　coastal climate　07.059

海岸带水色扫描仪　coastal zone color scanner, CZCS
02.303

*海风　sea breeze　01.235

海风锋　sea breeze front　06.253

海陆风　sea-land breeze　01.235

海绵边界条件　spongy boundary condition　05.495

海面反照率　sea surface albedo　08.342

海面辐射 sea surface radiation 08.340

海面温度 sea surface temperature, SST 08.341

海面蒸汽雾 sea smoke 01.405

海平面气压 sea-level pressure, SLP 01.076

*海平面气压订正 pressure reduction 02.050

[海平面]气压换算 pressure reduction 02.050

海气交换 air-sea exchange 03.020

海气界面 air-sea interface 03.019

海气相互作用 air-sea interaction 07.099

*海色扫描仪 coastal zone color scanner, CZCS 02.303

*海市蜃楼 mirage 03.396

海雾 sea fog 01.397

海盐核 sea salt nucleus 03.120

海洋度 oceanity 07.098

海洋气候学 marine climatology 07.002

海洋气团 maritime air mass 06.203

海洋气象电码 marine meteorological code 08.346

海洋气象学 marine meteorology 08.328

海洋气象站 ocean weather station 02.061

海洋天气预报 marine weather forecast 08.345

海洋性气候 marine climate 07.052

海洋性气溶胶 maritime aerosol 03.051

亥姆霍兹波 Helmholtz wave 05.256

亥姆霍兹不稳定 Helmholtz instability 05.257

焓 enthalpy 05.034

寒潮 cold wave 06.270

寒潮爆发 cold outbreak 06.271

*寒带气候 polar climate 07.168

寒害 chilling injury 08.100

寒极 cold pole 05.183

寒露 Cold Dew 08.080

寒露风 low temperature damage in autumn 08.092

旱灾 drought damage 08.103

航空气候区划 aeronautical climate regionalization 08.150

航空气候学 aviation climatology 07.003

航空气候志 aeronautical climatography 08.200

航空气象保障 aviation meteorological support 08.170

航空气象电码 aviation meteorological code 08.168

航空气象观测 aviation meteorological observation 08.147

航空气象信息 aviation meteorological information 08.149

航空气象学 aeronautical meteorology 08.146

航空气象要素 aviation meteorological element 08.157

航空区域[天气]预报 aviation area [weather] forecast 08.148

航空天气订正预报 amendment of aviation weather forecast 08.176

航空[天气]预报 aviation [weather] forecast 08.174

航线[天气]预报 air route [weather] forecast 08.175

航行风 navigation wind 08.197

*豪威兹波 Haurwitz wave 05.261

耗散 dissipation 05.423

耗散率 dissipation rate 05.424

合成风 resultant wind 07.126

合成孔径雷达 synthetic aperture radar, SAR 02.235

*合流 confluence 05.193

*和风 moderate breeze 01.214

核冬天 nuclear winter 07.229

核化 nucleation 03.069

*赫舍尔日射计 Herschel's actinometer 02.139

黑白球温度表 black and white bulb thermometer 02.128

黑冰 black ice 03.100

*黑潮 Kuroshio 07.268

黑球温度表 black bulb thermometer 02.139

黑霜 dark frost 08.093

黑体 blackbody 03.286

黑体辐射 blackbody radiation 03.287

黑子相对数 relative number of sunspot 03.294

痕量元素 trace element 04.042

红外辐射 infrared radiation 03.310

红外云图 infrared cloud picture 03.239

宏观黏滞度 macroviscosity 05.152

虹 rainbow 03.418

虹吸气压表 siphon barometer 02.107

虹吸[式]雨量计 siphon rainfall recorder 02.171

后倾槽 backward-tilting trough 06.106

后曲锢囚 back-bent occlusion, bent-back occlusion 06.212

后退波 retrograde wave 05.267

后向散射 backscattering 03.377

后向散射截面 backscattering cross-section 03.379

后向散射紫外光谱仪 backscatter ultraviolet spectrometer, BUV 02.302

厚度线 thickness line 06.052

厚烟层　smoke pall　08.303

候　pentad　07.122

弧状云　arc cloud　01.171

*弧状云线　arc cloud line　01.171

湖风　lake breeze　01.236

湖锋　lake front　01.237

*互相关　cross-correlation　07.213

华　corona　03.425

华北锢囚锋　North China occluded front　06.248

华南准静止锋　South China quasi-stationary front 06.250

*滑动平均　running average　07.208

化学湿度表　chemical hygrometer　02.112

化学需氧量　chemical oxygen demand, COD　04.063

环地平弧　circumhorizontal arc　03.422

[环境]大气质量监测　[environment] atmospheric quality monitoring　08.269

环境气候学　environment climatology　07.020

环境直减率　environmental lapse rate　05.052

环流定理　circulation theorem　05.390

环流圈　circulation cell　05.381

环流调整　adjustment of circulation　05.396

环流型　circulation pattern　06.265

环流指数　circulation index　05.386

环天顶弧　circumzenithal arc　03.423

幻日环　parhelic circle　03.408

幻月环　paraselenic circle　03.407

荒漠化　desertization, desertification　07.248

黄道　ecliptic　05.188

黄雨　sulfur rain, yellow rain　08.287

灰[色标]度　gray scale　03.215

灰体辐射　grey body radiation　03.334

灰吸收体　grey absorber　03.333

辉光放电　glow discharge　03.443

回波分析　echo analysis　03.182

回波复合体　echo complex　03.178

*回波高度　cloud top height, CTH　03.179

回波厚度　echo depth　03.180

回波畸变　echo distortion　03.183

回波墙　echo wall　03.156

回波特征　echo character　03.181

回波综合图　echo synthetic chart　03.219

回击　return stroke　01.383

回流天气　returning flow weather　06.311

回转效应　Umkehr effect　03.435

汇流　confluence　05.193

浑浊因子　turbidity factor　03.395

混沌　chaos　05.434

混合比　mixing ratio　01.097

混合层　mixing layer　05.296

混合长　mixing length　05.416

混合罗斯贝重力波　mixed Rossby-gravity wave　05.270

混合凝结高度　mixing condensation level　05.048

混合雾　mixing fog　01.403

混合坐标　hybrid coordinate　05.175

混乱天空　chaotic sky　01.174

活动积温　active accumulated temperature　08.041

活动温度　active temperature　08.036

*活动中心　atmospheric center of action, center of action 05.399

活化能　activation energy　04.057

活跃季风　active monsoon　07.153

火箭探测　rocket sounding　02.025

火箭状闪电　rocket lightning　01.390

火山灰　volcanic dust, volcanic ash　03.055

J

机场特殊天气报告　aerodrome special weather report 08.178

*机场突变天气报告　aerodrome special weather report 08.178

机场危险天气警报　aerodrome hazardous weather warning 08.155

机场预约天气报告　appointed airdrome weather report 08.171

机场最低气象条件　aerodrome meteorological minimum 08.164

机械湍流　mechanical turbulence　05.421

机载天气雷达　airborne weather radar　02.222

积冰　icing　01.361

积温　accumulated temperature　08.040

积雪　snow cover　01.352

积雪日数　days with snow cover　01.353

积雪总量　snow pack　01.360

积雨云　cumulonimbus, Cb　01.158

积雨云模式　cumulonimbus model　03.062

积云　cumulus, Cu　01.153

积云对流　cumulus convection　05.340

积云性层积云　stratocumulus cumulogenitus, Sc cug　01.164

积云性高积云　altocumulus cumulogenitus, Ac cug　01.147

积状云　cumuliform cloud　01.172

基本气流　basic flow　05.316

基本天气观测　principal synoptic observation　02.006

基本天气观测时间　main standard time　02.007

基尔霍夫定律　Kirchoff's law　03.289

基准[气候]站　benchmark station　07.035

畸变校正　distortion correction　03.238

激光雷达　lidar　02.236

激光云幂仪　laser ceilometer　02.190

0 级风　calm　01.210

1 级风　light air　01.211

2 级风　light breeze　01.212

3 级风　gentle breeze　01.213

4 级风　moderate breeze　01.214

5 级风　fresh breeze　01.215

6 级风　strong breeze　01.216

7 级风　near gale　01.217

8 级风　gale　01.218

9 级风　strong gale　01.219

10 级风　storm　01.220

11 级风　violent storm　01.221

12 级风　hurricane　01.222

极大风速　extreme wind speed　01.198

极地大陆空气　polar continental air　06.198

极地低压　polar low　06.335

极地东风[带]　polar easterlies　07.144

极地反气旋　polar anticyclone　06.336

*极地高压　polar high　06.334

极地气候　polar climate　07.168

极地气候类　polar climate　07.190

极地气团　polar air mass　06.197

极地气象学　polar meteorology　06.330

极地气旋　polar cyclone　06.337

极锋　polar front　06.232

极锋理论　polar front theory　06.233

*极锋学说　polar front theory　06.233

极光　aurora　03.429

极光带　auroral band　03.430

极光卵　auroral oval　03.432

极光冕　auroral corona　03.431

*极光椭圆区　auroral oval　03.432

极轨气象卫星　polar-orbiting meteorological satellite　02.288

极轨卫星　polar orbiting satellite, POS　02.289

极涡　polar vortex　06.331

极夜急流　polar night jet　05.319

极值分析　extreme value analysis　06.371

急流　jet stream　05.317

急流核　jet stream core　05.318

急流云系　jet stream cloud system　03.270

急流轴　axis of jet stream　05.324

*疾风　near gale　01.217

集合平均　ensemble average　06.370

集合预报　ensemble forecast　06.369

脊线　ridge line　06.155

计算不稳定　computational instability　05.472

计算模[态]　computational mode　05.481

技巧[评]分　skill score　05.483

季风　monsoon　07.145

季风爆发　monsoon burst　07.152

季风槽　monsoon trough　06.109

季风潮　monsoon surge　07.154

季风低压　monsoon depression　07.156

季风环流　monsoon circulation　07.157

季风建立　monsoon onset　07.155

季风气候　monsoon climate　07.158

*季风气候区　monsoon region　07.159

季风区　monsoon region　07.159

季风雨　monsoon rain　01.300

季风云团　monsoon cloud cluster　03.258

季风指数　monsoon index　07.160

季风中断　break monsoon　07.161

季节　season　07.086

*季节风　anniversary wind　07.146

季节性　seasonality　07.087

季节预报　seasonal forecast　06.367

*继发性污染物　secondary pollutant　08.266

夹卷　entrainment　05.341

夹卷率　entrainment rate　05.342

荚状层积云 stratocumulus lenticularis, Sc lent 01.166

荚状高积云 altocumulus lenticularis, Ac lent 01.146

假彩色云图 false-color cloud picture 03.249

假绝热过程 pseudo-adiabatic process 05.043

假绝热图 pseudo-adiabatic diagram 05.072

假绝热直减率 pseudo-adiabatic lapse rate 05.073

假谱方法 pseudospectral method 05.514

假日 parhelion 03.403

假湿球位温 wet-bulb pseudo potential temperature 05.077

假湿球温度 wet-bulb pseudo-temperature 05.078

假相当位温 pseudo-equivalent potential temperature 05.075

假月 paraselene 03.405

尖端放电 point discharge 03.439

间冰期 interglacial period 07.266

间接环流[圈] indirect circulation 05.379

间歇性降水 intermittent precipitation 01.290

*检定 calibration 02.041

χ^2 检验 Chi-square test 07.201

建筑气候 building climate 08.222

建筑气候区划 building climate demarcation 08.229

江淮气旋 Changjiang-Huaihe cyclone 06.138

江淮切变线 Changjiang-Huaihe shear line 06.139

降尘 dustfall 08.276

降交点 descending node, DN 02.277

降水 precipitation 01.269

降水持续时间 precipitation duration 01.273

降水化学 precipitation chemistry 04.046

降水回波 precipitation echo 03.170

降水季节特征 precipitation regime 06.084

降水量 amount of precipitation 01.270

*降水量图 precipitation chart 06.031

降水逆减 precipitation inversion 08.018

降水强度 precipitation intensity 01.274

降水日 precipitation day 01.272

降水衰减 precipitation attenuation 03.217

降水酸度 precipitation acidity 08.288

降水物理学 precipitation physics 03.004

交叉谱 cross spectrum 07.212

交叉相关 cross-correlation 07.213

交错格式 stagger scheme 05.511

交错网格 staggered grid 05.510

胶体不稳定性 colloidal instability 03.048

*胶体分散 colloidal dispersion 03.047

胶体系统 colloidal system 03.047

角动量 angular momentum 05.314

角动量平衡 angular momentum balance 05.315

角动量守恒 conservation of angular momentum 05.355

角反射器 corner reflector 02.227

角分辨率 angular resolution 03.195

角展宽 angular spreading 05.159

校准 calibration 02.041

校准曲线 calibration curve 02.042

接收机[噪声]温度 receiver [noise] temperature 03.150

结构函数 structure function 05.501

截断误差 truncation error 05.492

解冻 thaw 01.363

近地层 surface layer 03.023

近地点 perigee 02.274

近日点 perihelion 02.272

禁飞天气 unflyable weather 08.166

经向环流 meridional circulation 05.374

经验预报 subjective forecast 06.375

经验正交函数 empirical orthogonal function, EOF 05.502

惊蛰 Awakening from Hibernation 08.066

精[密]度 precision 02.040

径向风 radial wind 05.307

径向流入 radial inflow 05.295

*净辐射 net radiation 03.303

净辐射表 net pyranometer 02.149

*静风 calm 01.210

静力不稳定[性] static instability 05.130

静力初值化 static initialization 05.490

静力检查 hydrostatic check 05.506

静力适应过程 hydrostatic adjustment process 05.116

静力稳定度 static stability 05.138

静止锋 stationary front 06.227

局部导数 local derivative 05.202

局地环流 local circulation 05.382

局地气候 local climate 07.045

局地预报 local forecast 06.380

局地轴 local axis 05.191

距离采样数 number of range samples 03.197

距离分辨率 range resolution 03.193

距离高度显示器 range-height indicator, RHI 02.256

距离库 range bin 03.189

距离模糊 range ambiguity 03.205

距离平均 range averaging 03.191

距离衰减 range attenuation 03.218

距离速度显示 range velocity display, RVD 02.255

距平 departure 07.071

飓风 hurricane 06.298

聚合 aggregation 03.091

聚积模 accumulation mode 03.053

*聚焦式日照计 Campbell-Stokes sunshine recorder 02.141

卷层云 cirrostratus, Cs 01.138

卷积云 cirrocumulus, Cc 01.141

卷云 cirrus, Ci 01.133

决策分析 decision analysis 05.531

决策树[形图] decision tree 05.532

绝对标准气压表 absolute standard barometer 02.101

绝对不稳定 absolute instability 05.142

绝对黑体 absolute black body 03.288

绝对极值 absolute extreme 07.075

绝对角动量 absolute angular momentum 05.354

绝对湿度 absolute humidity 01.095

绝对温标 absolute temperature scale 02.075

绝对稳定 absolute stability 05.141

绝对涡度 absolute vorticity 05.209

绝对涡度守恒 conservation of absolute vorticity 05.215

绝对月最低温度 absolute monthly minimum temperature 07.077

绝对月最高温度 absolute monthly maximum temperature 07.076

绝热大气 adiabatic atmosphere 01.052

绝热过程 adiabatic process 05.045

绝热检验 adiabatic trial 05.069

绝热冷却 adiabatic cooling 05.041

绝热模式 adiabatic model 05.445

绝热凝结气压 adiabatic condensation pressure 01.072

绝热凝结温度 adiabatic condensation temperature 01.068

绝热上升 adiabatic ascending 05.039

绝热图 adiabatic diagram 05.071

绝热下沉 adiabatic sinking 05.040

*绝热相当温度 adiabatic equivalent temperature 05.060

绝热增温 adiabatic heating 05.042

绝热直减率 adiabatic lapse rate 05.050

军事气候志 military climatography 08.203

军事气象保障 military meteorological support 08.202

军事气象信息 military meteorological information 08.204

军事气象学 military meteorology 08.201

*均方差 root-mean-square error, RMS error 02.043

均方根误差 root-mean-square error, RMS error 02.043

均质层 homosphere 01.019

均质层顶 homopause 01.021

均质大气 homogeneous atmosphere 01.051

K

卡尔曼滤波 Kalman filtering 05.251

卡门常数 Karman constant 05.230

卡门涡街 Karman vortex street 05.409

开尔文波 Kelvin wave 05.258

开尔文-亥姆霍兹波 Kelvin-Helmholtz wave 05.259

开尔文环流定理 Kelvin's theorem of circulation 05.391

*开尔文温标 absolute temperature scale 02.075

开口型细胞状云 open[cloud]cells 03.263

坎贝尔-司托克斯日照计 Campbell-Stokes sunshine recorder 02.141

*康培尔-司托克日照计 Campbell-Stokes sunshine reorder 02.141

*康普顿散射 Compton scattering 03.371

康普顿效应 Compton effect 03.371

柯本气候分类 Köppen's climate classification 07.174

柯本-苏潘等温线 Köppen-Supan line 06.040

柯朗-弗里德里希斯-列维条件 Courant-Friedrichs-Lewy condition 05.470

*柯朗条件 Courant condition 05.470

科里奥利参数 Coriolis parameter 01.083

科里奥利加速度 Coriolis acceleration 01.086

科里奥利力 Coriolis force 01.080

*科纳风暴 kona cyclone 06.144

科纳气旋 kona cyclone 06.144

*科氏参数 Coriolis parameter 01.083

＊科氏加速度　Coriolis acceleration　01.086
可见光　visible light　03.302
可见光云图　visible cloud picture　03.241
可降水量　precipitable water　08.325
＊可能蒸散　potential evapotranspiration　08.012
＊可能最大暴雨　probable maximum precipitation, PMP　08.326
可能最大洪水　probable maximum flood　08.320
可能最大降水　probable maximum precipitation, PMP　08.326
可逆绝热过程　reversible adiabatic process　05.007
可移动细网格模式　movable finemesh model　05.466
可预报性　predictability　06.381
可照时数　duration of possible sunshine　01.417
克拉香天气　Crachin　06.306
客观分析　objective analysis　05.477
客观预报　objective forecast　06.372
空－地传导电流　air-earth conduction current　03.437
空－地电流　air-earth current　03.438
空盒气压表　aneroid barometer　02.094
空盒气压计　aneroid barograph　02.089
空基观测　air-borne observation　02.018
空基子系统　space-based subsystem　03.226
空间分辨率　spatial resolution　02.329
空间平滑　space smoothing　05.499
空间气象学　space meteorology　03.227
空间天气　space weather　03.228

空气动力学　aerodynamics　05.083
[空]气光　airlight　03.428
空气污染　air pollution　08.260
空气污染模拟　air pollution modeling　08.270
空气污染模式　air pollution model　08.271
空气污染物含量　loading of air pollutant　08.273
空气污染物排放　air pollutant emission　08.272
空气污染物排放标准　air pollutant emission standard　08.274
＊空气质量　air quality　01.016
空腔辐射计　cavity radiometer　02.147
空中放电　air discharge　03.442
空中能见度　flight visibility　08.160
空中悬浮微粒　airborne particulate　03.046
控制方程　governing equation　05.543
寇乌气压表　Kew pattern barometer　02.106
枯水年　low flow year　08.317
快速傅里叶变换　fast Fourier transform, FFT　05.438
快行冷锋　rapidly moving cold front　06.217
＊狂风　storm　01.220
昆明准静止锋　Kunming quasi-stationary front　06.251
扩散　diffusion　05.425
扩散率　diffusivity　05.426
扩散模式　diffusion model　05.427
＊扩散系数　coefficient of diffusion　05.426
廓线　profile　05.020
廓线仪　profiler　02.212

L

拉尼娜　La Niña　06.316
莱曼－α湿度表　Lyman-α hygrometer　02.086
兰姆波　Lamb wave　05.260
蓝冰　blue ice　03.101
雷　thunder　01.370
雷暴　thunderstorm　01.371
雷暴单体　thunderstorm cell　01.377
雷暴高压　thunderstorm high　06.176
雷暴活动源地　source of thunderstorm activity　06.177
雷暴监测　thunderstorm monitoring　03.213
雷暴日　thunderstorm day　06.091
雷暴湍流　thunderstorm turbulence　06.179
雷暴泄流　thunderstorm outflow　06.178
雷飑　thunder squall　01.336

MST雷达　MST radar　02.248
雷达标定　radar calibration　03.145
雷达测风　radar wind sounding　03.214
雷达测风仪　radarsonde　02.264
雷达等效反射率因子　radar equivalent reflectivity factor　03.149
雷达反射率　radar reflectivity　03.184
雷达反射率因子　radar reflectivity factor　03.147
雷达分辨体积　radar resolution volume　03.196
雷达风暴探测　radar storm detection　03.065
雷达回波　radar echo　03.153
雷达回波相关跟踪法　tracking radar echoes by correlation, TREC　03.211
雷达气候学　radar climatology　03.140

雷达气象观测 radar meteorological observation 03.146

雷达气象学 radar meteorology 03.139

雷达算法 radar algorithm 03.212

雷达探空 radar sounding 02.243

［雷达］天线罩 radome 02.254

雷达雨量积分器 radar rainfall integrator 02.253

雷达组网 radar network composite 02.241

雷电仪 ceraunometer, ceraunograph 02.214

雷诺数 Reynolds number 05.276

雷诺应力 Reynolds stress 05.112

雷雨云降水 thundery precipitation 01.278

雷雨云系 thundery cloud system 06.180

雷阵雨 thunder shower 01.375

累计雨量器 accumulative raingauge 02.168

冷槽 cold trough 06.104

冷池 cold pool 05.184

冷低压 cold low 06.088

冷锋 cold front 06.210

冷锋云系 cold front cloud system 06.245

冷高压 cold high 06.149

冷害 cool damage 08.098

冷平流 cold advection 05.345

冷气团 cold air mass 06.195

冷却度日 cooling degree-day 08.220

冷舌 cold tongue 06.079

冷涡 cold vortex 06.130

＊冷性反气旋 cold anticyclone 06.149

＊冷性锢囚锋 cold occluded front 06.214

＊冷性气旋 cold cyclone 06.088

冷云 cold cloud 01.178

离岸风 off-shore wind 01.239

离散化 discretization 05.463

离散谱 discrete spectrum 05.462

离心力 centrifugal force 01.085

离子计数器 ion counter 02.215

里查森数 Richardson number 05.277

理论气象学 theoretical meteorology 01.004

理想流体 ideal fluid 05.014

理想气候 ideal climate 07.037

理想气体 ideal gas 05.015

力能学 energetics 05.003

历史气候 historical climate 07.262

立春 Beginning of Spring, Spring Beginning 08.064

立冬 Beginning of Winter 08.082

立秋 Beginning of Autumn 08.076

立夏 Beginning of Summer 08.070

连续波雷达 continuous-wave radar, CW radar 02.228

连续方程 continuity equation 05.085

连续性降水 continuous precipitation 01.289

亮度对比 contrast of luminance 01.249

亮度温度 brightness temperature 03.253

凉季 cool season 07.095

量纲分析 dimensional analysis 05.453

量化信号 quantized signal 03.199

量雪尺 snow scale, snow depth scale 02.207

列联表 contingency table 07.202

列线图 nomograms 06.037

＊烈风 strong gale 01.219

林冠层 canopy 08.045

林火［天气］预报 forest-fire ［weather］ forecast 08.311

临边变暗 limb darkening 03.282

临边反演 limb retrieval 03.275

临边扫描法 limb scanning method 03.274

临边增亮 limb brightening 03.281

临界点 critical point 03.112

临界光长 critical day-length 08.054

临界里查森数 critical Richardson number 05.279

临近预报 nowcast 06.354

零风速层顶 velopause 01.200

＊零厘米温度表 surface geothermometer 02.079

＊流冰带 ice belt 08.338

流体静力不稳定度 hydrostatic instability 05.140

流体静力方程 hydrostatic equation 05.097

流体静力近似 hydrostatic approximation 05.100

＊流体力学相似 dynamic similarity 05.534

流线 streamline 05.325

流线图 streamline chart 06.033

流泄风 drainage wind 01.244

龙卷 tornado 01.329

龙卷回波 tornado echo 03.171

漏斗云 funnel cloud 01.330

露 dew 01.321

＊露点锋 dew-point front 06.077

露点湿度表 dew-point hygrometer 02.124

露点［温度］ dew point ［temperature］ 01.100

露虹 dewbow 03.419

露量表 drosometer 02.125

陆地卫星 Land Satellite, LANDSAT 03.225

＊陆风 land breeze 01.235
＊陆棚 continental shelf 01.419
滤波 filtering 05.439
绿洲效应 oasis effect 08.105
氯度 chlorosity 04.065
氯氟碳化物 chlorofluorocarbons, CFCs 04.024
＊氯氟烃 chlorofluorocarbons, CFCs 04.024
氯含量 chlorinity 04.064
罗斯贝波 Rossby wave 05.261

罗斯贝参数 Rossby parameter 05.285
罗斯贝数 Rossby number 05.284
罗斯贝图解 Rossby diagram 05.286
罗斯贝域 Rossby regime 05.290
螺旋桨[式]风速表 propeller anemometer 02.183
螺旋雨带回波 spiral rain-band echo 03.165
螺旋云带 spiral cloud band 03.257
裸冰 bare ice 01.266
裸地 bare soil 01.267

M

马古列斯公式 Margules' formula 05.106
马赫数 Mach number 05.287
马纬度 horse latitudes 06.283
霾 haze 01.314
脉冲雷达 pulse radar 02.245
慢行冷锋 slowly moving cold front 06.218
漫反射 diffuse reflection 03.313
漫射辐射 diffuse radiation 03.311
＊漫射太阳辐射 diffuse solar radiation 03.314
芒种 Grain in Ear 08.072
毛发湿度表 hair hygrometer 02.126
毛发湿度计 hair hygrograph 02.127
毛卷层云 cirrostratus fibratus, Cs fil 01.139
毛卷云 cirrus fibratus, Ci fil 01.134
毛毛雨 drizzle 01.295
＊毛[细]管现象 capillarity 03.064
毛[细]管作用 capillarity 03.064
锚冰 anchor ice 01.362
锚槽 anchored trough 06.108
＊贸易风 trade winds 07.139
梅雨 Meiyu, plum rain 06.305
梅雨锋 Meiyu front 06.307
梅雨期 Meiyu period 06.310
＊濛雨天气 Crachin 06.306
蒙古低压 Mongolian low 06.141

＊蒙古气旋 Mongolian cyclone 06.141
蒙特卡罗方法 Monte-Carlo method 05.460
孟加拉湾风暴 storm of Bay of Bengal 06.303
米散射 Mie scattering 03.372
米雪 snow grains 01.343
＊密度流 gravity current 05.128
密度跃层 pycnocline 08.337
密卷云 cirrus spissatus, Ci dens 01.135
面降水[量] areal precipitation 06.378
明语气象报告 plain-language report 08.167
模式分辨率 model resolution 05.482
模式输出统计预报 model output statistic prediction, MOS prediction 05.441
模态 mode 05.364
＊摩擦层 friction layer 03.014
摩擦风 antitriptic wind 05.309
摩擦辐合 frictional convergence 05.195
摩擦辐散 frictional divergence 05.198
摩擦速度 friction velocity 05.228
摩擦曳力 frictional drag 05.196
＊摩尔气体常数 universal gas constant 05.089
墨西哥湾流 Gulf Stream 06.278
目标区 target area 03.127
目测 visual observation 02.010

N

南方涛动 southern oscillation, SO 06.317
南海低压 South China Sea depression 06.140
南极臭氧洞 antarctic ozone hole 04.007
南极锋 antarctic front 06.235

南极光 aurora australis 03.400
南极气候 antarctic climate 07.063
南亚高压 South Asia high 06.171
南支急流 southern branch jet stream 05.321

内波 internal wave 05.246

内积 inner product 05.488

内摩擦[力] internal friction [force] 01.087

能见度 visibility 01.247

能见度表 visibility meter, visiometer 02.161

能见度测定表 nephelometer 02.163

能见度目标物 visibility marker 01.250

能量串级 energy cascade 05.475

能量密度谱 energy density spectrum 05.476

能量平衡模式 energy balance model 07.226

能量守恒 conservation of energy 05.091

*能量学 energetics 05.003

*能谱 energy spectrum 05.476

能源气象学 energy source meteorology 08.242

霓 secondary rainbow 03.421

逆风 head wind 08.196

逆湿 moisture inversion 05.011

逆温 temperature inversion 05.018

逆温层 inversion layer 05.028

逆转风 backing wind 05.305

年际变率 interannual variability 07.223

年较差 annual range 07.074

年平均 annual mean 07.081

年总量 annual amount 07.085

*黏性系数 coefficient of viscosity 05.227

*黏滞耗散 viscous dissipation 05.423

凝固 solidification 03.109

凝华 deposition 03.110

凝华核 deposition nucleus 03.123

凝结 condensation 03.106

凝结高度 condensation level, CL 05.055

凝结过程 condensation process 03.063

凝结核 condensation nucleus 03.117

凝结效率 condensation efficiency 05.057

农田小气候 microclimate in the fields 08.128

农谚 farmer's proverb 08.010

农业界限温度 agricultural threshold temperature 08.043

农业气候分类 agroclimatic classification 08.120

农业气候分析 agroclimatic analysis 08.111

*农业气候鉴定 agroclimatic evaluation 08.110

农业气候评价 agroclimatic evaluation 08.110

农业气候区划 agroclimatic demarcation, agroclimatic division 08.113

[农业]气候生产潜力 agroclimatic potential productivity 08.118

农业气候图集 agroclimatic atlas 08.112

农业气候相似 agroclimatic analogy 08.117

农业气候学 agricultural climatology, agroclimatology 08.109

农业气候指标 agroclimatic index 08.119

农业气候志 agroclimatography 08.123

农业气候资源 agroclimatic resources 08.114

农业气象观测 agrometeorological observation 08.060

农业气象模式 agrometeorological model 08.062

农业气象信息 agrometeorological information 08.107

农业气象学 agricultural meteorology, agrometeorology 08.004

农业气象预报 agrometeorological forecast 08.106

农业气象灾害 agrometeorological hazard 08.089

农业气象站 agricultural meteorological station 08.061

农业气象指标 agrometeorological index 08.108

农业小气候 agricultural microclimate 08.127

浓积云 cumulus congestus, Cu cong 01.157

暖低压 warm low 06.092

暖锋 warm front 06.209

暖锋云系 warm front cloud system 06.244

暖高压 warm high 06.150

暖脊 warm ridge 06.156

暖平流 warm advection 05.344

暖气团 warm air mass 06.194

暖区 warm sector 06.242

暖舌 warm tongue 06.080

暖涡 warm vortex 06.131

暖雾 warm fog 01.234

*暖性反气旋 warm anticyclone 06.150

暖性锢囚锋 warm occluded front 06.215

*暖性气旋 warm cyclone 06.092

暖雨 warm rain 01.282

暖云 warm cloud 01.181

诺阿卫星 NOAA satellite 02.287

O

欧拉坐标　Eulerian coordinates　05.176

欧洲遥感卫星　European Remote Sensing Satellite, ERS　02.284

偶极反气旋　dipole anticyclone　06.183

P

拍频振荡器　beat frequency oscillator　02.028

排放率　emission rate　08.259

判别分析　discriminant analysis　05.530

咆哮西风带　brave west wind　08.343

跑道积冰　icing on runway　08.162

跑道能见度　runway visual range　08.161

＊跑道视程　runway visual range　08.161

碰并　coagulation　03.090

＊碰并系数　collection efficiency　03.095

碰撞　collision　03.087

碰撞[谱线]增宽　collision broadening　03.366

碰撞系数　collision efficiency　03.094

皮叶克尼斯环流定理　Bjerknes circulation theorem　05.394

偏振度　degree of polarization　03.201

片状闪电　sheet lightning　01.385

漂浮式蒸发皿　floating pan　02.156

飘尘　floating dust　08.275

氕　protium　04.029

拼图　picture mosaic　03.236

＊频道　channel　02.279

频率响应　frequency response　02.327

频谱　frequency spectrum　02.328

频散关系　dispersion relationship　05.464

平衡方程　balance equation　05.108

平均风速　average wind velocity　07.125

平均年温度较差　mean annual range of temperature　07.080

平流　advection　03.029

平流层　stratosphere　01.031

平流层爆发[性]增温　stratospheric sudden warming　05.400

平流层顶　stratopause　01.032

平流层耦合作用　stratospheric coupling　05.401

平流层气溶胶　stratospheric aerosol　03.056

平流层污染　stratospheric pollution　08.294

平流层引导　stratospheric steering　05.402

平流方程　advective equation　05.105

平流辐射雾　advection-radiation fog　01.402

平流霜　advection frost　03.030

平流雾　advection fog　01.400

平流性雷暴　advective thunderstorm　03.031

β平面　β-plane, beta plane　05.214

平面波　plane wave　05.066

平面切变显示器　plan shear indicator, PSI　02.261

平面位置显示器　plan position indicator, PPI　02.259

平水年　normal flow year　08.318

平太阳时　mean solar time　08.352

坡风　slope wind　01.241

破坏风速　breaking wind speed　08.240

剖面　cross-section　06.024

剖面图　cross-section diagram　06.023

蒲福风级　Beaufort [wind] scale　01.209

普朗特混合长理论　Prandtl mixinglength theory　05.415

普朗特数　Prandtl number　05.274

普适气体常数　universal gas constant　05.089

谱模式　spectral model　05.461

Q

奇怪吸引子　strange attractor　05.155

旗云　banner cloud　01.186

起转时间　spinup time　05.451

气候　climate　07.022

气候变化　climatic change　07.231

气候变率　climatic variability　07.222

气候变迁　climatic variation　07.230

气候标准平均值　climatological standard normals　07.225

气候病理学　climatopathology　08.208

气候持续性　climatic persistence　07.215

气候重建　climatic reconstruction　07.236

气候带　climatic belt，climatic zone　07.167

气候恶化　climatic deterioration　07.246

气候反馈机制　climatic feedback mechanism　07.257

气候非周期变化　climatic non-periodic variation　07.216

气候分界　climate divide　07.164

气候分类　climatic classification　07.163

气候分析　climatic analysis　07.194

气候风险分析　climatic risk analysis　08.116

气候锋　climatological front　07.137

气候概率　climatic probability　07.221

气候观测　climatological observation　07.033

气候监测　climatic monitoring　07.034

气候敏感性　climatic sensitivity　07.219

气候敏感性实验　climate sensitivity experiment　07.239

气候模拟　climatic simulation　07.238

气候评价　climatic assessment　07.259

气候区　climatic region　07.166

气候区划　climate regionalization　07.165

气候趋势　climatic trend　07.249

气候适应　climatic adaptation，acclimatization　07.250

气候统计　climatic statistics　07.196

气候统计学　climatological statistics　07.008

气候突变　abrupt change of climate　07.245

气候图　climatic map　07.120

气候图集　climatic atlas　07.121

气候系统　climate system　07.023

气候形成分类法　genetic classification of climate　06.189

气候形成因子　factors for climatic formation　07.032

气候型　climatic type　07.162

气候学　climatology　07.001

气候驯化　climatic domestication　07.252

气候演变　climatic revolution　07.235

气候要素　climatic element　07.031

气候异常　climatic anomaly　07.253

气候应力荷载　climate stress load　08.225

气候影响　climatic impact　07.251

气候预测　climatic prediction　07.254

气候灾害　climate damage　07.256

气候噪声　climate noise　07.255

气候诊断　climatic diagnosis　07.240

气候振荡　climatic oscillation　07.233

气候振动　climatic fluctuation　07.234

气候志　climatography　07.117

气候周期性　climate periodicity　07.237

气候周期性变化　climatic periodic variation　07.218

气候资料　climatic data　07.195

气候资源　climate resources　07.220

气辉　airglow　03.427

气阱　air trap　02.104

气块　air parcel　05.038

气球测风　pibal　02.031

气溶胶　aerosol　03.045

气溶胶化学　aerosol chemistry　04.068

气溶胶粒子谱　aerosol particle size distribution　03.052

气体常数　gas constant　05.004

气体动力［学］粗糙度　aerodynamic roughness　03.026

气体温度表　gas thermometer　02.072

气团　air mass　06.184

气团保守性　conservative property of air mass　06.192

气团变性　air-mass transformation　06.191

气团分类　air-mass classification　06.188

气团分析　air-mass analysis　06.186

气团属性　air-mass property　06.190

气团雾　air-mass fog　01.410

气团源地　air-mass source　06.187

气温　air temperature　01.059

气温直减率　temperature lapse rate　05.049

气象报告　meteorological report　06.339

气象病　meteorotropic disease，meteoropathy　08.145

气象潮　meteorological tide　08.332

气象赤道　meteorological equator　06.323

气象导航　meteorological navigation　08.351

气象电码　meteorological code　06.005

气象飞机　meteorological aircraft　02.206

气象风洞　meteorological wind tunnel　05.114

气象观测　meteorological observation　02.002

气象观测平台　meteorological platform　02.060

气象观测员　observer　02.003

气象航线　meteorological shipping route　08.348

气象火箭　meteorological rocket　02.218

气象雷达　meteorological radar　02.220

气象雷达方程　meteorological radar equation　03.141

气象台　meteorological observatory　02.058

气象台站网　network of meteorological station　02.057

气象卫星　meteorological satellite　02.271

气象卫星地面站　meteorological satellite ground station　02.298

气象学　meteorology　01.003

气象谚语　meteorological proverb　08.122

气象要素　meteorological element　01.058

气象仪器　meteorological instrument　02.066

气象噪声　meteorological noise　05.474

气旋　cyclone　06.114

气旋波　cyclonic wave　06.122

气旋的辐散理论　divengence theory of cyclones　06.115

气旋生成　cyclogenesis　06.125

气旋生成的波动理论　wave theory of cyclogenesis　06.126

气旋消散　cyclolysis　06.127

气旋性环流　cyclonic circulation　06.117

气旋性切变　cyclonic shear　06.119

气旋性曲率　cyclonic curvature　06.118

气旋性涡度　cyclonic vorticity　05.220

气旋族　cyclone family　06.123

气压　atmospheric pressure　01.071

气压变量　pressure variation　06.068

气压表　barometer　02.092

气压表高度　barometer level　02.049

气压波　pressure wave　06.090

气压测高表　pressure altimeter　02.097

气压场　pressure field　06.069

气压订正　barometric correction　02.051

气压计　barograph　02.088

气压开关　baroswith　02.027

气压倾向　pressure tendency　06.065

气压梯度　pressure gradient　01.077

气压梯度力　pressure gradient force　01.079

气压温度计　barothermograph　02.130

[气]压温[度]湿[度]计　barothermohygrograph　02.118

气压系统　pressure system　06.081

气压涌升线　pressure surge line　06.089

气压坐标系　pressure coordinate system　05.177

[气]柱丰度　column abundance　04.041

前进波　progressive wave　05.266

前倾槽　forward-tilting trough　06.105

前向散射　forward scattering　03.376

潜热　latent heat　05.006

潜在不稳定　latent instability　05.167

潜在蒸发　potential evaporation　03.108

潜在蒸散　potential evapotranspiration　08.012

浅低压　shallow low　06.082

浅对流　shallow convection　05.330

浅对流参数化　shallow convection parameterization　05.351

浅水波　shallow water wave　05.333

＊强风　strong breeze　01.216

强风仪　strong wind anemograph　02.187

强迫对流　forced convection　03.034

强迫振荡　forced oscillation　05.232

强热带风暴　severe tropical storm　06.293

强沙尘暴　severe sand and dust storm　01.310

强台风　severe typhoon　06.295

强线近似　strong-line approximation　03.345

乔唐日照计　Jordan sunshine recorder　02.140

切变波　shearing wave　05.268

切变不稳定　shearing instability　05.163

切变层　shear layer　05.164

切变涡度　shearing vorticity　05.222

切变线　shear line　06.061

切断低压　cut-off low　06.096

切断高压　cut-off high　06.097

切向风　tangential wind　01.233

侵蚀[作用]　erosion　04.004

青藏高压　Qinghai-Xizang high　06.352

＊轻风　light breeze　01.212

轻雾　mist　01.395

倾向方程　tendency equation　05.169

倾斜能见度　slant visibility　01.256

＊清劲风　fresh breeze　01.215

清明　Fresh Green　08.068

晴空回波　clear air echo　03.162

晴空湍流　clear air turbulence, CAT　08.184

晴空雨　serein　01.293

晴天　clear sky　01.259

晴天电场　fair-weather electric field　03.440

＊晴天电流　fair-weather current　03.437

秋分　Autumn Equinox　08.079

求积谱　quadrature spectrum　05.465

球状闪电　ball lightning　01.386

区域标准气压表　regional standard barometer　02.100

*区域模式　regional model　05.523

区域平均雨量　area mean rainfall　08.327

区域气候　regional climate　07.043

区域预报　regional forecast　06.377

区站号　station index number　06.013

曲管地温表　angle geothermometer　02.080

曲率涡度　curvature vorticity　05.223

曲线拟合　curve fitting　07.214

曲线坐标　curvilinear coordinate　05.178

全分辨率　full resolution　02.331

全辐射　total radiation　03.305

全景圆盘云图　full-disc cloud picture　03.251

全球大气研究计划　Global Atmospheric Research Program, GARP　01.002

全球电信系统　global telecommunication system, GTS　02.320

全球定位系统　global positioning system, GPS　02.285

全球气候　global climate　07.038

全球气候系统　global climate system　07.039

全天光度计　all sky photometer　02.150

全天候机场　all weather airport　08.179

确定性预报　deterministic prediction　06.382

群速度　group velocity　05.233

R

燃烧核　combustion nucleus　03.122

扰动方程　perturbation equation　05.102

*绕极环流　circumpolar circulation　06.331

*绕极涡旋　circumpolar vortex　06.331

绕极西风带　circumpolar westerlies　06.333

绕南极洋流　antarctic circumpolar current, ACC　08.329

热层　thermosphere　01.035

热层顶　thermopause　01.036

热成低压　thermal low　06.153

热成风　thermal wind　05.303

热成风方程　thermal wind equation　05.103

热成高压　thermal high　06.151

热赤道　heat equator　06.276

热粗糙度　thermal roughness　03.028

热带常湿气候亚类　tropical rainy climate　07.176

热带低压　tropical depression　06.291

*热带东风带　tropical easterlies　06.282

热带东风急流　tropical easterlies jet　06.274

热带冬干气候亚类　tropical winter dry climate　07.177

热带对流层高空槽　tropical upper-tropospheric trough　06.113

热带风暴　tropical storm　06.292

热带辐合带　intertropical convergence zone, ITCZ　06.273

热带高压　tropical high　06.275

热带海洋气团　tropical marine air mass　06.204

热带环流　tropical circulation　06.277

热带季风　tropical monsoon　06.279

热带季风雨气候亚类　tropical monsoon rain climate　07.178

热带气候　tropical climate　07.172

热带气候类　tropical climate　07.175

热带气候学　tropical climatology　07.005

热带气团　tropical air mass　06.200

热带气团雾　tropical air fog　01.411

热带气象学　tropical meteorology　06.272

热带气旋　tropical cyclone　06.287

热带扰动　tropical disturbance　06.289

*热带[稀树]草原气候　tropical steppe climate　07.177

*热带雨林　tropical rain forest　07.068

*热带雨林气候　tropical rainforest climate　07.176

热带云团　tropical cloud cluster　03.259

热岛　heat island　07.110

热岛效应　heat island effect　07.109

热低压　thermal low　06.095

热对流　thermal convection　05.336

热辐射仪　bolometer　02.144

热辐射仪自记曲线　bologram　02.143

热功当量　mechanical equivalent of heat　05.009

热害　hot damage　08.097

热汇　heat sink　07.111

热季　hot season　07.094

热浪　heat wave　06.350

热雷暴　heat thunderstorm　01.374

热力层结　thermal stratification　05.058

热力学冰球温度　thermodynamic ice-bulb temperature　05.080

热力学方程　thermodynamic equation　05.012

热力学湿球温度　thermodynamic wet-bulb temperature　05.081

热力学霜点温度　thermodynamic frost-point temperature　05.079

热力学图　thermodynamic diagram　05.029

＊热力学温标　absolute temperature scale　02.075

热量平衡　heat balance　07.113

热量收支　heat budget　07.114

热量输送　heat transfer　07.116

热量资源　heat resources　08.059

＊热流量方程　heat flow equation　05.012

热敏电阻风速表　thermistor anemometer　02.185

热泡　thermal　05.337

热闪　heat lightning　01.380

热通量　heat flux　07.115

热涡度　thermal vorticity　05.219

热污染　thermal pollution　08.261

热线风速表　hot-wire anemometer　02.186

热引导　thermal steering　06.220

热源　heat source　07.112

人工成核作用　artificial nucleation　03.068

＊人工催化剂　cloud seeding agent　03.133

人工降水　artificial precipitation　03.135

人工雷电抑制　lightning suppression　03.447

人工气候室　phytotron　08.278

人工小气候　artificial microclimate　07.272

人工影响气候　climate modification　07.271

人工影响天气　weather modification　03.124

人机结合　man-machine mix　05.522

人机结合天气预报　man-machine weather forecast　05.521

＊人类活动造成的气候变化　anthropogenic climate change　07.247

人类生物气候学　human bioclimatology　08.002

人类生物气象学　human biometeorology　08.003

人造[站]资料　bogus data　05.505

人致气候变化　anthropogenic climate change　07.247

日本海流　Japan current　07.268

日变化　diurnal variation　07.070

＊日承　circumhorizontal arc　03.422

日华　solar corona　03.415

日较差　diurnal range　07.072

＊日冕瞬变　coronal transient　04.067

日冕物质喷射　coronal mass ejection, CME　04.067

日平均　daily mean　07.083

＊日射表　actinometer　02.136

日射测定表　actinometer　02.136

日射测定计　actinography　02.137

日射测定学　actinometry　02.135

日射自记曲线　actinogram　02.138

日晕　solar halo　03.413

＊日载　circumzenithal arc　03.423

＊日照　sunshine　01.415

日照百分率　percentage of sunshine　01.414

日照计　sunshine recorder　02.134

日照亮斑　sun glint　03.283

日照时间　insolation duration　01.416

日照时数　sunshine duration　01.415

日柱　sun pillar　03.416

日最低温度　daily minimum temperature　07.079

日最高温度　daily maximum temperature　07.078

融[化]点　melting point　05.017

入梅　onset of Meiyu　06.308

入射辐射　incoming radiation　03.318

入渗　infiltration　08.020

入渗量　infiltration capacity　08.021

＊软雹　graupel　01.413

＊软风　light air　01.211

瑞利散射　Rayleigh scattering　03.374

瑞利数　Rayleigh number　05.275

弱单体　weak cell　03.223

弱回波穹隆　weak echo vault　03.169

弱线近似　weak-line approximation　03.346

S

三级环流　tertiary circulation　05.373

三圈［经向］环流　three-cell［meridional］circulation　05.384

*散布图　scatter diagram　06.035

散度　divergence　05.199

散度定理　divergence theorem　05.201

散度方程　divergence equation　05.096

散射辐射　scattered radiation　03.309

*散射函数　scattering coefficient　03.382

散射截面　scattering cross-section　03.378

散射系数　scattering coefficient　03.382

桑思韦特气候分类　Thornthwaite's climatic classification　07.193

扫描辐射仪　scanning radiometer, SR　02.305

色温　color temperature　02.334

森林火险天气等级　weather grade of forest　08.312

森林界限温度　forest limit temperature　08.308

森林气候　forest climate　07.069

森林气象学　forest meteorology　08.307

森林小气候　forest microclimate　08.313

*杀霜　dark frost　08.093

沙壁　sand wall　01.312

沙尘暴　sand and dust storm, sandstorm, duststorm　01.306

沙尘暴天气　sand and dust storm weather　01.309

沙尘天气　sand and dust weather　01.305

沙霾　sand haze　01.316

沙漠气候亚类　desert climate　07.181

山地观测　mountain observation　02.020

山地气候　mountain climate　07.065

山地气候学　mountain climatology　07.012

山地气象学　mountain meteorology　06.353

*山风　mountain breeze　01.232

山谷风　mountain-valley breeze　01.232

山帽云　cap cloud　01.175

山雾　mountain fog　01.408

闪电　lightning　01.379

闪电回波　lightning echo　03.172

闪电通道　lightning channel　01.381

熵　entropy　05.030

上滑锋　anabatic front　06.221

上滑云　upglide cloud　01.191

*上坡风　anabatic wind　01.241

上坡雾　upslope fog　01.409

上升气流　upward flow　05.346

上现蜃景　superior mirage　03.398

上曳气流　updraught　03.040

*少水年　low flow year　08.317

少云　partly cloudy　01.260

*舍入误差　round-off error　05.492

设计暴雨　design torrential rain　08.324

*射出长波辐射　outgoing long-wave radiation, OLR　03.301

摄动　perturbation　02.278

摄氏温标　Celsius temperature scale　02.070

深对流　deep convection　05.328

深水波　deep-water wave　05.332

*深水温度仪　bathythermograph, BT　02.119

甚短期［天气］预报　very short-range［weather］forecast　06.355

甚高分辨率辐射仪　very high resolution radiometer, VHRR　02.306

甚高频雷达　VHF radar　02.251

渗透作用　percolation　08.014

蜃景　mirage　03.396

升华　sublimation　03.111

升交点　ascending node, AN　02.276

生化需氧量　biochemical oxygen demand, BOD　04.060

生态环境　ecological environment　08.140

生态气候学　ecoclimatology　08.141

生态系统　ecosystem　08.137

生态学　ecology　08.139

生物地球化学循环　biogeochemical cycle　04.058

生物气候学　bioclimatology　08.142

生物气象学　biometeorology　08.129

生物气象指数　biometeorological index　08.209

生物圈　biosphere　07.027

生物学零度　biological zero point　08.130

生物质燃烧　biomass burning　04.059

声［雷］达　sodar, acoustic radar　02.238

声闪烁　acoustical scintillation　03.384
声学探测　acoustic sounding　03.458
声学温度表　acoustic thermometer　02.076
声学雨量计　acoustic raingauge　02.175
声重力波　acoustic gravity wave　05.127
盛行风　prevailing wind　08.231
湿沉降　wet deposition　03.044
湿度　humidity　01.093
湿度表　hygrometer　02.111
湿度场　humidity field　06.074
湿度反演　humidity retrieval　03.280
湿度计　hygrograph　02.108
湿度廓线　moisture profile　06.059
湿对流　moist convection　05.338
湿害　wet damage　08.096
湿绝热过程　moist adiabatic process　05.070
湿绝热线　moist adiabat　06.058
湿绝热直减率　moist adiabatic lapse rate　05.054
湿空气　moist air　01.102
湿空气冰面饱和水汽压　saturation vapor pressure of moist air with respect to ice　01.109
湿空气水面饱和水汽压　saturation vapor pressure of moist air with respect to water　01.110
湿气溶胶　aqueous aerosol　03.054
湿球位温　wet-bulb potential temperature　05.076
湿球温度　wet-bulb temperature　01.060
湿球温度表　wet-bulb thermometer　02.132
湿热气候　warm-wet climate　07.058
湿润度　moisture index　07.107
＊湿润年　high flow year　08.316
湿润气候　humid climate　07.057
湿舌　wet tongue　06.075
湿雾　wet fog　01.396
湿雪　wet snow　01.344
时间分辨率　temporal resolution　02.326
时间平滑　time smoothing　05.498
时间剖面图　time cross-section　06.034
时展资料　stretched data　02.324
实际观测时间　actual time of observation　02.034
实时显示　real-time display　03.209
实时资料　real time data　02.322
世　Epoch　07.263
＊世界气候　world climate　07.038
示踪扩散实验　tracer diffusion experiment　03.022

＊势能　potential energy　05.121
视觉感阈　contrast threshold, threshold contrast　01.248
视示力　apparent force　01.081
室内气候　indoor climate　07.048
室内气候学　cryptoclimatology　07.018
室内小气候　cryptoclimate, kryptoclimate　07.017
手持风速表　hand anemometer　02.180
手摇干湿表　whirling psychrometer, sling psychrometer　02.122
守恒格式　conservation scheme　05.468
舒适气流　comfort current　08.215
舒适温度　comfort temperature　08.216
舒适指数　comfort index　08.213
曙暮光　twilight　03.399
树木年轮气候学　dendroclimatology　07.260
树木年轮气候志　dendroclimatography　07.261
数理气候　mathematical climate　07.030
数值积分　numerical integration　05.535
数值模拟　numerical simulation　05.533
数值气候分类　numerical climatic classification　07.258
数值实验　numerical experiment　05.536
数值天气预报　numerical weather prediction, NWP　05.435
数字化云图　digitized cloud map　03.245
衰减截面　attenuation cross-section　03.385
衰减系数　attenuation coefficient　03.383
双波长雷达　dual wavelength radar　02.231
双程衰减　two-way attenuation　03.381
双多普勒分析　dual Doppler analysis　02.234
双峰谱　bimodal spectrum　03.079
双基地激光雷达　bistatic lidar　02.242
双金属片温度计　bimetallic thermograph　02.087
双经纬仪观测　double-theodolite observation　02.189
双偏振雷达　dual polarization radar　02.232
双气旋　binary cyclones　06.299
双台风　binary typhoons　06.297
双通道雷达　dual channel radar　02.233
双向反射[比]因子　bidirectional reflectance factor　03.323
霜　frost　01.323
霜点　frost point　01.325
霜冻　frost injury　08.095
霜降　First Frost　08.081
霜期　frost peroid　07.090

霜日　frost day　07.091

水导[式]雨量计　electric conductivity raingauge　02.170

水滴破碎理论　breaking drop theory　03.096

*水分差额　water budget　08.319

水分收支　water budget　08.319

水龙卷　water spout　01.332

水面饱和混合比　saturation mixing ratio with respect to water　01.099

水平风切变　horizontal wind shear　01.202

水平风矢量　horizontal wind vector　01.201

水平能见度　horizontal visibility　01.254

水平散度　horizontal divergence　05.203

*水汽　water vapor　01.088

水汽带　water-vapour bands　03.356

水汽反演　water vapor retrieval　03.279

水汽含量　moisture content　01.091

水汽廓线　water vapor profile　01.090

水汽[守恒]方程　moisture [conservation] equation　05.104

水汽输送　transfer of water vapor　01.089

水汽压　water vapor pressure　01.092

水圈　hydrosphere　07.024

水文地理学　hydrography　08.322

水文气象学　hydrometeorology　08.314

水文气象预报　hydrometeorological forecast　08.321

水文学　hydrology　08.323

*水文循环　hydrologic cycle　07.100

水循环　water cycle　07.100

水循环系数　water circulation coefficient　07.101

水银气压表　mercury barometer　02.103

水银温度表　mercury thermometer　02.085

水云　water cloud　01.183

水蒸气　water vapor　01.088

水资源　water resources　08.221

顺风　tail wind　08.194

顺转风　veering wind　05.304

瞬变波　transient wave　05.263

瞬变涡动　transient eddies　05.410

四维资料同化　four-dimensional data assimilation　05.491

速度方位距离显示　velocity azimuth range display, VARD　02.263

速度方位显示　velocity azimuth display, VAD　02.257

速度模糊　velocity ambiguity　03.207

酸雹　acid hail　04.053

酸沉降　acid deposition　04.047

酸度　acidity　04.055

酸露　acid dew　04.052

酸霜　acid frost　04.051

酸雾　acid fog　04.050

酸性降水　acid precipitation, acid rain　04.049

酸雪　acid snow　04.054

*酸雨　acid precipitation, acid rain　04.049

随机爱尔沙色带模式　random Elsasser band model　03.344

随机预报　random forecast　06.340

碎层云　stratus fractus, Fs　01.168

碎积云　cumulus fractus, fractocumulus Fc　01.156

碎雨云　fracto-nimbus, Fn　01.173

T

台风　typhoon　06.294

台风警报　typhoon warning　06.344

台风眼　typhoon eye　06.300

抬升凝结高度　lifting condensation level, LCL　05.132

抬升指数　lifting index, LI　05.133

苔原气候亚类　tundra climate　07.191

太平洋高压　Pacific high　06.181

太阳常数　solar constant　03.295

太阳风　solar wind　03.292

太阳辐射　solar radiation　03.291

太阳光度计　heliograph　02.067

太阳黑子周期　sunspot cycle　03.299

太阳活动　solar activity　03.296

太阳活动周期　solar cycle　03.297

太阳能区划　solar energy demarcation　08.255

太阳能资源　solar energy resources　08.254

太阳气候　solar climate　07.036

*太阳同步气象卫星　solar synchronous meteorological satellite　02.288

太阳耀斑　solar flare　03.298

*太阳直接辐射测量学　pyrheliometry　03.012

太阴潮　lunar tide　08.335

泰罗斯卫星　TIROS　02.290
泰罗斯－N 卫星　TIROS-N　02.291
探空　sounding　02.021
探空火箭　sounding rocket　02.219
探空气球　sounding balloon, radiosonde balloon　02.201
探空仪　sonde　02.211
碳　carbon　04.062
碳池　carbon pool　04.017
碳定年法　carbon dating, radiocarbon dating　04.013
＊碳-14 定年法　carbon dating, radiocarbon dating　04.013
碳汇　carbon sink　04.018
＊碳库　carbon pool　04.017
碳同化　carbon assimilation　04.016
碳循环　carbon cycle　04.015
碳源　carbon source　04.019
＊陶普生单位　Dobson unit, DU　04.032
＊陶普生分光光度计　Dobson spectrophotometer　04.031
套网格　nested grid　05.512
特强沙尘暴　extreme severe sand and dust storm　01.311
特性层　significant level　01.022
梯度风　gradient wind　05.299
＊体积氯度　chlorosity　04.065
＊体积目标　volume target　02.230
体积平均　volume average　03.190
体散射函数　volume scattering function　03.375
天赤道　celestial equator　05.180
天电　atmospherics　01.378
天基观测　space-based observation　02.017
天极　celestial pole[s]　05.182
天空辐射　sky radiation　03.314
天空辐射表　sky radiometer diffusometer　02.146
天空蓝度　blue of the sky　01.263
天空蓝度测定仪　cyanometer　02.162
天空亮度　sky brightness, sky luminance　03.390
＊天空漫射辐射　diffuse sky radiation　03.314
＊天空散射辐射　sky radiation　03.314
天空状况　sky condition　01.268
天气　weather　06.001
天气报告　synoptic report　06.015
天气尺度　synoptic scale　05.454
天气尺度系统　synoptic scale system　06.260
天气导航　weather routing　08.349

天气电码　synoptic code　06.391
天气分析　synoptic analysis　06.254
天气服务　weather service　06.341
天气符号　weather symbol　06.006
天气观测　synoptic observation　02.004
天气观测时间　synoptic hour　02.005
天气过程　synoptic process　06.257
天气回波　weather echo　03.154
天气警报　weather warning　08.154
天气雷达　weather radar　02.221
天气气候学　synoptic climatology　07.006
天气实况演变图　meteorogram　08.156
天气图　synoptic chart　06.004
天气图传真　weather facsimile, WEFAX　02.318
天气系统　synoptic system　06.258
天气现象　weather phenomenon　01.258
天气形势　synoptic situation　06.256
天气型　synoptic type　06.132
天气学　synoptic meteorology　06.002
天气预报　weather forecast　06.338
天气展望　weather outlook　06.390
天气资料　synoptic data　02.319
天穹形状　apparent form of the sky　01.264
天球　celestial sphere　05.181
天山准静止锋　Tianshan quasi-stationary front　06.252
田间持水量　field capacity　08.024
填图符号　plotting symbol　06.007
＊CFL 条件　CFL condition　05.470
条件[性]不稳定　conditional instability　05.144
条状闪电　streak lightning　01.388
调和函数　harmonic function　05.393
＊跳点格式　stagger scheme　05.511
＊跳点网格　staggered grid　05.510
通道　channel　02.279
通风干湿表　aspirated psychrometer　02.116
通风气象计　aspiration meteorograph　02.117
通量　flux　05.411
E-P 通量　Eliassen-Palm flux　05.430
通量里查森数　flux Richardson number　05.280
＊同温层　stratosphere　01.031
同心眼壁　concentric eyewalls　06.288
统计插值法　statistical interpolation method　05.518
统计带模式　statistical band model　03.342
统计动力模式　statistical-dynamic model　07.228

统计动力预报　statistical-dynamic prediction　05.525

统计模式　statistical model　07.227

统计气候学　statistical climatology　07.007

统计预报　statistical forecast　06.368

投弃式温深仪　expendable bathythermograph, XBT　02.120

透光层积云　stratocumulus translucidus, Sc tra　01.162

透光高层云　altostratus translucidus, As tra　01.151

透光高积云　altocumulus translucidus, Ac tra　01.144

秃积雨云　cumulonimbus calvus, Cb calv　01.159

图像处理　image processing　03.237

图像分辨率　image resolution　03.244

图形识别技术　pattern recognition technique　03.210

土壤表面温度　temperature of the soil surface　08.033

土壤含水量　soil water content　08.015

土壤[绝对]湿度　[absolute] soil moisture　08.022

土壤气候　soil climate　08.132

土壤水分平衡　soil water balance　08.013

土壤水势　soil water potential　08.028

土壤温度　soil temperature　08.035

*土壤温度表　soil thermometer　02.078

土壤相对湿度　relative soil moisture　08.023

土壤蒸发　soil evaporation　08.027

钍射气　thoron, Th　04.010

湍流边界层　turbulent boundary layer　05.418

湍流交换　turbulent exchange　05.428

湍流扩散　turbulent diffusion　05.429

湍流 K 理论　K theory of turbulence　05.414

湍流能量　turbulence energy　05.422

湍流逆温　turbulence inversion　05.019

湍流凝结高度　turbulence condensation level　05.056

湍流谱　turbulence spectrum　05.420

湍流通量　turbulent flux　05.412

湍流相似理论　similarity theory of turbulence　05.404

湍流云　turbulence cloud　01.180

*湍涡　eddy　05.406

退偏振比　depolarization ratio　03.200

退行　retrogression　05.265

拖曳系数　drag coefficient　05.252

W

外场观测　field observation　02.012

外强迫　external forcing　05.013

外推法　extrapolation method　06.364

外[逸]层　exosphere　01.037

完全预报　perfect prediction　06.374

危险天气警报　severe weather warning　06.342

危险天气通报　hazardous weather message　08.153

微波辐射仪　microwave radiometer　02.299

微波图像　microwave image　03.243

微分分析　differential analysis　05.200

微分吸收法　differential absorption technique　02.229

微分吸收激光雷达　differential absorption lidar, DIAL　02.237

微分吸收湿度计　differential absorption hygrometer　02.110

*微风　gentle breeze　01.213

微气象学　micrometeorology　01.006

微下击暴流　microburst　06.313

微压计　microbarograph　02.102

伪彩色云图　pseudo-color cloud picture　03.250

伪卷云　cirrus nothus, Ci not　01.136

尾流　wake　08.187

尾流低压　wake depression　08.188

纬向环流　zonal circulation　05.375

萎蔫点　wilting point　08.030

卫星气候学　satellite climatology　07.009

卫星气象学　satellite meteorology　03.224

卫星探测　satellite sounding　03.229

卫星探测反演　inversion of satellite sounding　02.270

[卫星]星下点　sub-satellite point　02.325

卫星云迹风　satellite derived wind　03.271

卫星云图　satellite cloud picture　03.233

卫星云图分析　satellite cloud picture analysis　03.273

位能　potential energy　05.121

*位势不稳定　potential instability　05.146

位势高度　geopotential height　05.125

位势米　geopotential meter　05.123

位势涡度　potential vorticity　05.224

位温　potential temperature　05.074

位温坐标　θ-coordinate　05.174

*位涡　potential vorticity　05.224

位涡守恒　conservation of potential vorticity　05.168

位相谱　phase spectrum　05.064

温带气候　temperate climate　07.170

温带气旋　extratropical cyclone　06.120

温带西风带　temperate westerlies　07.143

温度表　thermometer　02.069

温度场　temperature field　06.078

温度垂直廓线辐射仪　vertical temperature profile radiom-
　eter　02.308

温度订正　temperature correction　01.069

温度 – 对数压力图　T-ln$p$ diagram　05.035

温度反演　temperature retrieval　02.269

温度计　thermograph　02.074

温度较差　temperature range　08.038

温度廓线　temperature profile　01.065

[温度]露点差　depression of the dew point　01.101

温度平流　temperature advection　05.037

温度日较差　daily range of temperature　07.073

温度梯度　temperature gradient　05.036

温度自记曲线　thermogram　01.067

温熵图　tephigram　05.033

温深仪　bathythermograph, BT　02.119

温湿表　thermohygrometer　02.115

温湿计　thermohygrograph　02.114

温湿图　hythergraph　01.066

温湿仪　hygrothermoscope　02.129

温湿自记曲线　thermohygrogram　01.070

温室气候　greenhouse climate　07.273

温室气体　greenhouse gasses　08.277

温室效应　greenhouse effect　07.108

温周期[性]　thermoperiodism　08.051

稳定度参数　stability parameter　05.150

稳定度指数　index of stability　05.139

稳定风压　steady wind pressure　08.237

稳定空气　stable air　05.151

稳定气团　stable air mass　06.185

*涡动　eddy　05.406

涡动传导率　eddy conductivity　05.225

*涡动动能　eddy kinetic energy　05.422

*涡动扩散　eddy diffusion　05.429

涡动拟能　enstrophy　05.122

涡动黏滞率　eddy viscosity　05.226

涡动平流　eddy advection　05.408

涡动切应力　eddy shearing stress　05.229

*涡动通量　eddy flux　05.412

涡动相关　eddy correlation　05.407

涡度　vorticity　05.206

涡度方程　vorticity equation　05.094

涡度平流　vorticity advection　05.213

涡旋　eddy　05.406

涡旋云系　vortex cloud system　03.269

涡旋状回波　whirling echo　03.164

沃克环流[圈]　Walker cell　05.377

乌拉尔山阻塞高压　Ural blocking high　06.174

污染气象学　pollution meteorology　08.256

无风带　calm belt　06.285

无辐散层　non-divergence level　05.297

无辐散运动　nondivergent motion　05.360

无量纲参数　non-dimensional parameter　05.109

无量纲方程　non-dimensional equation　05.107

*无倾角线　aclinic line　05.190

无散射大气　non-scattering atmosphere　03.357

无霜期　duration of frost-free period　07.280

无线电测风观测　radiowind observation　02.032

无线电经纬仪　radio theodolite　02.195

无线电气象学　radio meteorology　03.010

无线电探空　radio sounding　02.026

无线电探空测风仪　rawinsonde　02.199

无线电探空仪　radiosonde　02.198

无旋运动　irrotational motion　05.359

物候分区　phenological division　07.274

物候观测　phenological observation　07.275

物候谱　phenospectrum　07.277

物候期　phenophase　08.125

物候日　phenodate　07.276

物候图　phenogram　07.278

物候学　phenology　08.124

物理模[态]　physical mode　05.480

物理气候　physical climate　07.029

物理气候学　physical climatology　07.010

物理气象学　physical meteorology　01.007

雾　fog　01.391

雾堤　fog bank　01.393

雾滴　fog-drop　03.083

雾凇　rime　01.412

X

西伯利亚高压　Siberian high　06.170

西风槽　westerly trough　06.110

西风带　westerlies　07.142

西风急流　westerly jet　05.326

*西风漂流　west wind drift　08.329

西南[低]涡　Southwest China vortex　06.147

吸附作用　adsorption　04.045

吸湿性核　hygroscopic nucleus　03.118

吸收比　absorptance　03.354

吸收[光谱]带　absorption band　03.363

吸收截面　absorption cross-section　03.386

吸收谱　absorption spectrum　03.365

吸收[谱]线　absorption line　03.364

吸收湿度计　absorption hygrometer　02.109

吸引子　attractor　05.154

系留气球探测　captive balloon sounding　02.029

细胞对流　cellular convection　03.262

*细胞环流　cellular circulation　03.262

细胞状云　cellular pattern　03.265

细网格　fine-mesh grid　05.440

峡谷风　gorge wind　01.240

霞　twilight colors　03.426

下沉逆温　subsidence inversion　05.025

下沉气流　downward flow　05.347

下垫面反照率　albedo of underlying surface　03.324

下滑锋　katabatic cold front　06.222

下击暴流　downburst　06.312

*下坡风　dounslope wind　01.241

下投式探空仪　dropsonde　02.200

下现蜃景　sinking mirage　03.397

下曳气流　downdraught　03.041

夏季风　summer monsoon　07.148

夏至　Summer Solstice　08.073

*仙波　angel echo　03.173

先导[流光]　leader [streamer]　03.448

先导闪击　leader stroke　01.382

先进地球观测卫星　Advanced Earth Observing Satellite, ADEOS　02.295

先进甚高分辨率辐射仪　Advanced Very High Resolution Radiometer, AVHRR　02.307

先进泰罗斯-N卫星　advanced TIROS-N, ATN　02.296

先进微波探测装置　advanced microwave sounding unit, AMSU　02.300

B显示器　B-scope, B-display　02.262

显式差分格式　explicit difference scheme　05.508

显著性水平　significance level　07.207

*现时预报　nowcast　06.354

现在天气　present weather　06.016

线对流　line convection　05.331

线性反演　linear inversion　03.278

霰　graupel　01.413

相当温度　equivalent temperature　05.060

相当正压大气　equivalent barotropic atmosphere　05.115

相当正压模式　equivalent barotropic model　05.442

相对湿度　relative humidity　01.094

相对涡度　relative vorticity　05.208

相干存储滤波器　coherent memory filter, CMF　02.252

相干回波　coherent echo　03.160

相干雷达　coherent radar　02.226

相干视频信号　coherent-video signal　03.198

相干性　coherence　02.225

相关　correlation　07.209

*相关概率表　contingency table　07.202

相关系数　correlation coefficient　07.210

相关预报　correlation forecasting　06.363

箱模式　box model　04.061

向岸风　on-shore wind　01.238

向前差分　forward difference　05.509

向上[全]辐射　upward [total] radiation　03.315

向外长波辐射　outgoing long-wave radiation, OLR　03.301

*向下大气辐射　downward atmospheric radiation　03.327

向下[全]辐射　downward [total] radiation　03.316

向心加速度　centripetal acceleration　01.084

相　phase　05.061

相变　phase change　05.062

相函数　phase function　05.063

相速[度]　phase velocity　05.065

像素　pixel　03.235

＊像元　pixel　03.235

消光系数　extinction coefficient　03.358

＊消耗性温深仪　expendable bathythermograph, XBT　02.120

消雾　fog dissipation　03.137

消云　cloud dissipation　03.128

消转时间　spindown time　05.450

小冰期　little ice age　07.265

小尺度系统　microscale system　06.264

小寒　Lesser Cold　08.086

小满　Lesser Fullness　08.071

小气候　microclimate　07.042

小气候学　microclimatology　07.016

小扰动法　perturbation method　05.473

小暑　Lesser Heat　08.074

小型蒸发器　evaporation pan　02.155

小雪　Light Snow　08.083

小雨　light rain　01.296

β效应　β-effect, beta effect　01.082

协方差　covariance　07.204

协谱　cospectrum　07.211

＊斜能见度　slant visibility　01.256

斜压波　baroclinic wave　05.240

斜压不稳定　baroclinic instability　05.166

斜压大气　baroclinic atmosphere　05.362

斜压过程　baroclinic process　05.111

斜压模式　baroclinic model　05.541

斜压模［态］　baroclinic mode　05.365

＊斜压扰动　baroclinic disturbance　05.240

斜压性　baroclinity, baroclinicity　05.241

信风　trade winds　07.139

信风带　trade-wind belt　07.140

信风锋　trade-wind front　06.238

信风环流　trade-wind circulation　05.380

信风逆温　trade-wind inversion　05.027

＊星际尘　interstellar dust　03.049

＊行星边界层　planetary boundary layer　03.014

＊行星波　planetary wave　05.261

行星尺度　planetary scale　05.455

行星尺度系统　planetary scale system　06.259

行星大气　planetary atmosphere　01.049

行星反照率　planetary albedo　05.211

＊行星风带　planetary wind system　07.138

行星风系　planetary wind system　07.138

行星际磁场　interplanetary magnetic field, IMF　03.455

行星温度　planetary temperature　03.347

行星涡度　planetary vorticity　05.210

行星涡度效应　planetary vorticity effect　05.212

V形等压线　V-shaped isobar　06.046

V形低压　V-shaped depression　06.101

形势预报　prognosis　06.357

A型显示器　A scope　02.260

虚温　virtual temperature　05.067

＊需水关键期　critical period of [crop] water requirement　08.017

畜牧气象学　animal husbandry meteorology　08.131

絮状高积云　altocumulus floccus, Ac flo　01.148

＊悬浮物散射光　airlight　03.428

旋衡风　cyclostrophic wind　05.298

＊旋转减弱时间　spindown time　05.450

雪　snow　01.337

雪暴　snowstorm　01.346

雪崩　avalanche　01.347

雪幡　snow virga　01.338

雪盖　snow cover　07.131

雪荷载　snow load　08.226

雪花　snowflake　01.342

雪晶　snow crystal　01.341

雪量　snowfall [amount]　01.354

雪盲　snow blindness　08.210

雪密度　snow density　01.358

雪面波纹　sastrugi　01.357

雪日　snow day　01.359

雪深　snow depth　01.356

雪水当量　water equivalent of snow　01.355

＊雪丸　graupel　01.413

雪线　snow-line　07.133

雪压　snow pressure　08.241

雪灾　snow damage　08.101

血雪　blood-snow　08.285

血雨　blood-rain　08.286

汛期　flood period　08.315

Y

压高公式　barometric height formula　01.078

*压力[谱线]增宽　pressure broadening　03.366

亚速尔高压　Azores high　06.182

氩　argon, Ar　04.014

烟　smoke　08.301

烟灰云　ash cloud　08.282

*烟流　smoke plume　08.302

烟幕　smoke screen　08.284

烟雾　smog　08.283

烟雾气溶胶　smog aerosol　08.281

烟羽　smoke plume　08.302

烟羽高度　plume height　08.291

烟羽类型　plume type　08.289

烟羽抬升　plume rise　08.290

*烟云　smoke cloud　08.302

延伸预报　extended forecast　06.361

延时图像传输　delay picture transmission, DPT　02.316

岩石圈　lithosphere　07.026

盐粉播撒　salt-seeding　03.129

盐核　salt nucleus　03.119

衍射　diffraction　03.312

掩星法　occultation method　03.276

扬沙　blowing sand　01.308

洋流　ocean current　08.336

*洋中槽　tropical upper-tropospheric trough　06.113

氧化剂　oxidant　04.036

遥测温度表　telethermometer　02.073

遥测雨量计　telemetering pluviograph　02.174

遥相关　teleconnection　07.241

业务预报　operational forecast　06.384

叶温　leaf temperature　08.044

曳式锋　trailing front　06.239

夜光云　noctilucent clouds　01.184

夜间辐射　nocturnal radiation　03.326

夜间急流　nocturnal jet　05.322

夜天光　night-sky light　03.389

*一般年　normal flow year　08.318

一般气候站　ordinary climatological station　07.028

一次散射　primary scattering　03.370

*一冬冰　first year ice　01.366

一年冰　first year ice　01.366

一氧化氮　nitric oxide　04.034

一氧化碳　carbon monoxide　04.021

医疗气候学　medical climatology　08.143

医疗气象学　medical meteorology　08.144

移动船舶站　mobile ship station　02.063

异常回波　angel echo　03.173

*因次分析　dimensional analysis　05.453

因子分析　factor analysis　05.110

*因子分析法　factor analysis　05.110

阴天　overcast　01.262

引导高度　steering level　05.205

引导气流　steering flow　05.204

印第安夏　Indian summer　07.088

印度低压　Indian low　06.332

印度季风　Indian monsoon　07.147

应用技术卫星　application technology satellite, ATS　02.297

应用气候学　applied climatology　07.019

应用气象学　applied meteorology　08.001

迎风差格式　upstream scheme　05.471

永冻气候亚类　perpetual frost climate　07.192

永冻土　pergelisol, permafrost　08.048

永久积雪　firn　07.127

永久性低压　permanent depression　06.133

永久性反气旋　permanent anticyclone　06.167

永久性高压　permanent high　06.166

永久雪线　firn line　07.132

有限区模式　limited area model, LAM　05.523

有限区细网格模式　limited area fine-mesh model, LFM　05.524

有限振幅　finite amplitude　05.157

有效地球半径　effective earth radius　03.144

有效风能　available wind energy　08.246

有效风速　effective wind speed　08.245

有效辐射　effective radiation　03.307

有效积温　effective accumulated temperature　08.042

有效降水　effective precipitation　08.016

有效能见度　effective visibility　01.251

有效水分　available water　08.031

有效太阳辐射 available solar radiation 03.293
有效位能 available potential energy 05.120
有效温度 effective temperature 08.037
有效烟囱高度 effective stack height 08.292
有效蒸散 effective evapotranspiration 08.009
鱼鳞天 mackerel sky 01.187
宇宙尘 cosmic dust 03.049
宇宙线 cosmic ray 04.066
雨 rain 01.280
雨层云 nimbostratus, Ns 01.169
雨带 rainband 06.032
雨滴 rain drop 01.284
雨滴谱 raindrop size distribution 03.078
雨滴谱仪 disdrometer, raindrop disdrometer 03.081
雨幡 rain virga 01.283
雨幡回波 elevated echo 03.174
雨季 rainy season 07.092
雨夹雪 sleet 01.339
雨量 rainfall [amount] 01.288
雨量测定学 pluviometry 03.005
雨量计 pluviograph, recording raingauge 02.166
雨量器 raingauge 02.164
雨量图 rainfall chart 06.031
雨强计 rainfall intensity recorder 02.173
雨日 rain day 01.287
雨蚀 rain erosion 08.299
雨水 Rain Water 08.065
雨凇 glaze 01.286
雨洗 rain-out 08.279
雨影 rain shadow 01.285
雨云卫星 NIMBUS 02.286
*育苗室 phytotron 08.278
预报检验 forecast verification 06.393
预报量 predictand 06.388
预报评分 forecast score 06.392
预报区 forecast area 06.389
预报图 forecast chart 06.386
预报因子 predictor 06.385
预报责任区 responsible forecasting area 06.304
预报准确率 forecast accuracy 06.383
*原发性污染物 primary pollutant 08.265
原生污染物 primary pollutant 08.265
原始方程 primitive equation 05.542
原始方程模式 primitive equation model 05.447

远地点 apogee 02.275
远幻日 paranthelion 03.404
远幻月 parantiselene 03.406
远日点 aphelion 02.273
月华 lunar corona 03.417
月际变率 inter-monthly variability 07.224
*月亮潮 lunar tide 08.335
月平均 monthly mean 07.082
月晕 lunar halo 03.414
越赤道气流 cross-equatorial flow 05.395
云 cloud 01.114
云[层]分析 nephanalysis 06.255
云[层]分析图 nephanalysis 03.252
云催化剂 seeding agent 03.134
云带 cloud band 01.176
云的人工影响 cloud modification 03.125
云堤 cloud bank 01.177
云滴 cloud droplet 03.084
云滴采样器 cloud-particle sampler 03.074
云滴凝结器 nepheloscope 02.160
云滴谱 cloud droplet-size distribution 03.076
云滴谱仪 cloud droplet collector 03.077
云底 cloud base 01.121
云地[间]放电 cloud-to-ground discharge 03.449
云顶 cloud top 01.122
云顶高度 cloud top height, CTH 03.179
云顶温度 cloud top temperature 03.070
云动力学 cloud dynamics 03.006
云反馈 cloud feedback 03.230
云反照率 cloud albedo 03.240
云放电 cloud discharge 03.446
云分类 cloud classification 01.117
云覆盖区 cloud coverage 03.254
云高 cloud height 01.116
云含水量 water content of cloud 03.073
云厚度 vertical extent of a cloud 01.115
云回波 cloud echo 03.155
云际放电 cloud-to-cloud discharge, intercloud discharge 03.445
云街 cloud street 03.255
云结构 cloud structure 03.072
云类 cloud variety 01.130
云量 cloud amount 01.124
云幂 cloud ceiling 01.123

云幂灯　ceiling projector　02.159
云幂气球　ceiling balloon　02.204
云幂仪　ceilometer　02.191
云模式　cloud model　03.231
＊云幕　cloud ceiling　01.123
＊云幕灯　ceiling projector　02.159
云内放电　intracloud discharge　03.450
云凝结核　cloud condensation nuclei, CCN　03.066
云室　cloud chamber　03.121
云属　cloud genera　01.127
云衰减　cloud attenuation　03.216
云图动画　cloud image animation　03.246
云团　cloud cluster　03.232

云微物理学　cloud microphysics　03.003
云物理学　cloud physics　03.002
云系　cloud system　03.266
云线　cloud line　03.256
云运动矢量　cloud motion vector　03.272
云种　cloud species　01.129
云状　cloud form　01.132
云族　cloud etage　01.128
运动方程　equation of motion　05.084
运动黏滞性　kinematic viscosity　05.417
运动学边界条件　kinematic boundary condition　05.494
晕　halo　03.409

Z

灾害性天气　severe weather　06.003
灾害性天气征兆指数　severe weather threat index　06.387
增强云图　enhanced cloud picture　03.247
站圈　station circle　06.012
站址　station location　06.014
张弛法　relaxation method　05.513
涨潮　flood tide　08.331
照常排放情景　business as usual　07.232
e 折减时间　e-folding time　02.038
真风　true wind　01.203
诊断方程　diagnostic equation　05.528
诊断分析　diagnostic analysis　05.526
诊断模式　diagnostic model　05.529
阵风　gust　01.223
阵风持续时间　gust duration　01.225
阵风锋　gust front　01.373
阵风振幅　gust amplitude　01.224
阵性降水　showery precipitation　01.275
阵雪　showery snow　01.340
阵雨　showery rain　01.291
振荡　oscillation　06.321
＊振动　oscillation　06.321
蒸发　evaporation　03.107
蒸发计　evaporograph　02.154
＊蒸发力　potential evaporation　03.108
＊蒸发皿　evaporation pan　02.155
蒸发雾　evaporation fog　01.404

蒸散　evapotranspiration　08.008
＊蒸散势　potential evapotranspiration　08.012
蒸腾　transpiration　08.011
整体边界层　bulk boundary layer　03.015
整体里查森数　bulk Richardson number　05.278
整体平均　bulk average　05.294
正变压线　anallobar　06.066
正变压中心　anallobaric center　06.072
正规模[态]　normal mode　05.367
正规模[态]初值化　normal mode initialization　05.486
＊正环流　direct circulation　05.378
正交函数　orthogonal functions　05.503
正温[大气]模式　thermotropic model　05.544
正涡度平流　positive vorticity advection, PVA　05.207
正压波　barotropic wave　05.242
正压不稳定　barotropic instability　05.165
正压大气　barotropic atmosphere　05.363
正压模式　barotropic model　05.540
正压模[态]　barotropic mode　05.366
正压涡度方程　barotropic vorticity equation　05.095
正压性　barotropy　05.243
政府间气候变化专门委员会　Intergovernmental Panel on Climate Change, IPCC　01.422
枝状冰晶　dendritic crystal　03.102
直读式地面站　direct read-out ground station　02.317
直方图　histogram　06.036
直管地温表　tube-typed geothermometer　02.081
直接辐射　direct radiation　03.306

直接辐射表　pyrheliometer　02.142
直接环流［圈］　direct circulation　05.378
直接日射测量学　pyrheliometry　03.012
直展云　cloud with vertical development　01.126
pH 值　pH value　04.048
植被指数　vegetation index　08.135
植物气候学　phytoclimatology　08.126
植物［小］气候　phytoclimate　08.133
指数循环　index cycle　05.389
质量守恒　conservation of mass　05.092
滞后系数　lag coefficient　02.037
置信度　confidence degree　07.203
置信区间　confidence interval　07.205
置信水平　confidence level　07.206
中层大气　middle atmosphere　01.027
中层大气物理学　middle atmospheric physics　03.007
中尺度　meso scale　05.456
α 中尺度　meso-α scale　05.457
β 中尺度　meso-β scale　05.458
γ 中尺度　meso-γ scale　05.459
中尺度低压　mesoscale low　06.093
中尺度对流复合体　mesoscale convective complex, MCC　05.352
中尺度对流系统　mesoscale convective system, MCS　05.343
中尺度模式　mesoscale model　05.448
中尺度气象学　mesometeorology　01.005
中尺度系统　mesoscale system　06.263
中国气象学会　Chinese Meteorological Society　01.420
中间层　mesosphere　01.033
中间层顶　mesopause　01.034
中间层环流　mesospheric circulation　05.397
＊中间尺度天气系统　subsynoptic scale system　06.262
中期［天气］预报　medium-range［weather］forecast　06.358
中气候　mesoclimate　07.041
＊中水年　normal flow year　08.318
中温气候　mesothermal climate　07.054
中性锢囚锋　neutral occluded front　06.216
中性稳定　neutral stability　05.143
中雨　moderate rain　01.297
中云　middle cloud　01.119
中展积云　cumulus mediocris, Cu med　01.155
终霜　latest frost　01.327

重力波　gravity wave　05.244
重力波拖曳　gravity wave drag　05.250
重力流　gravity current　05.128
重力内波　internal gravity wave　05.247
重力外波　external gravity wave　05.248
重要气象信息　significant meteorological information　08.152
重要天气　significant weather　08.180
重要天气图　significant weather chart　08.181
周年风　anniversary wind　07.146
周期　period　07.119
周期图　periodogram　07.118
珠母云　nacreous clouds　01.143
＊珠状闪电　pearl-necklace lightning, pearl lightning, beaded lightning　01.389
逐步订正法　successive correction analysis　05.515
主导风向　predominant wind direction　08.230
主动遥感技术　active remote sensing technique　02.266
主锋　principal front　06.223
主级环流　primary circulation　05.372
驻波　standing wave　05.269
驻云　standing cloud　01.189
柱面坐标　cylindrical coordinate　05.179
柱模式　column model　03.016
专家系统　expert system　06.376
转杯风速表　cup anemometer　02.182
转动谱带　rotation band　03.203
转盘实验　rotating dishpan experiment　05.288
状态方程　equation of state　05.087
撞冻［增长］　accretion　03.089
锥形冰雹　conical hail　03.058
准地转模式　quasi-geostrophic model　05.443
准地转运动　quasi-geostrophic motion　05.356
＊准静止锋　quasi-stationary front　06.227
准两年振荡　quasi-biennial oscillation, QBO　06.320
准确度　accuracy　02.039
准无辐散　quasi-nondivergence　05.361
准周期性　quasi-periodic　07.217
着陆［天气］预报　landing［weather］forecast　08.177
资料收集平台　data collection platform, DCP　02.309
资料收集系统　data collection system, DCS　02.310
资料同化　data assimilation　05.436
紫外辐射后向散射法　backscatter ultraviolet technique　03.277

自动气象站　automatic meteorological station　02.065

自动图像传输　automatic picture transmission，APT　02.312

自动资料处理　automatic data processing　05.500

自回归滑动平均模型　autoregressive and moving average model，ARMA model　07.197

自回归模型　autoregressive model　07.198

自记测风器　wind recorder　02.196

自记记录　autographic records　02.046

自然天气季节　natural synoptic season　06.396

自然天气区　natural synoptic region　06.397

自然天气周期　natural synoptic period　06.395

自然坐标[系]　natural coordinates　05.173

自相关　autocorrelation　07.199

自由波　free wave　05.158

自由大气　free atmosphere　01.048

自由度　degree of freedom　03.098

自由对流　free convection　03.033

自由对流高度　free convection level　05.131

*溃害　wet damage　08.096

鬃积雨云　cumulonimbus capillatus，Cb cap　01.160

总辐射　global radiation　03.304

总辐射表　pyranometer　02.145

*总角动量　absolute angular momentum　05.354

总云量　total cloud cover　01.125

纵波　longitudinal wave　05.249

阻塞高压　blocking high　06.172

阻塞形势　blocking situation　06.173

最大不模糊距离　maximum unambiguous range　03.206

最大冻土深度　maximum depth of frozen ground　08.049

最大防护距离　maximum shelter distance　08.309

最大风速　maximum wind speed　01.196

最大风速层　maximum wind level　01.197

最大风压　maximum wind pressure　08.234

最大降水量　maximum precipitation　01.271

最大设计平均风速　maximum design wind speed　08.239

最大瞬时风速　maximum instantaneous wind speed　08.238

最低气象条件　meteorological minimum　08.163

最低温度表　minimum thermometer　02.084

最高温度　maximum temperature　01.062

最高温度表　maximum thermometer　02.083

最佳航线　optimum route　08.350

最适温度　optimum temperature　08.039

最优插值法　optimum interpolation method　05.516

作物气象　meteorology of crops　08.136

作物需水量　crop water requirement　08.029

[作物]需水临界期　critical period of [crop] water requirement　08.017

z坐标　z-coordinate　05.170

p坐标　p-coordinate　05.171

σ坐标　σ-coordinate　05.172